日本酪農への提言

持続可能な発展のために

小林信一 編著

筑波書房

まえがき

　危機に直面している日本酪農の打開策と、中長期的な発展方策について提言を行うために、㈳全国酪農協会、全国酪農業協同組合連合会、日本酪農政治連盟、日本ホルスタイン登録協会の４団体が組織した酪農研究会から、筆者らは提言の取りまとめを依頼された。この要請に基づいて専門部会を組織し、2008（平成20）年３月より日本酪農の持続的発展のために必要な事項に関して、９回の委員会と４回の現地調査、さらに関係者との意見交換を行い、10月に中間答申を提出した。その後、さらに３回の委員会と関係者との討議などによる検討を加え、2009（平成21）年３月に最終答申を提出し、本委員会で了承され、「日本酪農の持続的な発展のための提言」と題して公表した。本書はその検討の過程で、専門委員を中心に、畜産経営経済研究会の酪農専門家を加えて執筆された論文を取りまとめたものである。したがって、個々の論文は必ずしも提言の内容に沿ったものではなく、各執筆者の考えを展開したものだが、日本の酪農の持続的発展が必要であり、そのための方策を考えるという視点は共通している。

　提言自体は、本書の巻末に全文を掲載したので、ご一読いただきたいが、「生産者団体として取り組むべき課題」として７項目、「行政への要請事項として取り組むべき課題」として４項目の合計11項目からなっている。内容自体は、①酪農経営の持続的発展のための取組、②消費者からの信頼を得るための取組、③取組を実現するための生産者団体の組織力強化（生産・処理一体化）の３項目を柱としている。提言では、まず酪農が食、環境、教育などに果たす役割の重要性を強調し、酪農の存在意義を改めて確認している。その上に立って、酪農の衰退は農業、農村のみならず、都市の環境や消費者にも影響を与えるものとして、現在の苦境を打開するための乳価の大幅値上げや緊急経営安定対策と併せて、将来に希望の持てる酪農とするための中長期的な視野に立った方策の検討が喫緊の課題であるとし、そのための方策の骨子を提言している。

　まず「酪農経営の持続的発展のための取組」では、１）中長期的な経営見通しの立つ経営安定制度の必要性、２）自給飼料生産の促進（経営の安定化と地域の農地管理）のための措置、３）担い手の確保・育成のための取組、４）酪農経営

の経営改善を図るための取組の4課題をあげている。このうち新たな経営安定制度では、2000（平成12）年に改定された新不足払い法が、今回のような飼料高騰による経営危機に対処できていない状況を踏まえ、「酪農家が中長期的に経営見通しの立てられる経営安定政策であることや、価格の変動のみではなく、生産費の変動も考慮に入れた生産者の所得安定政策であることが必要」とした。

新たな経営安定対策の策定に当たっては、ア．北海道の生乳生産シェアが高まり、加工原料乳の割合が5割を割る事態が常態化することを見据え、加工原料乳価ではなく、飲用乳価あるいは飲用乳とのプール乳価を対象とした価格を対象とすることも検討する。イ．WTO農業交渉の結果は予想しがたいが、高関税による乳製品の国境措置が困難になることも危惧される事態になっており、仮にそうした状況になっても、国内生産が持続的に発展できる制度であること、を考慮し、併せて「都府県酪農の衰退は北海道酪農の発展にとっても望ましいものではなく、全国的にバランスの取れた地域ごとに特徴を持った多様な酪農経営の維持・発展が必要」との視点に立った制度設計が必要とした。

また、「自給飼料生産の促進（経営の安定化と農地管理）のための措置」では、個別酪農家にとって飼料生産は、コスト削減や経営の安定性を高めることが指摘されているが、現実には常に飼料生産が経営的な合理性を持つばかりとは言えない状況を踏まえ、あるべき酪農の姿として「自給飼料依存型酪農経営」を押し付けるのではなく、経営的にも飼料自給が合理的であるようにするための、借入農地の集積や、過大投資・労働力不足への対処としてのコントラクター組織の設立や自給飼料を取り入れたTMRセンターの設立を組織をあげて行うこと、水田を中心とした農地の畜産的利用を促進するように、現行農業政策を再検討することの必要性を指摘した。この点については、例えば中山間地域直接支払いにおいて地目が水田であるか畑、原野であるかによって助成金単価が1桁ずつ違ってくるため、水田を利用した耕作放棄地放牧が進まないこと、飼料イネの立毛放牧では耕畜連携助成の対象にならなかったこと、水田経営所得安定対策において、飼料作物が対象になっていないため、集落営農で飼料作物が排除される場合が見られることなどが指摘できる。

全国の遊休農地の9割以上が都府県に集中し、しかも6割が田である現状をふまえると、水田の畜産的利用は農地活用の上で非常に重要であり、この面での酪

農の役割は大きい。耕作放棄地の急増は、食糧安保や国土保全の観点から将来に大きな禍根を残しかねず、農地の適正な管理に対しては、その社会的な意義に対して直接支払いによる助成が必要であるとした。また、放牧など自給飼料依存型酪農経営普及のために、乳脂肪率などの乳質取引基準の見直しや乳牛の改良についても言及している。この他、3）「担い手の確保・育成のための取組」、4）「酪農経営の経営改善を図るための取組」では、ヘルパー制度への支援の継続や新規就農制度など担い手の確保・育成対策、酪農経営支援体制の強化とともに、農協、酪農協が多くの酪農経営支援組織のコーディネーター役として酪農家の経営改善を担うことの重要性を指摘した。

　2つ目の課題である「消費者からの信頼を得るための取組」では、酪農教育ファームなどの食農教育の継続、消費者との継続的な交流・意見交換の必要性について述べている。

　さらに、以上のような取組を実現させ、特に乳業者や巨大小売業に対する生産者の取引交渉力の向上には、大規模再編が進行している欧米の酪農組合会社を参考に、①全国段階を含めた生産者団体の統合、②需給調整機能（加工処理能力向上）を持つための生産者系乳業の統合と生・処両段階の結合を検討することが必要とした。

　今回の提言の特徴は、行政に要請する事項をまとめただけのものではなく、まず生産者自体が今日の事態を打開するために一歩前に踏み出すことを求める内容になっていることであろう。例えば組織整備問題はこれまで何度も語られてきたが、総論賛成・各論反対でなかなか実現できていない。しかし、今日の酪農の置かれた状況を客観的に見るならば、生産者の結集なくして、事態の打開は不可能であろう。3月の生産者乳価10円の値上げや、飼料穀物価格の下落で経営危機が回避できたと考える向きもあるが、小売価格が実質的に上がっていないことや消費の低迷状況を見るならば、小売価格に生産者乳価の値上がり分を転嫁できない中小メーカーなどの経営悪化が乳価の引き下げ圧力につながり、穀物価格も中長期的には上昇に転じる可能性が高いことなど、実は本年度こそが酪農経営にとっての正念場になる可能性が高い。

　酪農研究会は本年度も継続して、酪農乳業の組織再編や経営安定政策について、検討を行うことになっている。また、㈳全国酪農協会として基金を設けて、提言

の実現に具体的に取り組むことを表明している。酪農経営が中長期的に経営を継続・発展できる環境整備に向けて、生産者が結束して全力を持って取り組むことを期待したい。

　本書の刊行にご支援くださった㈳全国酪農協会、全国酪農業協同組合連合会、日本酪農政治連盟、日本ホルスタイン登録協会に感謝の意を表します。

筆者を代表して　小林　信一

目 次

まえがき ……………………………………………………………… iii

第1章　酪農の食、環境、教育などに果たす役割の重要性
　　　　　………………………… 阿部　亮・小林　信一・千田　雅之 …… 1
　1．重要な食料、特に蛋白質やカルシウムの供給 …… 2
　2．地域経済における酪農生産の重要性 …… 4
　3．地域の農地や環境の守り手として …… 5
　4．酪農教育ファームなどによる「食農教育」「命の教育」 …… 6

第2章　国産食料の重要性と疲弊する酪農 …………………… 鈴木　宣弘 …… 8
　1．深刻な酪農経営の疲弊とこれまでの緊急対応 …… 8
　2．価格転嫁をめぐる問題 …… 11
　3．政策価格等の改訂による酪農・畜産経営支援 …… 17
　4．2009年3月からの取引乳価引き上げ …… 19

第3章　飼料価格高騰下における酪農経営の存立条件
　　　　　―購入飼料依存型酪農（都府県）と土地利用型酪農（北海道）の比較―
　　　　　………………………………………………… 平児　慎太郎 …… 21
　1．はじめに …… 21
　2．実態把握：背景の整理 …… 22
　3．分析方法 …… 24
　4．計測結果 …… 31
　5．飼料生産基盤の確立に向けて：購入飼料依存型酪農と土地利用型酪農の優
　　　劣比較 …… 35
　6．考察 …… 38

第4章 「食料危機」をどう捉えるか
――輸出規制の教訓とWTOの欠陥―― ………………… 鈴木　宣弘…… 42
1．過去の経験則通じない穀物高騰…… 42
2．WTOルールの限界…… 44
3．不測の事態に備え平時から戦略必要…… 45
4．WTOをめぐる懸念…… 46
5．FTAをめぐる懸念…… 51
6．国際化をにらんだ酪農の方向性…… 54

第5章 日豪EPAの問題点 ……………………………………… 小林　信一…… 56
1．日豪通商協定締結50周年と日豪関係…… 56
2．日豪貿易構造の特徴…… 57
3．日豪EPAのねらい…… 59
4．日豪EPAの効果と影響…… 61
5．オーストラリアの外交戦略　WTOかFTAか…… 66
6．日豪EPAの問題点…… 67

第6章 新不足払い法の問題点と政策展開の方向 ………… 小林　信一…… 69
1．新不足払い法制定までの経過とそのねらい…… 69
2．新不足払い制度の発足とその陥穽…… 71
3．WTO農業交渉と酪農政策の課題…… 75
4．中長期的な経営見通しの立つ経営支援制度の必要性―米麦や肉牛など、他の制度とのハーモナイゼーション―…… 76

第7章 酪農への政策対応について ……………………………… 鈴木　宣弘…… 79
1．酪農政策対応についての総括…… 79
2．補給金等の経営安定対策のあり方…… 80
3．今回の緊急的な経営安定対策の位置づけ…… 81
4．自給飼料生産の拡大に向けて…… 82

第8章　自給飼料依存型経営への転換と飼料政策の課題　……… 小林　信一 …… 88

1．畜産経営の危機と「飼料問題」…… 88
2．増加しない飼料生産…… 90
3．飼料生産が増加しない要因と反転への道筋…… 93
4．水田における飼料作の本作化の可能性…… 94
5．経営所得安定対策と畜産…… 96
6．農地保全を核とした直接支払い政策の展開の必要性…… 97

第9章　食料自給率向上への日本的な道筋＝飼料用米を軸とした畜産物自給率向上の意義—ドイツとの対比を通して—　……… 谷口　信和 …… 99

1．2008年世界「食料危機」が日本国民に突きつけたもの…… 99
2．食料自給率向上に占める畜産物の意義…… 101
3．日本の食料安全保障上のアキレス腱—飼料自給率問題—…… 104
4．飼料自給率向上を可能とする農用地利用のあり方…… 115
5．飼料自給率向上を担保する土地利用型農業の構造再編と経営安定対策…… 120

第10章　畜産的土地利用の追求　……………………………… 神山　安雄 …… 123

1．本稿の課題…… 123
2．農用地利用の推移—1960年代・耕境内外への飼料作の拡大—…… 124
3．米政策・米生産調整と自給飼料対策…… 127
4．畜産的土地利用の可能性…… 133

第11章　酪農経営における稲発酵粗飼料利用の意義と普及定着の課題
………………………………………………………………… 千田　雅之 …… 139

1．はじめに…… 139
2．酪農経営にとってのイネWCS利用の意義と利用促進条件…… 140
3．栽培側の飼料イネの導入条件—技術開発によるコスト低減の可能性—…… 142
4．おわりに—イネWCS利用の意義と普及定着の鍵—…… 146

第12章　コントラクター法人の育成で地域農地の活用を　………　森　剛一……　148
1．はじめに……　148
2．耕畜連携によるホールクロップサイレージ用稲（WCS稲）栽培の課題……　150
3．土地利用型法人が主体となった「売れるWCS稲」作り……　151
4．コントラクターとTMRセンターの一体的運営と畑地の土地利用調整……　152
5．コントラクター法人の育成と税制上の課題……　155
6．担い手育成のための酪農政策の今後の在り方への提言……　156

第13章　酪農経営におけるコントラクター利用の経済性と今後の展望
………………………………………………　福田　晋・森高　正博……　158
1．はじめに……　158
2．都府県におけるコントラクターの動向……　158
3．農協直営型コントラクターと利用農家の経済性……　161
4．営農集団型コントラクターと利用農家の経済性……　166
5．むすびにかえて……　171

第14章　エコフイードの利用と飼料ベストミックス……………　阿部　亮……　173
1．都府県酪農における飼料構造の特徴……　173
2．飼料構造の改変……　174
3．エコフイード……　175
4．ベストミックスの例……　175
5．エコフイードの利用手順……　176
6．エコフイードの有効利用のための要件……　179

第15章　牛乳プラントを核とした地域の共生
―持続的生産体制の確立―………………　淡路　和則・山内　季之……　180
1．はじめに……　180
2．共生と持続的生産の関係……　181
3．木次乳業に出荷している酪農家の状況……　187
4．木次乳業を中心とした地域の共生の源泉― 結びにかえて―……　189

第16章　酪農経営の持続的な発展を支える酪農ヘルパー制度
　　　　─その現状と課題─……………………………………… 小林　信一…… 192
　1．酪農ヘルパー制度の現状と傷病時互助制度…… 192
　2．酪農ヘルパーと新規就農…… 194
　3．酪農ヘルパー制度の課題…… 195
　4．「経営問題」解決の方向─組織統合と業務範囲の拡大─…… 200

第17章　経営技術支援体制の構築 ……………………………………… 阿部　亮……202
　1．酪農の勢力分布と酪農の経営類型…… 202
　2．それぞれの経営類型の安定的な維持のために…… 203
　3．経営改善の視点と経営計画…… 204
　4．周産期疾病の予防と繁殖成績の向上…… 204
　5．栄養管理の徹底と技術支援組織…… 205

第18章　生活クラブにおける牛乳を作りつづける運動 ……… 加藤　好一…… 207
　1．生活クラブにおける共同購入の意味…… 207
　2．生活クラブ「牛乳」の到達点…… 209
　3．「牛乳」を作りつづける…… 212
　4．新たな挑戦─飼料用米生産─…… 215
　5．耕畜連携と水田フル活用への更なる挑戦…… 218

第19章　酪農教育ファーム─「いのちをつなぐ産業」による食と
　　　　いのちの実践教育─……………………………………… 小林　信一…… 221
　1．酪農教育ファームとは…… 221
　2．酪農教育ファームの現状…… 222
　3．わくわくモーモースクール…… 223
　4．酪農教育ファームの意義…… 224
　5．酪農教育ファームの課題…… 227
　6．酪農教育ファームの今後…… 229

第20章　酪農の今後の方向 ……………………………………… 鈴木　宣弘…… 232
　1．さらなる貿易自由化・規制緩和の波…… 232
　2．窒素収支の改善…… 236
　3．本物の品質…… 238
　4．消費者との絆を強化する個の創意工夫と組織力…… 239

日本酪農の持続的発展のための提言
　―㈳全国酪農協会酪農研究会専門部会最終答申― ………………………………… 243

第1章

酪農の食、環境、教育などに果たす役割の重要性

阿部　亮・小林　信一・千田　雅之

　わが国の酪農は、以下のような重要な役割を果たしており、今後ともその役割をさらに発展させることが重要である。酪農の持続的な発展がなぜ必要なのかという点に関し、この重要性を確認することが必要不可欠である。

　①重要な食料、特にタンパクやカルシウムの供給源である。
　近年、乳タンパクは、抗高血圧症、免疫調節、抗菌、抗血栓、抗ウイルス、抗腫瘍、抗酸化作用、鉄吸収などの第三次機能についても注目を集めている。
　②地域経済を支える重要な産業であり、また、関連産業を含め多くの雇用を生み出している。
　③飼料生産や放牧による水田など農地の有効活用、遊休農地の解消、またエコフィードの活用による食品廃棄物の利活用を通して、地域の農地や環境の守り手である。
　④酪農教育ファームなどによって「食農教育」「命の教育」を行っている。

　今日のように酪農経営にとって厳しい状況が継続するならば、酪農生産の衰退によって、こうした重要な役割を果たすことができなくなる可能性がある。このことは、わが国の農業農村や、国土保全の面などに多大な支障が生ずることを意味し、農村部のみならず、都市の住民にとっても大きな問題を惹起することに繋がる。この点の認識があれば、酪農を支えることが、全国民的な課題であるといって過言でないことが理解できるだろう。以下に、それぞれの役割について、敷衍するが、詳細は各章でも展開されており、そちらも併せて読んでいただきたい。

1．重要な食料、特に蛋白質やカルシウムの供給

　牛乳は全ての栄養素を満遍なく含む食素材である。特に、牛乳中に3.2%前後含まれる蛋白質のアミノ酸組成では、リジンやメチオニンなどの必須アミノ酸の含量が高く、幼児期における筋肉や臓器の発達には高い価値を持つ蛋白質源であり、また、体蛋白質の代謝が合成よりも分解に傾斜する老年期においては、必須アミノ酸の供給源として貴重な食材となる。

　また、牛乳のカルシウムはその腸からの吸収率が高いが、それは牛乳が乳糖、蛋白質、ビタミンD、クエン酸を含むためである。野菜のカルシウムの吸収率は22～74%であるが、脱脂粉乳のカルシウムの吸収率は85%前後と非常に高く、野菜からのカルシウムの吸収率は脱脂粉乳と同時に摂取することによって改善される（Edmund Renner "Milk and dairy products in human nutrition" 雪印乳業技術研究会、1986）。このようなカルシウム吸収の特性は、医療の重要課題の一つである骨粗鬆症問題への貢献も大きい。以下の様な報告がある。「東京都板橋区を中心として生活している平均73歳の女性、95人の腰椎X線像を読影して、それらの人々の牛乳の嗜好、飲用状況との関係を比較した。その結果、牛乳嫌いの38人は骨萎縮の程度が強く、牛乳好きの57人は平均、73歳の高齢にもかかわらず健常、または、やや骨萎縮を有する人が多かった」（林泰史『Health digest』11巻6号、雪印乳業・健康生活研究所、1996）。

　人間が摂取する栄養素の機能には上記蛋白質のような栄養源としての一次機能、嗜好や外観など感覚的な特性としての2次機能、そして生理的な貢献をする3次機能の3つがある。3次機能の内容としては、生体恒常性の維持、循環器系の制御、生体防御機能、疾病の予防と回復、抗変異原性、抗酸化性、老化抑制が注目されている。

　残念なことに、近年、牛乳の消費量が減少の傾向にある。国民一人当たりの飲用牛乳の消費量は1965年が18.4kg、1985年が35.2kg、1994年が41.6kgと増加してきたが、1994年をピークにその後は減少し続け、2006年は35.8kgと1985年の水準に低下している。日本酪農乳業協会は毎年、牛乳乳製品の消費動向を調査しているが、そこでは、白もの牛乳の飲用量の減少あるいは非飲用の理由について、味、

において、体の不調など、「牛乳そのものの特性」と、「食生活の変化」に分けて、アンケート調査が行われている。2007年度の調査結果の概要をみると、食生活の変化の中では、「減少した・飲まない」の理由の中では、「牛乳以外に飲みたい飲みものが増えた」が42.5％と最も多い（日本酪農乳業協会『畜産の情報』2008年4号、農畜産業振興機構）。

　各種飲料の2006年の消費量を多い順にみると、茶系飲料が544万9,000ℓ、飲用牛乳等（牛乳、加工乳、成分調整乳）が411万5,000ℓ、ミネラルウオータが180万2,000ℓ、野菜飲料が44万4,000ℓ、豆乳類等が20万9,000ℓであり、前年対比でミネラルウオータが26.2％の、野菜飲料が19.7％の伸びを示しているのに対して、豆乳類等は9.1％の、飲用牛乳等は3.4％の茶系飲料は2.4％の減である（農林水産省牛乳乳製品統計・全国清涼飲料工業会）。

　ヒトの栄養摂取行動の第一には空腹感の満足があり、次には養分要求量の充足がくる。現在の日本における食素材の豊富な供給と多様化は、これら二つのための食行動（栄養素の1次機能の充足願望）を過去のものとしている。

　現在の日本における食行動はどのような方向を向いているか、それは以下のようになるであろう。①自分の生活や仕事やライフサイクルにあわせた選択、②予防健康やヘルシー指向、③健康維持、栄養摂取バランス保全のための栄養補助剤への関心、④肥満・メタボリックシンドロームへの関心、⑤美容、減量（痩せ）のための栄養摂取コントロール、⑥美味しさと美食の追求、⑦簡易さ、等々である。

　このような食行動への傾斜の理由には種々の社会的、経済的な要因があるが、牛乳消費量の減少の解析と消費量増加の対策は、このような食行動の多様化に即応して考えられねばならない。現在、牛乳の摂取を日常的な習慣とすべく、その環境作りが生活様式の改変をも含めて、食育教育の中で行われようとしている。しかし、同時に、牛乳の栄養素の2次機能と3次機能の向上が関係者の努力の中で行われ、そして、その情報の伝達が国民の広い階層に亘って行われ、その効果が深く浸透することが望まれる。

　牛乳は食素材であり、決して清涼飲料ではないが、多様な食素材の中にあっては、清涼飲料としての位置にあることも是認しなければならない。先に紹介した日本酪農乳業協会の調査では、飲用量減少・非飲用の理由の中では、「牛乳には

味にくせがある」、「牛乳のにおいがきらい」、「牛乳は飲んだあと、口に残る」、「飲みたい牛乳がない」が、それぞれ、30.0％、26.7％、31.6％、14.4％を占める。このような2次機能における課題が、他の清涼飲料との競合の中で負の形になっていると考えられる。この課題に対しては、牛乳の風味や牛乳の生産風景など、生乳生産段階での酪農家の生産技術の努力と、家畜福祉等の飼養環境作りの努力が恒常的に行われると同時に、牛乳加工の中でのより一層の技術向上が望まれる。

　3次機能に関しては、牛乳は価値ある特性を多く有している。最も多く含まれる蛋白質であるカゼインは、ヒトの精神状態を鎮静化させるオピオイドペプチドを消化分解産物として発現するとともに、抗高血圧症、免疫調節、抗菌、抗血栓の機能を持つペプチドの前駆体である。また、ホエー蛋白質中のラクトフェリンは抗菌、抗ウイルス、免疫調節、抗腫瘍、抗酸化作用、鉄吸収の機能を持つ蛋白質として注目されている。これら、牛乳の蛋白質が持つ3次機能は、上述した、食の消費行動に強く結びつく性質である。牛乳消費の拡大の中では、牛乳の特性として訴えてゆくべき部分である。しかし、これらの蛋白質、特にホエー蛋白質は加熱によって変成し、その機能が損なわれるという特性を併せ持つ。現在の飲用牛乳の熱加工処理の中で、牛乳の3次機能がどの程度、損傷しているかの情報整理が必要であると同時に、損傷の少ない、3次機能を強く謳うことの出来る製品の調製法等、飲用牛乳の製品の多様化への努力も牛乳生産者と牛乳加工メーカーの連携の下で行われることが望まれる。　　　　　　　　　　　　（阿部　亮）

2．地域経済における酪農生産の重要性

　酪農家戸数は1963年のピーク時の41万7,600戸から2008年現在では約2万2,000戸にまで減少している。しかし、家族従事者と雇用従事者を含めた就業者数および牛乳・乳製品製造業などの畜産物加工業や、飼肥料など生産財の生産・流通業などの関連産業を含めれば、今なお重要な雇用先である。ちなみに、乳製品製造業は2006年現在718社存在するが、従業員総数は39,603人、現金給与総額1,571億円、原材料使用額1兆4,397億円、製造品出荷額2兆1,705億円（工業統計表、経済産業省）に達している。

　生乳を中心とした酪農の粗生産額だけでも7,440億円（2006年）で、畜産部門

では最も多く、農業全体でも1割近くを占める。特に北海道ではその割合は3割に達しており、基幹的な農業部門であり、酪農の衰退は地域経済に大きな打撃を与える。都府県においても12県で生乳の産出額が農業部門中上位3位（2006年）までにランクされており、重要な部門である。昨今の減産型生産調整に続く飼料価格高騰による経営悪化は、特に都府県における酪農家戸数の急減と生乳生産の減少を結果しており、地域経済にとって大きな危惧となっている。その結果、北海道における生乳生産シェアは増加傾向にあり、全国の5割を超える方向にある。北海道においても酪農専業地帯である道東とそれ以外の地域の生産格差が拡大しており、道東地区のみで、我が国生乳生産の4割近くを占める勢いにある。都府県酪農の衰退による一部地域のシェア増加は、生乳の地域特産物化に繋がり、酪農全体の持続的発展にとって望ましい展開とは言い難い。全国的にバランスのとれた地域ごとの特徴を持った酪農生産の維持・発展が必要である。（小林 信一）

3．地域の農地や環境の守り手として

　農家全体の経営耕地面積に占める酪農経営の割合は、北海道では約42％と高く酪農経営が農地利用に重要な地位を占めている。一方、都府県では3％程度に過ぎず、農地利用における酪農の役割は部分的であり、水田転作の強化、遊休農地の増加にもかかわらず、酪農経営全体の経営耕地面積は増加していない。むしろ酪農戸数の減少等により、都府県酪農の耕地面積は1990年の12万haから2005年の8万haに減少している。

　乳牛1頭あたりの耕地面積は北海道では53ａ、都府県では11ａと低迷しており、酪農の飼料自給率は低下の一途をたどっている。とくに都府県酪農の飼料自給率は15％と低く、粗飼料でさえ40％と低い自給率である。

　他方、農地の飼料利用は、①米の生産調整の達成、②遊休農地の解消、③飼料増産・自給率向上の観点から社会的に重要な課題となっている。

　田の面積の4割、約100万haは米以外の作付けを行わなければ米価ないし稲作農家の所得を維持することはできない。湿田や狭隘な圃場など耕作条件の不利な圃場が生産調整に供せられるなかで、麦や大豆など畑作物の作付けには限界がある。こうしたなかで、飼料イネや牧草など飼料利用に期待が寄せられている。

農作物の収益低下や農業者の老齢化、野生鳥獣害の増加等により、近年、遊休農地は増加の一途をたどっている。遊休農地は病害虫や野生鳥獣の温床となり営農環境に悪影響を及ぼすだけでなく、火災や家電製品の不法投棄など災害や犯罪を招きかねず、その解消は社会的問題である。

　2005年では土地持ち非農家も含めると耕作放棄地は約38万ha、不作付けの田畑を加えた遊休農地は約59万ha、耕地面積の約16％に達する。営農条件の困難な中山間地域では50％を超える地域も少なくない。また、全国の遊休農地面積の94.5％は都府県に集中し、61％は田である。都府県酪農にとっては転作田のみならず田を中心とする遊休農地をいかに酪農経営のなかに取り入れ、経営改善を図るとともに遊休農地解消の一翼を担い、地域社会に貢献することが望まれる。

（千田　雅之）

4．酪農教育ファームなどによる「食農教育」「命の教育」

　理想的と言われる日本型食生活のPFCバランスの崩れ、個食化・孤食化など食生活のゆがみの顕在化、子どもも例外としない生活習慣病の増加などを背景に、地産地消、身土不二、スローフードなどの言葉が人口に膾炙する中で、近年食育の重要性が強調されている。食育基本法制定や栄養教諭制度の創設などに見られるように、行政も学校教育において食育を積極的に推進する姿勢を見せている。また、先進国中最低の食料自給率の中で、食生活の問題を食と農の乖離の問題として捉えた食農教育としての取り組みも活発化している。

　しかし、その一方で総合的な学習の見直しや、進まない栄養教諭制度など、食農教育を取り巻く環境は必ずしも追い風状況にあるとは言い切れない。そうした中で農業側から組織的な体制が整備され実績もあるのが、酪農教育ファームである。詳細は第19章に譲るが、2001年1月からは「酪農教育ファーム認証制度」が設立され、2009年3月現在全国で257の酪農場と401人のファシリテーターが認証され、年間利用者数も2007年度で約70万人に達している。

　酪農教育ファームは様々な形態があるが、その意義・目的は直接には牛乳・乳製品の消費拡大にある。特に、最近の牛乳消費の落ち込みや、牛乳について「太る」などの誤った知識が流布されている状況を変えたいという思いは強い。しか

し、それのみではなく、酪農を素材に「食といのち」を考えるきっかけにしたいという酪農関係者の「思い」もある。

　酪農教育ファームの場合も、食と農に関する学習、あるいはそれらを通した「いのち」の学習という意味では、他の食農教育と変わるところはない。しかし、酪農あるいは畜産の場合は、「家畜」を媒介とするという点に大きな特徴がある。われわれ人間に近い生き物である家畜を素材とすることで、食やいのちについて、より具体的に、あるいは根源的に学べる可能性を持つ。

　さらに近年、O157、BSE、トリインフルエンザなど家畜を媒介とする疾病の発生や、雪印食中毒事件、牛肉偽装事件など畜産物にかかわる問題、さらに畜産物の脂肪やカルシウムなどの栄養分に対する否定的な情報の氾濫など、家畜、畜産業、畜産物への風当たりは強い。トリインフルエンザの脅威が報道された頃、養鶏農家の方が自分の鶏舎の前を、手で鼻と口を覆って、足早に駆け抜ける人々の存在に、どれだけ悲しい思いを持ち、また自尊心を傷つけられたかを語っておられた。当時は、動物園でさえ「ふれあい動物コーナー」からひよこを除外したり、小学校での飼育動物をすぐに撤去するなどの措置を学校側がとらないように、獣医師会が異例のお願いをしたりといった状況もあった。動物に関する正確な知識や動物とふれあう体験の欠如が、こうした状況を生んでいると考えられる。そうした意味では、日常的には接することの少ない家畜に直に触れることで、動物との接し方を学ぶ意義も小さくない。こうした多面的な意義を持つ酪農教育ファーム活動を、学校牛乳制度の維持・拡大と共に学校教育の中にきちんと位置づける必要がある。

（小林　信一）

　以上のような重要な役割を果たしている酪農を持続的に発展させる必要がある。現在の酪農を取り巻く経営環境は、第一次石油ショック時を上回る厳しいものがあり、このままでは、酪農戸数の急減、生乳生産の急減につながり、以上の役割が果たせなくなる。

第2章

国産食料の重要性と疲弊する酪農

鈴木　宣弘

　最近の国際穀物需給の逼迫、中国製ギョーザ、事故米、メラミン牛乳製品等、相次ぐ輸入食品の安全性への不安の高まり等の影響で、食料の国内生産の強化に関心が高まる中、むしろ、国内生産の疲弊は進んでいる。低米価や飼料・燃料・肥料価格高騰で稲作や畜産・酪農経営が苦しくなった。飼料・燃料・肥料等の生産資材価格の高騰にもかかわらず、諸外国のように「価格転嫁」が進まず、国内食料生産の縮小が懸念されているのが、我が国の特質である。こうした中で、生産者、流通、メーカー、小売、消費者、行政、関係団体等は、いかに行動すべきか。もっとも疲弊が深刻といわれる酪農の状況を中心に考えてみたい。

1．深刻な酪農経営の疲弊とこれまでの緊急対応

　2007年から深刻化してきた飼料・燃料価格高騰は、2008年になっても収まらず、未曾有の酪農危機といわれる事態は、さらに悪化した。酪農家の廃業数、生乳生産の減少も、日に日に顕在化して大きくなり、すでに顕在化したバターの不足にとどまらず、今後、栄養価が高く子供の成長に不可欠な国民生活にとっての必需品たる飲用牛乳が日本で不足する事態が生じる危険が現実味を帯びつつあった。実際、沖縄県では、ついに飲用乳の出荷停止が現実になり、全国各地のスーパー店頭で、牛乳の棚に隙間が増えてきていた。

　各地の酪農経営の状況をみると、県や地域によって事情は大きく異なり、2007年末段階で、岩手県では酪農家の労働報酬は1時間当たり230円という試算があった。さらに深刻なのは、最近までの乳価下落が全国で最も激しかった九州であ

表1　酪農経営の収支（2007）

	大分県50〜60頭規模平均	千葉県50頭経営	千葉県38頭経営
収入	43,629,797	53,258,577	37,355,469
支出	43,364,635	54,221,311	39,405,657
所得	265,162	－962,734	－2,050,188

資料：大分県酪連、千葉県庁蕨順一氏等からの資料を筆者が加工。

った。例えば、2007年度に、大分県では、50〜60頭規模の酪農家の平均で、年間所得がわずか26万5,000円にすぎず、貯金等を取り崩して経費の支払いの不足分や生活費に充てるしかない経営が続出していた（表1）。都市近郊で購入飼料の割合が高い千葉県等も状況は類似、または、それ以上に深刻であることは、30円の乳価引上げが必要との試算も出されているように、様々なデータが示していた。表のとおり、千葉県では、50頭経営で2007年の所得は－96万円、38頭経営で－210万円となっており、経費の支払いにも大きな不足が生じている。2008年に入ってから、飼料価格が高止まりどころか、更に上昇してきたため、事態は深刻の度を増した。

　2008年9月時点で、千葉県では、毎月の乳代で経費が払いきれない酪農家が7割に達しているとの情報もあった。そこから、さらに負債の償還もせねばならず、お年寄りの年金収入のみが頼みという。さらに問題がそれだけですまないのは、すでにこれまでの赤字累積で、施設・機械や乳牛の更新ができず、牛舎や乳牛の状態が悪化しており、それらを通常の状態に戻すにも、莫大な資金が必要になってきていることである。

　何とか飼料・燃料コストの急激な上昇の影響を吸収できる酪農家の手取乳価引上げを実現し、この日本酪農の未曾有の危機を回避すべく、生産者、メーカー、小売、消費者、獣医師、行政、関係団体等が、懸命の努力を続けた。

　具体的には、

① 取引乳価の引き上げ
② 補給金や経営安定対策による酪農家手取りの補填
③ 自給飼料生産や未利用資源活用の拡大による生産コストの引き下げ
④ 配合飼料価格安定制度による酪農家の飼料コスト負担の抑制

を組み合わせることで、全体として、酪農の窮状を打開しようとしたが、④が制

度的な限界に達している中、③のコスト削減にも時間がかかることから、①と②で、どこまで事態を改善できるかが問われた。

関係者の尽力の結果、2008年6月時点では、北海道では、

取引乳価　　　5.1円
補給金　　　　0.52＝（1＋<u>0.3</u>）×0.4
直接支払い　　<u>0.72</u>

を加えた6.34円程度の酪農家の手取りの上昇が見込まれ、都府県では、

取引乳価（飲用）　　　3円
直接支払い（飲用）　　3.24＝2.1＋<u>1.14</u>

を加えた6.24円程度の酪農家の手取りの上昇が見込まれた。ただし、下線を引いた2008年6月の政策対応分については、配合飼料価格の引上げを4％までに抑える措置の発動を見送ることによる損失の相殺が主眼であるから、実質的に、農家にとってどれだけのプラスかは、よく吟味する必要があろう。また、「直接支払い」の部分は、農家が一定の支給条件を満たした上で申請するという手続きが前提であった。

さらに、2008年10月、11月に、ずいぶん遅れてしまったとはいえ、進展があった。まず、10月に、都府県で、2008年4月の3円に続き、2009年3月に飲用乳価を10円引上げることが、生処間で合意されたのである。11月には、北海道で、加工原料乳価4円、飲用乳価10円、プール（平均）乳価で5.3円の値上げが、2009年3月に実施されることが合意されたのである。これによって、上記の政府からの「直接支払い」部分は停止されるが、新たな直接支払いも加わって、2009年3月時点では、北海道で、

取引乳価　　　5.1円
補給金　　　　0.52＝（1＋<u>0.3</u>）×0.4
取引乳価　　　5.3円
直接支払い　　0.15円

を加えた、約11円程度の酪農家の手取りの上昇が見込まれ、都府県では、

取引乳価（飲用）　　3円
取引乳価（飲用）　　10円
直接支払い　　　　　0.30円

で、プール乳価で約10円強の手取りの上昇が見込まれた。

2．価格転嫁をめぐる問題

　政策的には、史上初の期中改定を含め、現行の制度体系の中で取りうるかなりの措置がとりあえず行われたのを受けて、さらなる取引乳価の引き上げ交渉に重点が移り、値上げによる消費減退を上回る生乳生産の落ち込みが心配される事態の深刻さに鑑み、関係者それぞれが、短期的で狭い自己の利益のみの視点に陥らず、業界全体の長期展望に立った大局的な判断が期待されたが、思うように進んだとはいえない。

(1) 最も根本的問題

　根本的問題は、生産コストが上昇し、供給不足の兆候が現れたら、価格上昇が生じて、必要な需要を満たす供給が確保されるというのが、価格による需給の調整メカニズムであるが、これが正常に機能していないという点に尽きる。価格による需給調整メカニズムが機能すれば、「不足」はありえないが、このまま価格が上がらなければ、不足が生じてしまうのである。
　諸外国では、今回も、乳価上昇による調整が非常に迅速に機能している。農水省の調べでは、2007年6～9月段階の生産者乳価は、米国が前年比67.3％高の55.5円、豪州が29.9％高の43円、英国が9.4％高の46.3円というように、軒並み上昇したのに、我が国でそれが適切に働かないのは、市場に何らかの不自然な力が加わっていることを意味する。

(2) 取引交渉力の不均衡

　我が国では、大型小売店同士の食料品の安売り競争は激しいが、そのため、小

売価格の引き上げが難しく、そのしわ寄せがメーカーや生産者に来てしまう構図がある。しかし、パンや麺類のように、メーカーの取引交渉力が強い部門では価格転嫁がメーカー主導で簡単に実現している。

我々の試算（図1）では、我が国では、メーカー対スーパーの取引交渉力の優位度は、ほとんど0対1で、スーパーがメーカーに対して圧倒的な優位性を発揮している。一方、酪農協対メーカーの取引交渉力の優位度は、最大限に見積もって、ほぼ0.5対0.5、最小限に見積もると0.1対0.9で、メーカーが酪農協に対して優位である可能性が示されている。

図1　日本における酪農協・メーカー・スーパー間の取引交渉力バランス

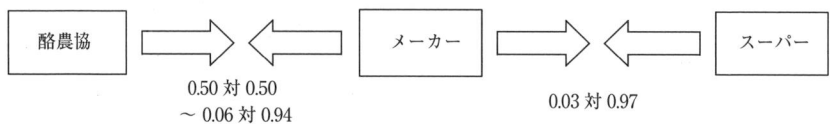

出所：J. Kinoshita, N. Suzuki, and H.M. Kaiser, "The Degree of Vertical and Horizontal Competition among Dairy Cooperatives, Processors and Retailers in Japanese Milk Markets," Journal of the Faculty of Agriculture Kyushu University, 51(1), February 2006, pp. 157-163. による推計結果。
データは酪農乳業情報センター、食品需給研究センター等。
注：0に近いほど劣位、1に近いほど優位な取引交渉力をもつ。

欧米でも小売サイドの大型化は進んでいるのに、なぜ日本のみ価格転嫁が生じないかという疑問に対する一つの回答は、このような取引交渉力の不均衡にある。ミルク・マーケティング・ボード（MMB）の解体によって市場が細分化された英国を例外として、多くの国では、酪農協兼乳業メーカーの大型合併が進み、酪農協兼乳業メーカーの多国籍化が猛烈な勢いで進展している。ほぼ一国一農協のデンマークのMD Foodsとスウェーデンのアルラ Foodsの合併で2国一農協状態が創出されたのが代表的な例だ。ニュージーランドでは、二大酪農協とデーリィボードが統合され、巨大乳業メーカー「フォンテラ」となり、それとオーストラリアの二大組合系メーカーの一つボンラックが業務提携し、その後、フォンテラは、さらに世界各国に業務展開している。Arlaはデンマーク、スウェーデン、英国で原料乳を調達しており、英国のArla系の乳業は、フォンテラからの出資を受けて国境を越えた企業活動をしている。多国籍乳業としては、ネスレ、ユニリバー、

ダノン等があるが、米国の乳業1位、2位のSuiza FoodsとDean Foodsが合併し、ネスレに次ぐ世界2位の乳業となった。

米国では、全国展開を強める酪農協DFA（Dairy Farmers of America）は、Suiza Foodsに吸収されて、さらに巨大化した全米一の飲用乳メーカー「新生」Dean Foodsと独占的な完全供給（full supply）契約を締結し、全米各地のDeanプラントの必要生乳の80％を供給しつつ、全米各地に10箇所のbalancing plantを指定して、需給調整を行い、飲用乳価を維持する体制を整えている。

このように、世界では、小売の市場支配力に対抗するため、猛烈な勢いで生処サイドの巨大化が進んでいる。いまや、一国一酪農協兼メーカーを超えて、二国一酪農協兼メーカーになり、さらには、それが世界各国で、合弁事業を進め、多国籍化している。MMBの強制解体で生産者組織が細分化され、「買いたたき」に遭って乳価が暴落したイギリスは一つの教訓である。

多くの国では、酪農協兼乳業メーカーの大型合併が進み、生処サイドが小売の市場支配力に対抗しているため、生処販のパワーバランスが均衡し、生処販が連携して、消費者への価格転嫁がスムーズに進むのである。加えて、欧米に比べて、日本において、小売価格への価格転嫁が進みにくい要因として、消費者の購買力の低下が大きいことも考慮する必要があろう。

米国の酪農協は、脱脂粉乳やバターへの加工施設（余乳処理工場）を酪農協自らが持ち、需給調整機能を生産者サイドが担える体制を整えることによって、飲用乳の価格交渉力を強めているが、これが米国で可能な背景には、米国政府が余剰乳製品の買上げ制度を維持し、その最終的販売先として補助金付き輸出や援助を準備していることも大きい。そうした制度的裏付けの違いも認識しておく必要がある。我が国でも、多様な販売先、「はけ口」を確保することで、生産での調整を緩め、販売で調整することを可能にしていくことが求められる。

また、米国では、ミルク・マーケティング・オーダー（FMMO）制度の下、政府が、乳製品市況から逆算した加工原料乳価をメーカーの最低支払い義務乳価として設定し、それに全米2,600の郡（カウンティ）別に定めた「飲用プレミアム」を加算して地域別のメーカーの最低支払い義務の飲用乳価を毎月公定している。この乳価制度により、乳製品市況の上昇が一ヶ月単位で迅速に飲用乳価の上昇に反映される点も大きい（ただし、日本でも、経済メカニズムによる加工原料乳価

と飲用乳価との連動性は、調整の時間はかかるが、成立している)。

さらに、米国では、FMMOで決まる最低支払い義務飲用乳価水準が低くなりすぎる場合に対処するため、2002年に飲用乳価への目標価格を別途定め、FMMOによる飲用乳価がそれを下回った場合には、政府が不足払いする制度を導入した。WTO上、削減対象の政策を新設すること自体、その廃止を世界に先駆けて実践した我が国からすれば考えられないことであるが、今回、さらに注目すべきは、2008年農業法において、飼料価格高騰への対処として、目標価格が飼料価格の高騰に連動して上昇するルールを付加したことである。その場かぎりの緊急措置をその都度議論するのでなく、ルール化された発動基準にしてシステマティックな仕組みにしていこうとする米国の姿勢は合理的である。

カナダでは、政府の支持価格の変化に基づいて物価スライド的に全取引乳価が機械的に変更されるのは、政府の指示ではなく、あくまで「州唯一の独占集乳・販売ボード (MMB)、寡占的メーカー、寡占的スーパー」という市場構造の下で、政府算定値を参考価格 (reference price) として「自主的に」行われているのだと説明される。しかし、MMBは独占禁止の適用除外法に基づき、メーカーへの乳価の通告、プラントへの配乳権を付与されており、メーカーは法律に基づく手続きで不服申し立てはできるとはいえ、政府価格が取引価格になるように制度的に仕組まれている点は見逃せない。具体的には、

          2000年 → 2001年

バター・脱脂粉乳の政府算定のメーカー支払い乳代

         =55.74（3.6％基準）→57.87円/kg

オンタリオ州の実際のバター・脱粉向け取引乳価

         =57.68（平均成分）→60.14

オンタリオ州の実際の飲用向け取引乳価

         =64.81（平均成分）→67.40

という具合である。

我が国においても、ブロック指定団体の機能強化が議論になっているが、ブロック内が統一されても、例えば、九州ブロックが高乳価を強く要求しても、メーカー側が、それなら北海道の生乳にします、というように、ブロック間での競争がある以上は、取引交渉力は強化されない。ブロック内の問題もあるが、一番の

課題は、ブロック間の全国統一的な調整機能の強化であろう。足並みを揃えることができるかどうかである。

(3) 酪農家の問題でなく国民的問題

　我が国における取引交渉力のアンバランスを早急に是正することは困難であるから、この現実をやむを得ないものとしても、事態を放置してよいかどうかは、国民的問題である。「米国政府は酪農を、ほとんど電気やガスのような公益事業として扱ってきており、外国によってその秩序が崩されるのを望まない。」（フロリダ大学K教授）といった見解にも示されているように、国民、特に若年層に不可欠な牛乳の供給が不足することは国家として許さない姿勢が米国にもみられるほどだ。国民に不可欠な牛乳の供給が滞る危険を回避することは、酪農家を救うにとどまらず、日本国民の健全な食生活と健康を維持するために、消費者、スーパー、メーカーのすべてが事態の深刻さを理解し、適切な対処を早急に行うべき問題である。

(4) 生・処・販の取り分比率の問題

　2007年12月10日に、明治乳業と森永乳業、日本ミルクコミュニティの乳業大手3社が、飲用乳価の取引価格を3円値上げする方針を明らかにした。円単位での値上げは1978年以来30年ぶりという画期的なものであったが、このとき、生・処・販の取り分比率が問題になった。

　飲用乳の生産者段階で3円の値上げは、素朴に考えると、末端の牛乳小売価格に3円程度、価格転嫁されるかと思うが、そうではなく、通常は、末端の牛乳小売価格で10円の値上げにつながるという。これは、生・処・販の取り分比率が、通常、

　　生　：　処　：　販
　　＝3　：　3　：　4
ないし
　　　3　：　2　：　5

程度になるという実態があるからだそうだ。特に、今回は、メーカーも原料乳以

表2 米国北東部の飲用乳価の変化 (円/リットル)

都市	年	生産者受取飲用乳価	小売飲用乳価
ニューヨーク	2006	31	89
	2007	58	121
	差	27	28
シラキュース	2006	29	64
	2007	56	92
	差	27	25
フィラデルフィア	2006	31	88
	2007	58	115
	差	27	24
ボストン	2006	31	83
	2007	58	111
	差	27	22

注：コーネル大学の調査結果を1ドル=110円で換算。

外のコストの上昇分も値上げに組み込みたいという事情がある。また、スーパーのセンター・フィー等は、メーカーの卸値に対するパーセンテージで決まるため、自動的に上がってしまうのである。

　確かに、生・処・販の取り分比率、3:3:4ないし3:2:5をそのまま適用すれば、かりに生産者段階での5円の値上げは末端で15円強、10円なら30円強という形で、かなり大きな小売価格上昇につながる。また、小売価格の末尾を8円にするには、158円の牛乳を15円上げて163円とはできず、10円単位の値上げになるため、15円という値上げは、20円の値上げにならざるを得ないともいわれる。小売価格の10円以上の値上げは困難だから、3円以上の生産者乳価の値上げは困難ではないかの見方もある。

　しかし、これらの事情は、関係者の間で融通を利かせる部分があるはずで、5円なら20円、10円なら30円という関係を杓子定規に前提にするのには疑問もある。実際、米国の生産者乳価には大幅な上昇が生じているが、小売価格の上昇はそれほど大きくはない。この7月にコーネル大学がまとめた米国の動向は非常に示唆的である。米国の北東部では、表2のように、2006年から2007年に生産者段階の飲用乳価は1ℓ約27円上昇し、小売価格も、それと同等ないしは若干それを下回る22〜28円の範囲で上昇している。日本円で約30円という引上げ額の大きさと、

生産者段階と小売段階の上昇が同じか小売のほうが小さいという点をよく見ていただき、日本における生処販の「取り分」の議論と比較いただきたい。

　また、小売サイドの川上に対する相対的な取引交渉力の強さ自体を短期間で改善することは困難であることを考えると、飲用牛乳の不足等の事態で最終的に不利益を被る地域の消費者に、生産者サイドからも働きかけて、地域の消費者グループで、自発的な共同購入等で地域の牛乳を買い支える等の行動を起こしてもらうことができないだろうか。そうした動きが各地で増加すれば、大型小売店の対応にも変化が生じる可能性がある。

3．政策価格等の改訂による酪農・畜産経営支援

　選択肢の②に挙げた政策価格等の改訂も、2月と、6月の史上初の期中改定の2回にわたり動いた。まず、2008年2月21日、通常年よりも1ヶ月前倒しで、政策的に、現行制度の運用で、ギリギリ最大限の支援策が打ち出されたといってよかろう。その主なものを以下に列挙する。

(1) 補給金の1円の引き上げ。これは、新制度になって初めての円単位の上昇である。過去のコスト上昇分だけでなく、向こう1年間、毎四半期4％ずつ飼料価格が上昇する可能性を見込んだものとなっていた。

(2) 補給金単価の引き上げにもかかわらず、限度数量も実質9万tの増加。通常は、補給金総額の縛りがあるため、単価を引き上げると限度数量は減るという関係があり、今回も3万tの減としたが、外枠で12万tを設け、別財源で同額の補填を可能にした。

(3) 北海道の乳価5.1円上昇－都府県の3円上昇＝2.1円を都府県の飲用乳に実質上積み。これは、北海道と都府県の乳価上昇格差を補填すべく、簡易な要件で、実質的に酪農家手取りの上積みができるような牛1頭当たりの補助金として支払われる。

(4) 飲用消費減退による加工発生で乳価下落が生じた場合の生産者団体が行う「とも補償」を支援。

(5) 子牛の保証基準価格・合理化目標価格は史上初、食肉安定価格は26年ぶりの引き上げ。地域肉豚事業の保証価格も引き上げ。価格下落時の補てんを想定

した制度では、コスト上昇による経営悪化を直接的には補填できないため、基準になる価格水準を引き上げる必要が生じた。

(6)肉用牛肥育経営安定対策（マルキン）は、所得が家族労働費を割り込んだ場合の補填しか想定していなかったが、現在は、物財費も割り込んでしまったため、時限的（2年間）ながら、物財費を割り込んだ部分も補填できるようにした。

(7)実質的に個人使用の広範な用途の機械類に1/3補助。

(8)負債償還が困難な農家に長期・低利の借り換え資金を融通。

(9)飼料米導入対策として、2万haの飼料米耕作水田に、畜産側の取組みを通じて、10a当たり実質13,000円相当を補助。

加えて、2008年5月末までに、さらに検討する課題として、

(1)配合飼料価格安定制度の見直し、

(2)スーパーの不当廉売や優越的地位の乱用の可能性にメス、

(3)飼料米等の自給飼料基盤の抜本的強化策、

が挙げられた。(1)については、過去1年からの値上がり分しか補填されない制度の仕組みや、財源が枯渇する問題に、さらに踏み込んだ対策が採れるかが検討された。(2)については、公正取引委員会からの調査が行われた。法的措置は難しいが、大型小売店に対するメッセージとしての効果は期待できよう。

その検討も踏まえ、さらに、2008年6月12日、2月の政策対応以降の飼料価格高騰が予想を上回る事態となってきたことも受けて、史上初の期中改定を行った。市中銀行からの借入れも限界に達し、配合飼料価格安定基金の財源が枯渇してきたため、配合飼料価格の引上げを4％までに抑える措置の発動を見送る代わりに、それを見込んで決定した補給金等の政策措置を、その後の経済環境の悪化も踏まえて改定し、疲弊する農家経営に可能な限り効果的に支援しようとしたものである。

さらに、2009年3月、平成21年度の畜産物価格・関連対策が決定された。加工原料乳の補給金単価、限度数量は据え置かれ、直接支払いで、北海道に15銭、都府県に30銭が措置された。一般国民の目からすると、飼料価格はかなり沈静化し、一方で、取引乳価は3月に大幅な引き上げが行われたのだから、政策価格は引き下げられてもよいのではないかという印象があるかもしれない。

この点については、十分な説明により、国民の理解を得る努力が必要である。2007年から2008年にかけての飼料価格高騰による酪農経営の疲弊は深刻の度を極め、それに対する取引乳価の引き上げは、なかなか交渉が成立せず、3月までずれ込んだ。ここに大きな「タイムラグ」が生じた。このため、その間の酪農経営の疲弊を十分に回復するには、飼料価格がかなり落ち着いたとしても、なおしばらくの間、十分な乳価が存続しないと実現できないのである。

　しかも、3月の取引乳価の引き上げを受けて、政策的な緊急支援措置として行われていた直接支払いとしての、北海道75銭、都府県に3円24銭は停止された。したがって、補給金単価の据え置きに加えて、北海道に15銭、都府県に30銭が上乗せされるといっても、差し引き、直接支払い分は大きく減少したことになっていることは忘れてはならない。

4．2009年3月からの取引乳価引き上げ

　我々（農林水産政策研究所の木下順子主任研究官ら）の過去40年間（1966～2005）のデータに基づき推計した生乳需給モデルによると、飼料価格が50％上昇すると、乳価が上昇しなかった場合、2年間くらいのうちに、生乳生産が17.4％減少する、つまり、乳価が変化しなければ、趨勢的な需要減退を大きく上回る生乳不足が生じる危険がある。

　2008年4月の取引乳価改訂と2008年2月と6月の政策対応では、すでに速度を速めつつある酪農家の廃業を食い止めるには不十分であり、栄養価が高く、子供の成長に不可欠な、国民生活の必需品たる牛乳が日本で不足する事態が起こりうる危険は払拭できなかった。しかし、再度の取引乳価の引き上げの合意は難航した。

　取引乳価を改定しなくても、待っていれば行政が動くだろう、自らが動いたら損だということで、結局誰も動かないようでは、無責任体制になってしまう。自らの目先の利益のみにしがみつき、支え合う気持ちが失われては、業界全体の将来が危うい。

　トウモロコシがそのうち下がりそうだから待とうというのもおかしい。これまでの累積的な疲弊を回復しなければ、酪農経営が継続できない。穀物価格等が下

がれば、その時点で、また値下げすればよいことである。消費者も牛乳が不足して初めて慌てても遅い。生乳生産のダメージは簡単には回復しない。

　絶望感が漂いつつあった中で、しかし、ついに、2008年10月、11月に進展があった。先述のとおり、まず、10月に、都府県で、2008年4月の3円に続き、2009年3月に飲用乳価を10円引上げることが、生処間で合意されたのである。11月には、北海道で、加工原料乳価4円、飲用乳価10円、プール（平均）乳価で5.3円の値上げが、2009年3月に実施されることが合意されたのである。これによって、2009年3月時点では、北海道、都府県ともに、プール乳価で約10円強の手取りの上昇が実現した。

　筆者は正直いって、日本はもはやみんなが支えあうような気持ちを失って、絶望的な国なのではないかと思ったときもあったが、遅ればせながら、関係者の努力のおかげで、何とか事態は動いた。だから、それが不十分なものであっても、日本はまだ可能性がある、まだ捨てたものではないということがわかったのである。これを元気の源としていただきたい。筆者自身もそう思うようにしている。

　そして、次に望むのはスーパーの姿勢である。原料乳価の10円の値上げに見合う卸値の引き上げを実現できなかったら、メーカーの経営が非常に厳しくなる。メーカーが破綻すれば、結局、酪農家も生乳の売り先を失う。ここは、スーパーに理解ある対応を期待したい。また、メーカーサイドも、苦し紛れの安値で、足並みを乱してしまわないよう、一枚岩の行動をとることの重要性を再確認しないといけない。

第3章

飼料価格高騰下における酪農経営の存立条件
―購入飼料依存型酪農（都府県）と土地利用型酪農（北海道）の比較―

平児　慎太郎

1．はじめに

　日本の食料自給率は40％（2005年度）ときわめて低い水準にある。食料自給率を取り巻く議論は、行政からマスコミのそれに至るまで数多あり、枚挙に暇がない。こうした議論の基礎となる指標を詳らかに見ていくと、飼料自給率が極端に低く、例えば農林水産省の推計[1]によれば、部門ごとの飼料自給率は牛肉が26.2％、牛乳・乳製品が42.3％等となっている。このように、日本の畜産全体が土地から離脱し、輸入飼料に強く依存した加工型畜産[2]の性格を強めていることは、個別の経営、ひいては日本の畜産全体が国際的な飼料価格の高騰の影響を受けやすくなることに他ならず、その存立基盤の脆弱さがつとに指摘されてきた[3]。

　こうしたことを踏まえつつ、日本の畜産、とりわけ酪農を見渡してみると、マクロ的には世界的な穀物需給逼迫、原油価格の高騰に伴う海上運賃の値上げを背景とした著しい飼料価格の高騰に直面している。一方、ミクロ的にはその影響を吸収しきれないほど低廉な水準にある乳価に直面し、日本酪農、あるいは乳業業界全体に暗い影を落としている[4]。もちろん、政策実務のレベルでは、飼料価格の高騰といった生産要素価格の推移と生産物（牛乳）価格のそれとの関係を用いて交易条件指数を計測することで、その関係性を時系列的な変化に従ってなぞることは可能である。しかしながら、飼料価格の高騰が経営レベルでどのような影響を与えているのかをシミュレーションし、"飼料費の増加、あるいは削減がありせば（なかりせば）経営はどうなるのか？"にまで言及することはできない。

今後とも引き続き飼料価格が高騰し続けるのか、あるいは既に今回の飼料価格の高騰のピークを過ぎたのか、あるいは今後、バイオマス・ブームがどのように展開し、飼料作物の作付がどのように推移するのか、それらの判断は他に譲るとして、畜産物生産費に占める飼料費の増加（あるいは削減）が経営にどのような形で影響を与えているのかを把握することは、経営改善の方策を検討する観点からも重要な示唆を与える。そこで、本稿では購入飼料に依存した都府県酪農（以下、購入飼料依存型酪農）と、相対的に多くの飼料生産基盤を確立した北海道酪農（以下、土地利用型酪農）という飼料基盤が異なる経営タイプに着目し、農林水産省『畜産物生産費統計』の牛乳生産費（以下、単に「牛乳生産費」と表記）の数値を用いて損益分岐点分析の枠組みを用い、さらに飼料費の金額を変化させることで"飼料費の増加、あるいは削減がありせば（なかりせば）経営はどうなるのか？"をシミュレーションする。さらに、購入飼料に極度に強く依存しない土地利用型酪農が優位性を発揮する条件を検証し、最後に飼料費削減の具体的な解決策について展望する。

2．実態把握：背景の整理

（1）飼料価格の推移

議論の前段階の整理として、飼料価格の推移を確認すべく、トウモロコシ価格（1997年4月～2008年6月のシカゴ市場における月次データ）を図1に示す。

最近10年あまりのトウモロコシ価格の推移は、大別して高騰基調による「価格水準の変化」と、不規則な「価格変動」が混在している。価格水準の議論、あるいは価格安定化の議論は農産物価格論の教科書的な議論に譲るが、単年度ごとに見ると、1 bu [5] あたり平均価格が最も低い2001年度は205.4cent、最も高い2007年度は403centと10年あまりで価格のボトムとピークの間に2倍近い開きがある。さらに、年度内の価格変動を見ると、年度内の標準偏差が最も小さい2001年度は6.8、大きい2007年度は74.5である。すなわち、飼料（トウモロコシ）価格は、低水準・安定局面から高水準・不安定局面へとシフトしていったことを示唆するものである。

もちろん、トウモロコシ価格のみで飼料価格の推移を完全に捕捉することはで

図1 シカゴにおけるトウモロコシ価格の推移

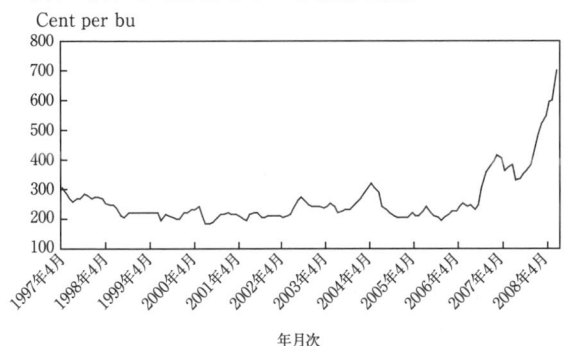

Cent per bu

資料：配合飼料供給安定機構 http://mf-kikou.lin.go.jp/ より作成。

図2 乳牛用配合飼料工場渡価格

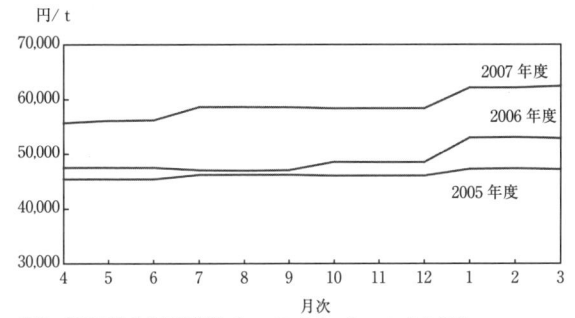

円/t

資料：配合飼料供給安定機構 http://mf.kikou.lin.go.jp より作成。

きない。そこで、さらに経営レベルに引きつけるべく、乳牛用配合飼料工場渡価格（直近3年度分の月次データ）の推移を図2に示す。

　上述したトウモロコシ価格と同様に配合飼料工場渡価格は明らかに上昇基調にあり、3年間で価格が1.4倍近く高騰している。とりわけ、2007年以降は1tあたり50,000円（50円/kg）を上回る水準に達している。価格の高騰が顕著になるにつれて年度内の価格変動も大きくなっており、ここからも価格が高水準・不安定局面へとシフトしたことが確かめられる。

（2）シミュレーションにおけるシナリオの設定

　以上、飼料価格に関わる統計資料を概観したが、今回の飼料価格の高騰が取り

ざたされ始めた2005年度以降3年間の乳牛用配合飼料工場渡価格が1.4倍近く高騰したことを踏まえると、経営レベルでは流通飼料費：いわゆる買いエサ代が短期間で急激に増加したため、酪農経営に大きな影響を及ぼしたことが推察できる。

　従って、この事実関係を踏まえたひとつのメルクマールとして、生産物価格や他の生産要素価格が据え置かれた、と仮定した下で、飼料価格の高騰によって流通飼料費が初期値よりも最大150％まで増加、というシナリオを想定することが可能である。しかしながら、現実問題として考えると、流通飼料費が増加する中で経営レベルでは徐々に利益が減少し、やがて損失へと転じる訳で、例えば流通飼料費が150％に増加した場合の収益、あるいは経営存立の可能性といったスポット的な議論をすることよりも、むしろ流通飼料費の段階的な増加により利益（もしくは損失）がどのように変化したのか、さらに流通飼料費が何％まで高騰しても経営レベルで許容できるのかを測る方が、経営改善の方策を検討する上で示唆に富む。

　そこで、飼料価格の高騰以前の生産費（初期値）をもとに、流通飼料費を5％、10％、15％、20％と段階的に増加させ、酪農経営の収益性がどのように変化したのかを定量的に評価するとともに、その閾値：利益が0となり、損失に転じる値を求める。

3．分析方法

（1）損益分岐点分析[6]

　損益分岐点売上高の計算は次式、すなわち

$$損益分岐点売上高 = \frac{固定費}{1 - \dfrac{変動費}{粗収益}} \quad \cdots\cdots (1)$$

$$= \frac{固定費}{1 - 変動費比率} \quad \cdots\cdots (1')$$

$$= \frac{固定費}{限界利益率} \quad \cdots\cdots (1'')$$

ただし、変動費：生産量の増減と関係して変動する費目、固定費：生産量の変化とは関係なく発生する費目である[7]。

(2) データ

本稿では2004年の「牛乳生産費」のうち、全国（平均）、都府県（平均、規模別）および北海道（同左）の、計17区分の数値を用いる[8]。経営概況を表1に示す。

まず「牛乳生産費」の定義などを整理、確認する。牛乳生産の結果得られる1）粗収益は(1)主産物である生乳と(2)副産物（子牛、きゅう肥）の販売よりなる。搾乳牛通年換算1頭あたりの収益を表2に示す。

一方、牛乳生産の過程で投資される2）費用の費目構成は、(1)種付料（購入、自給）、(2)飼料費（流通、牧草・放牧・採草費）(3)敷料費（購入、自給）、(4)光熱水および動力費（購入、自給）、(5)その他諸材料費（購入、自給）、(6)獣医医科および医薬品費、(7)賃借料および料金、(8)物件税および公課諸負担、(9)乳牛償却費、(10)建物費（購入、自給、償却）、(11)農機具費（購入、自給、償却）、(12)生産管理費（購入、償却）、(13)労働費（家族、雇用）となっている[9]。費目の(1)から(13)の合計が「費用合計」であり、そこから1）-(2)副産物価額を除いたものが「副産物価額差引生産費」、副産物価額差引生産費に(13)支払利子と(14)支払地代を加えたものが「支払利子・地代算入生産費」、あるいは「第1次生産費」、さらに支払利子・地代算入生産費に(15)自己資本利子と(16)自作地代を加えたものが「全算入生産費」、あるいは「第2次生産費」である。搾乳牛通年換算1頭あたりの費用を表3に示す。

さらに、副産物を控除せずに(1)から(16)に及ぶ牛乳生産に関わる費目全てを計上したものを、便宜上「生産費総額(A)」、生産費総額(A)から(13)労働費の家族部分、(15)と(16)を差し引いた「生産費総額(B)」、生産費総額(A)から(13)労働費の家族部分のみを差し引いた「生産費総額(C)」とすれば、儲けに当たる所得は1）粗収益と生産費総額(B)の差、あるいは家族労働報酬は1）粗収益と生産費(C)の差として表現できる。これらの費用を表4上段、収益性を表4下段に示す。その他、企業利潤に相当する利潤として1）粗収益と全算入生産費の差をとる場合もある。

以上の諸表を概観すると、数多くの点が見出される。例えば、飼養頭数規模間

表1 経営概況

区分	全国平均	1～10頭未満	10～20頭	20～30頭	30～50頭	50～80頭	80～100頭	100頭以上
世帯員 (人)	5.0	4.9	4.2	4.8	4.7	5.3	5.1	5.3	5.0

都府県

区分	平均	1～10頭未満	10～20頭	20～30頭	30～50頭	50～80頭	80～100頭	100頭以上
世帯員 (人)	4.9	4.2	4.8	4.7	5.3	5.1	5.3	5.0
男 (人)	2.3	2.2	2.2	2.2	2.4	2.6	3.0	2.7
女 (人)	2.6	2.0	2.6	2.5	2.9	2.5	2.3	2.3
農業従業者 (人)	2.3	1.8	1.9	2.3	2.5	2.7	2.6	3.0
男 (人)	1.3	1.0	1.0	1.3	1.4	1.6	1.3	1.6
女 (人)	1.0	0.8	0.9	1.0	1.1	1.1	1.3	1.4
経営土地面積 (a)	2,095	367	368	572	662	1,325	778	743
耕地 (a)	1,857	363	356	549	638	1,295	703	657
田 (a)	125	206	145	173	179	113	134	208
畑 (a)	266	49	113	110	127	195	341	323
牧草地 (a)	1,466	108	98	266	332	987	228	126
畜産用地 (a)	238	4	12	23	24	30	75	86
畜舎等 (a)	43	4	12	18	24	30	75	86
放牧地 (a)	194	0		0	0			
採草地 (a)	1			5				
搾乳牛 (頭)	41.2	6.7	16.1	25.8	38.6	58.1	95.3	134.8
育成牛 (頭)	20.3	2.0	5.4	11.3	18.0	26.3	21.3	41.5

北海道

区分	平均	1～10頭未満	10～20頭	20～30頭	30～50頭	50～80頭	80～100頭	100頭以上
世帯員 (人)	5.2	3.8	4.6	4.6	4.7	5.5	5.6	6.1
男 (人)	2.7	2.0	2.6	2.1	2.3	2.8	2.8	3.7
女 (人)	2.5	1.8	2.0	2.5	2.4	2.7	2.8	2.4
農業従業者 (人)	2.8	2.4	2.4	2.5	2.9	3.5	2.7
男 (人)	1.6	1.3	1.4	1.4	1.7	2.0	1.6
女 (人)	1.2	1.1	1.0	1.1	1.2	1.5	1.1
経営土地面積 (a)	5,345	1,287	2,335	2,909	4,142	6,123	6,728	7,887
耕地 (a)	4,631	861	2,174	2,417	3,373	5,282	5,742	7,541
田 (a)	31	109	155	17	17	17	47
畑 (a)	574	144	1,097	889	433	469	723	894
牧草地 (a)	4,026	608	922	1,511	2,908	4,796	5,019	6,600
畜産用地 (a)	714	426	161	492	769	841	986	346
畜舎等 (a)	92	13	20	46	61	105	174	124
放牧地 (a)	621	413	141	446	706	736	812	222
採草地 (a)	1				2			
搾乳牛 (頭)	59.9	7.2	15.5	25.4	40.0	63.7	88.1	116.2
育成牛 (頭)	35.5	3.8	8.8	15.8	24.2	41.0	48.2	61.3

資料：農林水産省「畜産物生産費」より抜粋。

第3章 飼料価格高騰下における酪農経営の存立条件　27

表2　収益 (1)

	区分	全国				都府県					
		平均	1～10頭未満	10～20頭	20～30頭	30～50頭	50～80頭	80～100頭	100頭以上
主産物 (生乳)	実搾乳量 (kg)	7,896	6,619	7,233	7,445	8,086	8,379	8,481	8,663
	乳脂率3.5%換算乳量 (kg)	8,999	7,485	8,153	8,439	9,145	9,318	9,481	9,669
	参：1kgあたり乳価	85.8	87.8	91.2	91.3	92.8	93.0	93.4	96.1
	参：1kgあたり乳価 (3.5%換算)	75.3	77.7	80.9	80.5	82.1	83.6	83.5	86.1
	価額	677,221	581,375	659,753	679,646	750,722	778,973	791,762	832,491
副産物	子牛	61,392	87,719	55,978	47,671	48,036	50,698	44,785	34,584
	価額	44,607	38,893	36,232	32,477	35,521	39,963	41,949	30,287
	きゅう肥	16,785	48,826	19,746	15,194	12,515	10,735	2,836	4,297
粗収益 (生乳価額+副産物価額)		738,613	669,094	715,731	727,317	798,758	829,671	836,547	867,075

	区分	北海道						
		平均	1～10頭未満	10～20頭	20～30頭	30～50頭	50～80頭	80～100頭	100頭以上
主産物 (生乳)	実搾乳量 (kg)	7,766	5,843	7,094	7,321	7,572	7,765	7,720	8,052
	乳脂率3.5%換算乳量 (kg)	8,997	7,056	8,140	8,400	8,764	8,995	8,998	9,307
	参：1kgあたり乳価	77.2	66.0	75.3	76.5	76.8	76.3	77.1	79.4
	参：1kgあたり乳価 (3.5%換算)	66.7	54.7	65.6	66.6	66.4	65.9	66.1	68.7
	価額	599,920	385,686	533,902	559,768	581,570	592,789	594,836	639,535
副産物	子牛	76,345	127,167	105,185	92,772	80,430	75,292	70,941	74,623
	価額	54,936	58,618	50,945	55,436	54,952	54,023	53,807	57,181
	きゅう肥	21,409	68,549	54,240	37,336	25,478	21,269	17,134	17,442
粗収益 (生乳価額+副産物価額)		676,265	512,853	639,087	652,540	662,000	668,081	665,777	714,158

資料：農林水産省「畜産物生産費」より抜粋。

表 3 (1) 費用構造

区分	全国平均	平均	1〜10頭未満	10〜20頭	都府県 20〜30頭	30〜50頭	50〜80頭	80〜100頭	100頭以上
種付料	10,811	11,578	11,240	11,161	9,954	12,007	11,370	12,792	12,798
飼料費	285,141	319,099	287,388	308,746	320,214	324,277	325,212	335,231	300,732
流通飼料費	223,453	291,198	245,961	273,448	287,152	295,122	298,692	317,497	286,246
牧草・採草・放牧費	61,688	27,901	41,427	35,298	33,062	29,155	26,520	17,734	14,486
敷料費	5,979	5,314	7,764	5,843	4,833	3,977	5,926	5,576	7,711
光熱水料及び動力費	15,528	17,085	14,827	16,984	16,975	15,985	17,670	20,499	18,560
その他の諸材料費	1,322	1,569	1,439	1,689	2,181	1,914	1,294	544	580
獣医師料及び医薬品費	20,423	21,864	22,157	25,252	19,799	21,174	20,679	31,170	21,594
賃借料及び料金	11,861	12,602	7,213	11,496	11,688	14,765	13,155	10,422	9,739
物件税及び公課諸負担	10,057	9,139	12,382	11,329	10,037	9,405	7,429	6,422	8,679
乳牛償却費	86,862	88,135	65,014	73,959	73,809	81,082	96,298	116,470	119,384
建物費	15,017	14,305	7,995	9,281	13,007	14,261	13,579	18,958	21,191
農機具費	23,101	25,023	19,473	22,333	24,525	24,735	23,410	21,439	34,658
生産管理費	1,988	2,532	1,229	1,757	1,941	2,815	2,972	1,328	3,271
労働費	181,520	205,246	395,751	289,097	236,487	205,278	186,441	117,948	116,787
家族	170,278	189,608	389,544	279,725	228,137	193,101	165,932	105,830	80,030
雇用	11,242	15,638	6,207	9,372	8,350	12,177	20,509	12,118	36,757
費用合計	669,610	733,491	853,872	788,927	745,450	731,675	725,435	698,799	675,684
副産物価額	61,392	48,685	87,719	55,978	47,671	48,036	50,698	44,785	34,584
副産物差し引き生産費	608,218	684,806	766,153	732,949	697,779	683,639	674,737	654,014	641,100
支払利子	6,674	3,854	1,083	3,105	2,734	1,843	3,252	4,118	13,602
支払地代	5,062	4,549	6,760	5,140	5,100	4,555	4,133	3,075	4,131
支払利子・地代算入生産費	619,954	693,209	773,996	741,194	705,613	690,037	682,122	661,207	658,833
自己資本利子	17,744	18,735	18,030	17,371	18,720	19,317	18,955	24,951	15,142
自作地地代	14,566	5,795	12,222	7,779	6,659	5,653	6,597	2,903	1,691
全算入生産費	652,264	717,739	804,248	766,344	730,992	715,007	707,674	689,061	675,666

資料：農林水産省「畜産物生産費」より抜粋。

表3 (2) 費用構造

区分	平均	1〜10頭未満	10〜20頭	20〜30頭	30〜50頭	50〜80頭	80〜100頭	100頭以上
				北海道				
種付料	9,906	12,375	9,200	12,802	10,259	10,146	8,111	10,051
飼料費	245,192	226,229	236,848	234,849	234,916	252,609	242,560	244,069
流通飼料費	143,753	112,086	126,011	136,517	135,022	149,961	147,946	139,338
牧草・採草・放牧費	101,439	114,143	110,837	98,332	99,894	102,648	94,614	104,731
敷料費	6,760	12,887	15,227	6,149	6,946	6,415	4,949	7,997
光熱水料及び動力費	13,692	17,263	13,990	13,904	13,683	14,066	12,233	13,924
その他の諸材料費	1,033	1,779	820	1,321	1,217	1,011	828	1,026
獣医師料及び医薬品費	18,727	12,597	18,883	18,697	20,103	17,876	17,119	20,267
賃借料及び料金	10,987	5,073	8,412	7,014	9,746	10,492	14,884	10,884
物件税及び公課諸負担	11,136	10,668	12,788	12,022	11,340	10,502	12,596	10,946
乳牛償却費	85,363	69,275	70,489	71,912	76,466	84,719	92,648	90,720
建物費	15,855	4,300	13,699	12,961	10,636	12,893	17,317	24,289
農機具費	20,841	26,350	17,055	17,795	16,891	21,513	21,552	22,585
生産管理費	1,349	2,115	912	1,272	1,298	1,168	1,350	1,695
労働費	153,613	387,572	336,172	270,359	210,204	157,061	126,579	98,874
家族	147,542	387,367	333,445	266,995	205,696	153,043	122,202	86,628
雇用	6,071	205	2,727	3,364	4,508	4,018	4,377	12,246
費用合計	594,454	788,483	754,495	681,057	623,705	600,471	572,726	557,327
副産物価額	76,345	127,167	105,185	92,772	80,430	75,292	70,941	74,623
副産物差し引き生産費	518,109	661,316	649,310	588,285	543,275	525,179	501,785	482,704
支払利子	9,990	2,091	5,680	4,318	8,101	9,422	12,694	11,547
支払地代	5,667	3,321	8,186	6,723	7,113	5,958	3,847	5,110
支払利子・地代算入生産費	533,766	666,728	663,176	599,326	558,489	540,559	518,326	499,361
自己資本利子	16,577	17,224	18,537	18,139	15,160	16,168	14,634	19,281
自作地地代	24,885	40,937	29,732	26,954	28,262	25,575	24,370	20,864
全算入生産費	575,228	724,889	711,445	644,419	601,911	582,302	557,330	539,506

資料：表3（1）に同じ。

表4 収益 (2)

区分	全国						
	平均	1〜10頭未満	10〜20頭	20〜30頭	30〜50頭	50〜80頭	80〜100頭	100頭以上

区分	平均	1〜10頭未満	10〜20頭	20〜30頭	30〜50頭	50〜80頭	80〜100頭	100頭以上
生産費総額 (A)	713,656	766,424	891,967	822,322	778,663	763,043	758,372	733,846	710,250
生産費総額 (B)	511,068	552,286	472,171	517,447	525,147	544,972	566,888	600,162	613,387
生産費総額 (C)	543,378	576,816	502,423	542,597	550,526	569,942	592,440	628,016	630,220
所得	227,545	239,333	196,923	198,284	202,170	253,786	262,783	236,385	253,688
家族労働報酬	195,235	214,803	166,671	173,134	176,791	228,816	237,231	208,531	236,855

北海道

区分	平均	1〜10頭未満	10〜20頭	20〜30頭	30〜50頭	50〜80頭	80〜100頭	100頭以上
生産費総額 (A)	651,573	852,056	816,630	737,191	682,341	657,594	628,271	614,129
生産費総額 (B)	462,569	406,528	434,916	425,103	433,223	462,808	467,065	487,356
生産費総額 (C)	504,031	464,689	483,185	470,196	476,645	504,551	506,069	527,501
所得	213,696	106,325	204,171	227,437	228,777	205,273	198,712	226,802
家族労働報酬	172,234	48,164	155,902	182,344	185,355	163,530	159,708	186,657

生産費総額 (A)：費用合計＋支払利子＋支払地代＋自己資本利子＋自作地地代
生産費総額 (B)：生産費総額 (A) －家族労働費
生産費総額 (C)：生産費総額 (A) －家族労働費
所得：粗収益－生産費総額 (C)
家族労働報酬：粗収益－生産費総額 (B)
資料：農林水産省「畜産物生産費」より作成。

で比較すると、①都府県、北海道とも飼養頭数規模が大きくなるにつれて搾乳牛通年1頭あたり搾乳量が増加する、かつ都府県の方が搾乳量は多い、②飼養頭数規模が小さくなるほど、副産物、特にきゅう肥の販売価額が多くなる、すなわち飼養頭数規模が小さくなるほど収益構造は副産物の販売への依存度を高めている。また、③飼養頭数規模が小さな経営の収益と費用の関係を見ると、例えば全算入生産費のように多くの費目を計上した場合は利益が確保できないが、家族労賃や自己資本利子、自己地代を経費から除くことで利益が確保できる場合もある。

その他、両地域の平均の費用、粗収益等を比較すると、④副産物を含めた費用概念:「費用合計」「生産費総額(A)」、あるいは副産物を含めない費用概念:「副産物差し引き生産費」「全算入生産費」とも北海道の方が低く抑えられている。ただし、⑤資本利子、地代を含めない場合(「費用合計」「副産物差し引き費用」)、都府県と北海道の差はそれぞれ139,037円、166,697円と大きいのだが、これに資本利子、地代を含めた場合(「生産費総額(A)」「全算入生産費」)を比較すると、その差は114,851円、142,511円と若干縮まる傾向にある。一方、⑥粗収益は副産物の有無を問わず都府県の方が高いのであるが、副産物を含めた粗収益の差(115,354円)よりも副産物を含めない差(143,014円)の方が大きい。すなわち、搾乳牛通年1頭あたりで見ると、北海道酪農の方が低コスト生産を実現しており、資本利子、地代を含めない費用と粗収益で評価すると都府県よりも多くの利益を獲得できているものの、全算入生産費のような資本利子、地代を含めた費用との関係で評価すると利益は少なくなり、その優位性が十分発揮できない。いずれにしても、費用合計としてどれを採用し、粗収益から控除するか、という議論、あるいは解釈に集約されるのであるが、本稿では利益として企業利潤に着目するため、費用合計として全算入生産費を用いる。

4．計測結果

(1) 初期値：現行での損益分岐点売上高

費用は生産量の増減と関係して変動する変動費と、生産量の変化とは関係なく発生する固定費に分類される、と前述した。この枠組みを酪農経営に適応すれば、建物、農機具等の減価償却費、家族労賃等は固定費、素畜費、飼料費、獣医師料

表5 損益分岐点の計測結果 (1)

区分	全国 平均	都府県 平均	1~10頭未満	10~20頭	20~30頭	30~50頭	50~80頭	80~100頭	100頭以上
Q:乳量	7,896	8,005	6,619	7,233	7,445	8,086	8,379	8,481	8,663
P:〃1kgあたり単価	85.8	92.8	87.8	91.2	91.3	92.8	93.0	93.4	96.1
R:粗収益 (Q×P)	677,221	742,934	581,375	659,753	679,646	750,722	778,973	791,762	832,491
VC:変動費 (飼料費)	223,453	291,198	245,961	273,448	287,152	295,122	298,692	317,497	286,246
pVC:生乳1kgあたり変動費	28.30	36.38	37.16	37.81	38.57	36.50	35.65	37.44	33.04
FC:固定費	428,811	426,541	558,287	492,896	443,840	419,885	408,982	371,564	389,420
TC:費用合計 (VC+FC)	652,264	717,739	804,248	766,344	730,992	715,007	707,674	689,061	675,666
MP:限界利益	453,768	451,736	335,414	386,305	392,494	455,600	480,281	474,265	546,245
rMP:限界利益率 (MP÷QP)	0.67	0.61	0.58	0.59	0.58	0.61	0.62	0.60	0.66
π:利潤 (R−TC)	24,957	25,195	−222,873	−106,591	−51,346	35,715	71,299	102,701	156,825
rπ:利潤率 (π÷QP)	0.04	0.03	−0.38	−0.16	−0.08	0.05	0.09	0.13	0.19
損益分岐点販売高	639,974	701,498				691,872	663,332	620,308	593,486
損益分岐点生産量	3,888	5,160				5,238	5,211	5,678	4,540

北海道

区分	平均	1~10頭未満	10~20頭	20~30頭	30~50頭	50~80頭	80~100頭	100頭以上
Q:乳量	7,766	5,843	7,094	7,321	7,572	7,765	7,720	8,052
P:〃1kgあたり単価	77.2	66.0	75.3	76.5	76.8	76.3	77.1	79.4
R:粗収益 (Q×P)	599,920	385,686	533,902	559,768	581,570	592,789	594,836	639,535
VC:変動費 (飼料費)	143,753	112,086	126,011	136,517	135,022	149,961	147,946	139,338
pVC:生乳1kgあたり変動費	19	19	18	19	18	19	19	17
FC:固定費	431,475	612,803	585,434	507,902	466,889	432,341	409,384	400,168
TC:費用合計 (VC+FC)	575,228	724,889	711,445	644,419	601,911	582,302	557,330	539,506
MP:限界利益	456,167	273,600	407,891	423,251	446,548	442,828	446,890	500,197
rMP:限界利益率 (MP÷QP)	0.76	0.71	0.76	0.76	0.77	0.75	0.75	0.78
π:利潤 (R−TC)	24,692	−339,203	−177,543	−84,651	−20,341	10,487	37,506	100,029
rπ:利潤率 (π÷QP)	0.04	−0.88	−0.33	−0.15	−0.03	0.02	0.06	0.16
損益分岐点販売高	567,447					578,751	544,913	511,641
損益分岐点生産量	2,447					2,630	2,556	2,243

および医薬品費等は変動費に該当する[10]。本稿では、ひとまず飼料費（流通飼料費：いわゆる買いエサ代と、牧草・採草・放牧費：自給飼料の評価額と牧草代）のみを変動費[11]としてスライドさせ、他の費目を全て固定費（全算入生産費と変動費の差）として扱い、"飼料費の増加、あるいは削減がありせば（なかりせば）経営はどうなるのか？"という限定的な評価を行う。なお、本稿で扱う損益分岐点分析、あるいは損益分岐点売上高の含意は、損益分岐点売上高そのものの（絶対値）水準の妥当性や実現可能性を議論するのではなく、変動費の増減による損益分岐点売上高の推移に着目することにある。

計算に用いたデータの要約、および損益分岐点の計測結果を表5に示す。なお、先述したように本稿の計算では費用合計として全算入生産費を用いるため、利益が確保できない区分（例えば都府県の1～10頭未満）については損益分岐点の計測結果を表示していない。

購入飼料に依存した都府県酪農（購入飼料依存型酪農）と自給飼料に依存した北海道酪農（土地利用型酪農）を比較すると、搾乳量（生乳生産量）は購入飼料依存型酪農の方が多く、生乳販売によって得られる収益も高い。一方、変動費である飼料費は傾向的に土地利用型酪農の方が少ない。これは、飼料費の中でもとりわけ流通飼料費の占める割合が圧倒的に小さいことによるものである。それが損益分岐点売上高にも反映され、土地利用型酪農の損益分岐点を押し下げる方向に作用している。

(2) 外部環境の変化：飼料価格高騰を加味したシミュレーション

次に、粗収益、固定費等その他の条件が変化しないものと仮定した上で、飼料費を現行よりも5％、10％、さらに20％まで増加させた場合、および同じく削減させた場合の損益分岐点の変化をシミュレーションする。

購入飼料依存型酪農と土地利用型酪農の平均を用い、それぞれの損益分岐点売上高、損益分岐点生産量を表6に示す。表6からも確かめられるように、飼料費が増加する事態が生じれば"ハードル"である損益分岐点が引き上げられ、一方、削減される事態が生じれば損益分岐点は確実に押し下げられる。購入飼料依存型酪農は飼料費が5％増加しても利益の確保が可能であるが、10％増加すると利益の確保が不可能になる。一方、土地利用型酪農は飼料費が15％増加しても利益の

表6 損益分岐点の計測結果 (2)

都府県

区分	平均	飼料費の増加			飼料費の削減		
		5%	10%	15%	20%	5%	10%	15%	20%
Q：乳量	8,005	→	→	→	→	→	→	→	→
P：〃1kgあたり単価	928								
R：粗収益（Q×P）	742,934								
VC：変動費（飼料費）	291,198	305,758	320,318	334,878	349,438	276,638	262,078	247,518	232,958
pVC：生乳1kgあたり変動費	36.4	38.2	40.0	41.8	43.7	34.6	32.7	30.9	29.1
FC：固定費	426,541	→	→	→	→	→	→	→	→
TC：費用合計（VC+FC）	717,739	732,299	746,859	761,419	775,979	703,179	688,619	674,059	659,499
MP：限界利益	451,736	437,176	422,616	408,056	393,496	466,296	480,856	495,416	509,976
rMP：限界利益率（MP÷QP）	0.61	0.59	0.57	0.55	0.53	0.63	0.65	0.67	0.69
π：利潤（R−TC）	25,195	10,635	−3,925	−18,485	−33,045	39,755	54,315	68,875	83,435
rπ：利潤率（π÷QP）	0.03	0.01	−0.01	−0.02	−0.04	0.05	0.07	0.09	0.11
損益分岐点販売高	701,498	724,861	749,834	776,588	805,323	679,594	659,016	639,648	621,386
損益分岐点生産量	5,160	5,599	6,067	6,569	7,109	4,749	4,363	3,999	3,657

北海道

区分	平均	飼料費の増加			飼料費の削減		
		5%	10%	15%	20%	5%	10%	15%	20%
Q：乳量	7,766	→	→	→	→	→	→	→	→
P：〃1kgあたり単価	77.2								
R：粗収益（Q×P）	599,920								
VC：変動費（飼料費）	143,753	150,941	158,128	165,316	172,504	136,565	129,378	122,190	115,002
pVC：生乳1kgあたり変動費	18.5	19.4	20.4	21.3	22.2	17.6	16.7	15.3	14.8
FC：固定費	431,475	→	→	→	→	→	→	→	→
TC：費用合計（VC+FC）	575,228	582,416	589,603	596,791	603,979	568,040	560,853	548,731	546,477
MP：限界利益	456,167	448,979	441,792	434,604	427,416	463,355	470,542	620,744	484,918
rMP：限界利益率（MP÷QP）	0.76	0.75	0.74	0.72	0.71	0.77	0.78	0.84	0.81
π：利潤（R−TC）	24,692	17,504	10,317	3,129	−4,059	31,880	39,067	194,203	53,443
rπ：利潤率（π÷QP）	0.04	0.03	0.02	0.01	−0.01	0.05	0.07	0.26	0.09
損益分岐点販売高	567,447	576,531	585,911	595,601	605,617	558,644	550,111	510,503	533,803
損益分岐点生産量	2,447	2,611	2,780	2,954	3,134	2,289	2,135	1,576	1,842

確保が可能であるが、20％増加すると利益の確保が不可能になる。

以上で、購入飼料依存型酪農と土地利用型酪農の利益の確保の可否を分ける箇所がおおよそ特定できた。なお、さらに議論を詰めておくため、飼料費の増加の許容範囲を計算すると、購入飼料依存型酪農では8.7％、土地利用型酪農では17.1％が閾値であり、この範囲までの飼料費の増加ならば、利益が確保される。換言すれば、この閾値が粗収益と費用合計が均衡する点であり、閾値を下回る間は利益が確保可能、上回れば損失が発生する。土地利用型酪農は購入飼料依存型酪農よりも閾値が高い、すなわち、飼料費の増加に対する許容範囲が広いことを示している。

5．飼料生産基盤の確立に向けて
： 購入飼料依存型酪農と土地利用型酪農の優劣比較

次に、北海道に多く見られる飼料生産基盤を確立した土地利用型酪農と、それが相対的に未確立であり、都府県に多く見られる購入飼料依存型酪農の比較を通じ、土地利用型酪農の優位性が発揮される条件を模索する。

先述したように、購入飼料依存型酪農と土地利用型酪農の費用、収益性などを比較すると、後者の方が低コスト生産を実現しており、資本利子、地代を含めない費用合計と粗収益の関係を見ると前者よりも多くの利益を獲得できている。それにも関わらず、全算入生産費のような資本利子、地代を含めた費用との関係で見ると利益は逆に少なくなる。こうした現状を、言わば"逆転"し、全算入生産費を差し引いた利益（企業利潤）でその優位性を発揮しうる条件を試算する。

購入飼料依存型酪農と土地利用型酪農について、それぞれの主な購入飼料の価額、数量、およびそれらから割り出した1kgあたり単価を表7に示す。現行の土地利用型酪農の配合飼料1kgあたり単価は44.5円/kgである。配合飼料は購入飼料依存型酪農では重量ベースで40％、価額ベースで49％、土地利用型酪農ではそれぞれ63％、68％ほどを占めており、価額、数量両面から見て、配合飼料は給与メニューの中で重要な位置づけを占めている。

ところで、いま購入飼料依存型酪農、および土地利用型酪農の利潤 π_t、π_h を

表7（1）　主な購入飼料の給与量、価額、および配合飼料換算価額

区分	都府県・平均		
	Q：数量	P：1kgあたり単価	価額
購入飼料費合計			288,261
穀類	307.3		11,856
大麦（圧ぺん皮付き）	74.8	39.8	2,974
大麦（圧ぺん皮むき）	2.9	44.8	130
その他の麦	15.3	41.8	639
とうもろこし	160.1	33.2	5,313
大豆	13.8	71.2	983
その他	40.4	45.0	1,817
ぬか・ふすま類	705.2		943
ふすま（専・増産）	11.5	30.3	348
ふすま（その他）	19.5	28.9	563
米・麦ぬか	1.3	23.8	31
その他	0.0	25.0	1
植物性油かす類	634.6		21,807
大豆油かす	38.2	53.8	2,056
とうふかす	29.8	2.5	74
ビートパルプ	492.7	36.8	18,127
ビールかす	46.4	16.2	752
その他	26.6	30.0	798
動物性かす類	0.9	126.5	118
配合飼料	3,043.5	46.2	140,675
牛乳・脱脂乳	181.9		3,621
脱脂乳	6.4	207.0	1,325
人工乳	8.6	260.7	2,242
その他	0.2	230.0	54
わら類びその他	83.7		1,693
稲わら	61.4	20.5	1,261
その他	21.6	20.0	432
生牧草	0.3		14
イネ科	0.0	0.0	0
マメ科	0.2	45.0	9
その他	0.1	40.0	5
乾牧草	2,401.5		88,783
イタリアン	36.7	36.2	1,327
イネ科その他牧草	1,526.1	35.0	53,414
ヘイキューブ	328.6	41.5	13,637
マメ科その他牧草	422.7	40.0	16,906
その他	87.5	40.0	3,499
エンシレージ	70.8		765
イネ科	25.4	12.2	311
その他	45.4	10.0	454
その他	118.8		17,986
カルシウム	23.2	156.9	3,639
その他	95.6	150.0	14,347
参考：給与飼料総量（ΣQ）	7,548.6		

資料：農林水産省『畜産物生産費』より抜粋。
　注：イタリアン以外のイネ科牧草やヘイキューブ以外のマメ科牧草については、価額のみが示されているため、便宜上、イネ科牧草の単価を35円/kg、マメ科牧草の単価を40円/kgとし、それらを用いて価額を割り戻すことで数量を概算した。

$$\begin{cases} \pi_t = R_t - TC_t \\ \pi_h = R_h - TC_h \end{cases} \cdots\cdots (2)$$

ただし、π：利潤、R：粗収益、TC：全算入生産費、添え字t：都府県に立地する購入飼料依存型酪農、添え字h：北海道に立地する土地利用型酪農と定義すれば、現状の購入飼料依存型酪農が優位性を発揮する状況は$\pi_t > \pi_h$となる。一方、$\pi_t < \pi_h$が実現されれば、優劣関係が逆転し、土地利用型酪農の優

表7（2）　主な購入飼料の給与量、価額、および配合飼料換算価額

区分	北海道・平均		
	Q：数量	P：1kgあたり単価	価額
購入飼料費合計			141,039
穀類	186.9		6,971
大麦（圧ぺん皮付き）	24.9	40.1	998
大麦（圧ぺん皮むき）	5.1	42.9	219
大麦（ばん砕ひき割り）	0.9	43.3	39
その他の麦	4.7	32.8	154
とうもろこし	126.4	33.2	4,192
大豆	17.7	58.9	1,043
その他	7.2	45.0	326
ぬか・ふすま類	14.0		445
ふすま（専・増産）	1.6	34.4	55
ふすま（その他）	12.4	31.5	390
植物性油かす類	572.1		17,383
大豆油かす	43.0	46.7	2,009
とうふかす	2.0	9.5	19
ビートパルプ	483.7	29.5	14,275
ビールかす	19.4	18.6	361
その他	24.0	30.0	719
配合飼料	2,143.5	44.5	95,307
牛乳・脱脂乳	6.1		1,719
牛乳（除初乳）	0.3	63.3	19
脱脂乳	0.3	253.3	76
人工乳	5.4	297.6	1,607
その他	0.1	275.0	17
いも及び野菜類	0.0	50.0	1
生牧草	0.5		12
マメ科	0.5	24.0	12
乾牧草	186.5		7,227
イネ科その他牧草	49.0	35.0	1,714
ヘイキューブ	87.5	40.1	3,511
マメ科その他牧草	33.4	40.0	1,334
その他	16.7	40.0	668
エンシレージ	199.5		1,918
イネ科	50.4	8.4	424
マメ科	0.1	40.0	4
その他	149.0	10.0	1,490
その他	66.8		10,056
カルシウム	19.2	151.7	2,913
その他	47.6	150.0	7,143
参考：給与飼料総量（ΣQ）	3,375.9		

資料：表7（1）に同じ。
注：表7（1）に同じ。

位性が達成されることになる。

　ひとまず、昨今の配合飼料価格の高騰といった外部環境の影響を受けつつも、酪農家は給与メニューを一切変更することなく、従来と同量の配合飼料を購入、利用し続け[(12)]、かつ外部環境のあおりを受けているにも関わらず、政策対応は硬直的で、生産物価格が据え置かれたものと仮定し、(2)式TCに着目すると、$\pi_t < \pi_h$ が実現される状況とは、

$$R_t - (TC_t - C_t^{CF} + p \cdot Q_t^{CF}) < R_h - (TC_h - C_h^{CF} + p \cdot Q_h^{CF}) \quad \cdots\cdots(3)$$

ただし、R：粗収益、TC：全算入生産費、C^{CF}：配合飼料費、Q^{CF}：配合飼料給

与量、p：配合飼料単価（求めるべき値）、添え字t：都府県に立地する購入飼料依存型酪農、添え字h：北海道に立地する土地利用型酪農

が成立していることになる。ここでpの下限値を求めることで$π_t＜π_h$、すなわち土地利用型酪農が購入飼料依存型酪農の利益を上回る条件を示すことができる。この不等式の解はp＞50.9、すなわち、配合飼料価格が50.9円/kgを上回れば、$π_t＜π_h$が実現され、土地利用型酪農の優位性が顕著になる。この数値を念頭に置き、もう一度図2を確認すると、2007年1月以降、配合飼料価格は50.9円/kgを上回っており、土地利用型酪農の優位性が発揮されうる環境にあったことが裏付けられる。換言すれば、これまで安価な配合飼料を背景に土地利用型酪農よりも優位性を保ってきた購入飼料依存型酪農は、配合飼料価格の高騰とともにその優位性を失い、結果的には、廃業数の急増、生乳生産の減少といった深刻な事態すら出現するに至ったのである。

6．考察

本稿では、購入飼料依存型酪農と土地利用型酪農について、その費用の中で特に高い割合を占める飼料費の変化により損益分岐点がどのように推移するかを確かめた。さらに、それらの費用、収益性の優劣関係：全算入生産費を費用合計と見なした場合、土地利用型酪農の利益が少ないことを踏まえた上で、その関係が逆転する条件を試算した。

ところで、先述したように、飼料価格のような生産要素価格の高騰に対して政策対応は硬直的であり、「価格転嫁」といったタイムリーな対応が行われずに生産物価格が据え置かれてきた。ひとたび生産要素価格の高騰が発生した場合、政策実務者、あるいは関係団体に対して経営支援対策等の対応が要請されるが、実際の経営においても平時よりこうしたことに対して問題意識を持つとともに、常に経営改善の方策を模索することが要請される。鈴木［4］によれば、今回の飼料費の高騰に伴う費用増加の影響を吸収し、酪農経営の手取り乳価引き上げを達成するための具体的な取り組みとして、①取引乳価の引き上げ、②補給金や経営安定対策による酪農家手取りの補填、③自給飼料生産や未利用資源活用の拡大による生産コストの引き下げ、④配合飼料価格安定制度による酪農家の飼料コスト

負担の抑制を組み合わせていく必要があるものの、④が制度的な限界に達している中、③のコスト削減にも時間がかかることから、①と②でどこまで事態を打開できるかが問われている、と指摘している[13]。鈴木の整理に従えば、言わば引かれる数：粗収益の増加を図ることを重視しているのであるが、やはり飼料基盤の確保の取り組みによる飼料費の削減を図る等、費用、とりわけ飼料費部分の最小化を図ることも重視すべきである。もちろん、実際の経営において飼料費の削減を実現することは、決して容易ではない。そこで、最後にその解決策を展望したい。

この問題への有望な答えの一つが"放牧"である。放牧への取り組みは徐々に広がりを見せており、水田や耕作放棄地を利用した放牧面積は11,067ha（2006年度）、放牧頭数は45,288頭に及ぶ。放牧はもともと繁殖経営を中心に広まったものの、飼料価格の高騰を背景に増頭を目指す肉用牛経営、乳価の低迷に直面する酪農経営にまで広がりを見せつつある。

放牧の普及については、様々な取り組みや提言が公表されている。例えば、放牧技術の経営評価等において多くの研究業績を出している千田雅之氏（（独）農研機構　中央農業研究センター・上席研究員）は第7回放牧サミットにおいて「飼料価格が高騰する中で所得を上げるには、頭数を増やすよりもまず飼料基盤の十分な確保が重要」と指摘している[14][15]。千田氏の指摘をなぞってみると、現状では放牧や自給飼料生産による飼料基盤の確保による飼料費の削減が経営改善には効果的だ、ということになり、これはまさに本稿の問題意識やシミュレーションのモチーフともリンクする。

このように、昨今の飼料価格の高騰といった厳しい経営環境の変化に耐える強い経営体質を目指すためには、例えば頭数を増加させることによる規模拡大、あるいは搾乳量の増加といった粗収益の増加を図ることも重要であるが、それ以上に飼料基盤の確保の取り組みによる飼料費の削減を図る等、費用最小化を図る方が重要である。経営改善の方策を論ずる際、経営者、団体、行政や研究者はこのような点に留意しつつ、一計を巡らすことが要請されている。

注
（1）農林水産省総合食料局食料企画課［3］。

(2)宮崎［2］、p.35。
(3)このような現状に対する行政・研究サイドの危機意識は強く、農林水産省が策定した酪肉近代化基本方針、飼料イネを基軸とした耕畜連携の推進や放牧技術の確立などを通じて自給飼料増産を促す取り組みが見られる。
(4)2007年以降のわが国の酪農の動向については、鈴木［4］が詳しい。
(5)buとは、体積単位のブッシェルである。
(6)損益分岐点分析を適用した研究成果は多数公表されている。基本的な事項については阿部ら［1］、pp.182-186、直近の研究成果としては、例えば佃ら［5］。
(7)例えば、耕種経営を念頭に置けば、変動費は種苗費、肥料費、農薬費、光熱動力費、諸材料費、販売費・一般管理費、雇用労働費、固定費は土地改良・水利費、租税公課、減価償却費、修繕費、農具費、生産管理費等。
(8)調査期間は2003年4月～2004年3月である。当該年度の数値を用いる理由は、前述したようにトウモロコシ価格、あるいは乳牛用配合飼料工場渡価格の高騰が始まる前の比較的市況が落ち着いた年次であるため、である。
(9)各費目の定義、算出に関わる細則については、農林水産省『畜産物生産費統計』の牛乳生産費を参照のこと。
(10)この分類について必ずしも統一的な見解がある訳ではない。例えば酪農ヘルパーの雇用労賃を経常的な費用と見なし、固定費として扱うか、イレギュラーな形で発生する変動費として扱うか等、扱いや解釈が分かれることもある。さらに、経営分析の目的・狙いや研究者の解釈によって決められる。
(11)シミュレーションの前提条件とも言うべき変動費と固定費の振り分け、あるいは粗収益や費用の計上の際に副産物の扱いを変更すれば、結果は変わるため、注意が必要である。
(12)実態と照らし合わせると、飼料価格の高騰局面においては、配合飼料価格に留まらず、単味飼料の価格も高騰する可能性はあり、給与メニューそのものが変更されうる。また、こうした点は飼料価格のみならず、TDNやCP等の条件にも制約される。
(13)鈴木［4］、pp.34-35。
(14)詳細は『全国農業新聞』、2007年9月12日参照。
(15)その他、千田氏は精力的に放牧の実証試験にも取り組んでいる。例えば、茨城県常総市において肉用牛一貫経営に対して春夏・水田放牧、秋・立毛状態の飼料イネ、冬・稲発酵粗飼料（イネWCS）という周年放牧の導入を働きかけ、経営改善において大きな成果をもたらしている。詳細は『全国農業新聞』、2008年4月4日参照。

参考文献

［1］阿部亮耳・頼平『農業簿記読本』、明文書房、1977年、pp.182-186。
［2］宮崎宏編『国際化と日本畜産の進路』、家の光協会、1993年。

［3］農林水産省総合食料局食料企画課『我が国の食料自給率‐平成17年度食料自給率レポート‐』、2007年。
　なお、このパンフレットは http://www.maff.go.jp/j/zyukyu/zikyu_ritu/report17.html にてダウンロード可能（2008年10月4日現在）。
［4］鈴木宣弘「日本酪農の現状と今後の展望」『共済総合研究』53、2008年、pp.31-65。
［5］佃公仁子・大隈満・胡柏「損益分岐点分析等を使ったイチゴ高設栽培方式の比較に関する研究」『愛媛大学農学部紀要』51、2006年、pp.1-8。

第4章

「食料危機」をどう捉えるか
―輸出規制の教訓とWTOの欠陥―

鈴木　宣弘

1．過去の経験則通じない穀物高騰

　世界的な穀物価格高騰が発生し、トウモロコシ、大豆、小麦が2008年に入って過去最高値を更新しただけでなく、コメについても、インド、ベトナムなどがコメの輸出制限をするなどの影響で、タイ米が今年4月についにtあたり1,000ドルを突破し、年初の値に比べ3倍近くに上がり、フィリピンやハイチやアフリカの経済力の乏しい穀物輸入国で暴動が起こるなど、深刻な混乱が起きた。
　工業製品に比べ、農産物は輸出に仕向けられる割合が低く、輸出国の数が多くないので、どこかで需給バランスが崩れ貿易量が減ると、国際市場に大きな影響を与える特質がある。
　いまの穀物価格は、需給要因だけで説明できない異常な高騰を示している。図1は、穀物価格と在庫率との関係を模式的に示したものだが、需給の緩和・ひっ迫は、在庫率に集約して表れるので、在庫が減れば価格が上がるという関係が観察され、これまでは、価格水準と在庫水準に一定の経験則があることが見てとれる。
　しかし、2007、2008年は、在庫水準の割には価格の上昇が激しかった。とりわけ、コメについては、世界的な在庫水準は低下していないのに、国際価格暴騰が生じた。
　オーストラリアの干ばつなどによる供給減やバイオ燃料用としての需要が加わり需給がひっ迫したことは在庫率の低下に反映されるが、金融市場の不安からの

第4章 「食料危機」をどう捉えるか　43

図1　穀物価格と期末在庫率の関係

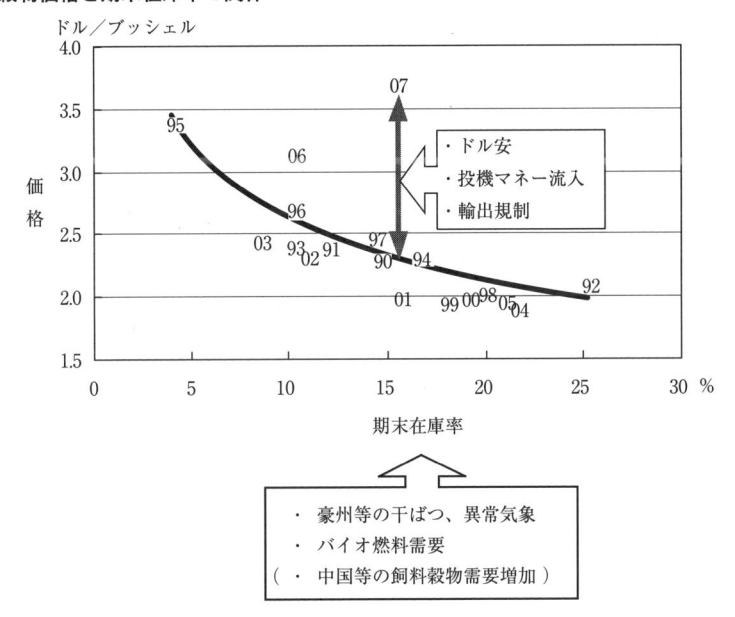

ドル／ブッシェル

価格

縦軸：1.5〜4.0（ドル／ブッシェル）
横軸：0〜30（期末在庫率 %）

プロット点：95, 06, 96, 03, 93, 02, 91, 97, 90, 94, 07, 01, 99, 00, 98, 05, 04, 92

吹き出し（上向き矢印）：
・ドル安
・投機マネー流入
・輸出規制

吹き出し（下向き矢印、横軸側）：
・豪州等の干ばつ、異常気象
・バイオ燃料需要
（・中国等の飼料穀物需要増加）

注：豊田通商㈱古米潤氏が示したトウモロコシのデータをイメージ化して、農林水産政策研究所木下順子主任研究官が作成。中国等の飼料穀物需要の増加が括弧書きになっているのは、新興国の経済発展は近年継続的に進展してきている現象で、ここ1、2年に急速に伸びた訳ではないから、今回の穀物価格急騰要因とするのは留保条件を付けた方がよいという意味である。この図は模式図であるが、我々の国際トウモロコシ需給モデル（高木英彰君作成）によるシミュレーション分析では、需給要因で説明可能な2008年6月時点のトウモロコシ価格は約3ドル／ブッシェルで、実測値の6ドルよりも3ドルも低い、つまり、需給要因以外の要因によって残りの3ドルの暴騰が生じたといえる。ただし、投機マネーの流入も輸出規制の実施も、バイオ燃料需要の拡大が今後の食料需給を逼迫させる可能性を見込んでの反応とすれば、バイオ燃料需要の拡大の影響は在庫率に反映されているとして限定してしまうのは過小評価の危険がある。

投機マネーの流入、穀物争奪戦が激化するという将来への不安心理、といった要素が実需分にプラスされ、ドル安による名目価格の上昇も大きな要因になった。

それに加えて、国内供給を確保し、国内価格の高騰を抑えるため輸出規制が行われ、貿易量が減ったことが、在庫水準の割には国際価格が高騰するという事態を招いた大きな要因である。

特に、コメについては、高騰した小麦やトウモロコシからの代替需要でコメ価格も上昇するのを懸念したコメ生産・輸出国が、国外へのコメ流出を抑制しようとしたため、世界的には在庫はあるのに、国際市場への出回り量が減少した。輸

入する穀物価格高騰で悲鳴を上げる途上国が出る一方で、輸出規制を強めた途上国では、むしろ国内価格の低下が生じている。

2．WTOルールの限界

　WTO（世界貿易機関）ルールにしたがい、また、世界銀行等のアドバイスの下に、穀物関税を引き下げ、基礎食料の輸入依存を強め、商品作物生産に特化した途上国は、輸入価格の高騰で、政策の失敗を嘆いている。今のWTOルールは、まさに狭い意味での（＝市場では通常取引されない環境等の価値を算入していない）経済効率だけに基づいて、国際分業、つまり、効率のいいところで農産物を作り、日本のような零細で非効率な農業はなくなってもいいということを前提にしたもので、今のように価格が高すぎる、あるいはお金を出してもモノがないような状況で、ナショナル・セキュリティが維持できなくなることに対応できないルールだということが明白になったわけである。

　しかも、米国は、自らは食料自給率と国家安全保障の関係を非常に重視し、自国の食料生産を手厚く支援しながら、一方で、余剰処理と食料による世界戦略を進めるため、世界の他の国々には、WTO等を通じて農産物貿易自由化を求め、「非効率な」食料生産をやめて米国から食料を買うよう推進してきたにもかかわらず、現在は、長く続いた穀物価格低迷による農家への財政負担増を軽減するために、バイオ燃料需要喚起で穀物価格を上昇させ、食料生産を縮小して海外依存を強めてきた世界の貧しい途上国の生活を脅かしたり、飼料を輸入に依存する各国の酪農経営を脅かしたのである。米国の自国利益優先の身勝手な行動に世界が振り回されているという指摘が出るのもやむを得ない[1]。

　この点で、洞爺湖サミットの宣言は、一方で、途上国の食料増産を支援するとしながら、もう一方で、WTOによる自由貿易を推進するとしており、整合性がとれていない。過度な自由貿易の推進こそが、途上国の食料生産を衰退させ、輸入に頼る構造を招いたのであるから、食料増産への支援が実を結ぶためには、単純に関税をゼロに向けて引き下げていくだけの自由貿易推進ではなく、それに一定の歯止めをかけて、各国の食料生産が確保できるようにする軌道修正が必要だということが確認され、それを反映したWTO交渉の合意が図られるべきであっ

た。

　にもかかわらず、WTOは2008年7月に閣僚会議を開き、一気に合意にこぎつけようとする機運が高まった。しかも、農産物輸出を行っている先進国は、輸入急増による影響緩和措置さえも最小限にするよう、輸入国に対して、市場アクセスの改善を強く要求した。さらに、彼らは、米国に代表されるように、自国の国内生産を十分支援し、余剰を実質的な輸出補助金により海外で処分する「攻撃的保護」（荏開津典生東大名誉教授）は温存したままなのである。

　米国の穀物（コメ、小麦、トウモロコシ、大豆等）、綿花への市場価格と目標価格との差額を補填する補助金は、WTO上は国内政策に分類されているが、実質的な輸出補助金部分を含んでおり、ブラジルの提訴によりWTOパネル（紛争処理委員会）で敗訴したにもかかわらず、それを履行しないばかりか、新しい農業法で、補填基準の目標価格を引き上げるなど、強化している。

　このため、インドや中国が反発したのは当然である。輸出国の「攻撃的保護」措置を放置して、輸入国が関税削減等を大幅に行うことは極めてバランスを欠くので、その点からも、安易な妥協はすべきではなかった。決裂はやむを得ない。2008年7月の決裂は、単純な関税削減の継続に一定の歯止めをかけ、狭義の経済効率だけでなく、貿易自由化が国家の安全保障を弱め、地球環境へ負荷を高めるといった負の影響（外部不経済）を総合的に考慮して、食料の国際的な貿易ルールの見直しのために立ち止まる、いい機会を与えてくれたと考えるべきであろう。

3．不測の事態に備え平時から戦略必要

　一方的に、トウモロコシ等の飼料原料価格が上がり続けることはないと考えられる。価格の上昇と下落は繰り返すものと思われるが、問題は、WTOにより食料の生産・輸出国の偏在化も進んでいるため、何らかの需給変化の国際価格への影響が大きく、その不安心理による輸出規制、高値期待による投機資金の流入が生じやすく、さらに価格高騰が増幅されやすくなってきていることである。

　将来的にも、価格は高騰するときもあれば、下落するときもあるであろう[2]が、今回、国内での食料確保への不安から、各国が輸出規制に向かい、それが国際価格高騰を増幅させたことを重く受け止める必要がある。輸出規制が行われ、輸出

量が減ってしまうことが簡単に起こりうるものだという前提に立って、準備しないといけないということである。

結局、自国民に十分な食料を確保できるか心配になると、国外に出さないように輸出を規制して自国民の分を確保しようとする。これは、国家の責任として、ある意味当然である。したがって、日本の主張のように輸出規制があまり簡単に行われないように提案するのも必要ではあるが、むしろ、輸出規制が自国民の食料を守る意味で実施されるのを規制するのは困難であることを認めて、そうであるなら日本のような輸入国もそれに対処して、ある程度の国内生産を常に確保しておく権利が同様にあるのだということを主張する必要があろう。

なお、食料危機が将来的にも続くから国内生産が重要という立論では、危機が収まれば、また輸入に頼ればよい、ということになる。食料は戦略物資であり、不測の事態になれば、輸出規制も簡単に行われることを前提にして、平時から常に準備しておく必要があるという視点が必要であり、欧米各国は、そう認識して常に国内生産を振興してきたといってよかろう。

食料の確保は、軍事、エネルギーと並んで、国家存立の重要な3本柱の一つである。つまり、食料は「戦略物資」であるというのが、世界的な常識である。現実には、経済力があれば食料はいつでも輸入できるという楽観的な想定をしている国が、世界にどれだけあるだろうか。米国をはじめ各国がエネルギー自給率の向上がナショナル・セキュリティに不可欠だとの認識を強めている中、我が国は、軍事はやむを得ないとして、エネルギー自給率、食料自給率の両面で、すでに各国に大きく離された低水準にあることを改めて認識する必要がある。

食料という場合、人が直接食べるだけでなく、畜産の飼料も同じ位置づけであることを忘れてはならない。飼料のほとんどを海外に依存していたら、国内で畜産物を生産していても、海外に依存しているのと変わらないことになる。

4．WTOをめぐる懸念

WTOのドーハ・ラウンドと呼ばれる貿易自由化・保護削減交渉は、日本を「蚊帳の外」においた、主要4カ国G4（米国、EU、ブラジル、インド）の話合いが、2007年6月に決裂して以降、決着は遠のいたと言われてきた。また、政治的には、

米国の大統領選挙もあり、そう簡単には進まない可能性が高いといわれてきたが、事務的には、合意案の数度の改訂が行われ、数値の収斂は着々と進められてきたことを忘れてはならなかった。そして、2008年内の合意に向けて、急速に機運が高まって、日本等の食料輸入国の意向をないがしろにして一気に決着してしまう危険が常にあることを認識しておくべきであると指摘してきたとおり、2008年7月に、その動きが現実になった。

　そもそも、WTO農業交渉を担当するファルコナー議長が、関税削減を緩めることができる重要品目の数（全体の品目数に対する割合）について、

日本（G10）　　10～15％
EU　　　　　　8％（ただし、米EUの話し合いで、4～5％まで譲歩済みであった）
米国　　　　　　1％
ブラジル　　　　1％

と提案していたのを基に、各国の主張の「中」をとったといいながら、1～5％と提案したのは、日本の位置づけを示す象徴的出来事であった。その後、2008年6月に出された議長案では、全品目の4～6％という案に変更されたが、日本の農産物は関税分類で約1,300品目（うち有税が約1,000品目）なので、我が国としては、最低限130品目を含める必要があるのに、約50～80品目にすぎず、コメ（17品目）と乳製品（47品目）のすべてをカバーすることができるかどうかという厳しいものであった。ただし、関税分類の仕方で品目数で不利になる場合は8％という是正措置があり、日本は適用できる可能性が強まっていた。

　しかし、2008年7月の閣僚会議の少数国会合では、またしても、日本の積み上げてきた努力を踏みにじるような動きが起きた。重要品目の数は、1～5％の一次案から、何度もの改定を経て、4～6％、日本のように関税分類に不利がある場合は8％も認める、という流れで最終案が詰められてきていたのに、最後に、その過程をまったく反故にするような形で、4％が出てきたことは、日本農業への影響という点での問題とは別に、日本の立場を軽視するもので、こういうことが簡単に行われてしまうようでは、今後とも、国際交渉に大きな不安が残る。国際交渉における日本の地位向上のための戦略が急務である。具体的には、先進国vs途上国の構図でなく、実質的輸出補助金を温存しつつ市場開放を強要する理不

尽な先進輸出国vs輸入国という構図で、日本は、中印も含めて、輸入国の利害を共有する大グループを形成し、バランスある貿易ルールの構築をめざす必要があろう。

なお、重要品目に指定できないと、現行関税が75％を超える高関税品目については、関税を約7割削減しなくてはならないが、重要品目に指定できても、代償措置があることは忘れてはならない。例えば、コメについては、関税削減を一般品目の1/3にすれば、関税率（現行341円/kg）は261円程度で、その代わり、消費量の4％（37.5万ｔ）のミニマム・アクセス（MA）輸入量を追加しないとならない。重要品目を4％から6％に引き上げるには、さらに0.5％、残った税率が100％を超える場合の代償としての0.5％もさらに加わり、結局47万ｔ程度を追加、全体でMA輸入量は124万ｔ程度にはなってしまう。

ただし、MAないしカレント・アクセス（CA、すでに輸入量が多い場合は現行輸入量に低関税を適用するもの）はWTOルール上、低関税で輸入可能な数量枠の設定であって、最低輸入義務が課されているわけではないことは認識しておくべきである。需要がなければ満たされなくてもよいことになる。特に、今回の世界的なコメ危機のような場合にも、また汚染米事件の背景としても、日本が、国内需要がないにもかかわらず、無理に77万ｔものコメ輸入を実施することの矛盾が際立った。さらに、この数量を大幅に拡大し、最低輸入義務として必ず履行するとなると、国内及び国際コメ市場への影響が心配される。乳製品についても、同様の問題がある。

だからといって、かりに、コメを一般品目にすると、関税は341×0.3＝102.3で、約6,000円/60kgとなり、中国米が3,000円程度で港に着くとすると、9,000円の米価との競争になる。12,000円との差額を全生産量について補填するとすれば、約4,500億円必要になる。乳製品についても、同様の問題がある。

諸外国のMAへの対応を見てみると、欧米で日本のコメに匹敵する基礎食料といわれる牛乳・乳製品については、例えば、米国のチーズについては、2000年で消費量の5％のMAが設定されているが、2％程度しか輸入されていない。我が国でも、乳製品のうち、国家貿易品目でないものについては、MAが満たされていないものもある。

国家貿易であると必ず輸入しなくてはならないという説明がなされる場合もあ

るが、十分説得的だとは思われない。現実に、カナダでは、国家貿易品目の乳製品のMAが満たされているわけではない。このように、MAないしCAをどのように解釈して対応すべきかについても、検討の余地があると思われる。かりにMA米の輸入を民間貿易に委ねた場合は、低価格の主食用米輸入が増大し、国内米価の大きな下落要因になることが懸念される。乳製品についても、同様の問題がある。

　一方、2013年までに撤廃が約束されている輸出補助金は氷山の一角で、実質的に温存される輸出補助金が多い。その筆頭格の米国の「復活不足払い」制度は、国内補助金の削減の強化という面から各国の攻撃を受けてはいるが、十分な削減が行われそうにはない。しかも、まだ俎上に十分上がってないものは、米国の酪農制度、オーストラリアの小麦輸出、多くの砂糖輸出国のダンピング型ないし国内補助金型の隠れた輸出補助金等、枚挙にいとまがない。「輸出補助金が野放しである以上関税削減は受け入れられない」という主張の正当性は忘れるべきではなかろう。

　また、上限関税は合意案には盛り込まれていなかったが、100％を超える関税が品目数の4％を超える国への追加的代償措置を提案している。我が国の農産物関税構造は、1割の高関税品目と9割の極めて低関税の品目という特質を持っており、100％を超える関税が品目数の4％を超えるかどうかだけでは、9割の品目を極めて低関税にしている結果、食料の海外依存度が60％という他に例のない市場開放度を実現しているという事実が適切に評価されていない。重要品目の数の議論についても同様であり、基幹作物以外の低関税による市場開放度の高さを反映できる方式が求められる。

　また、非農産品のほうでは上限関税が議論されているため、それとの絡みで、上限関税の議論が再浮上する可能性は否定できない。最悪のケースは、米国提案の75％の上限関税が導入され、重要品目にも適用された場合である。上限関税については、日本（G10）が導入拒否、EUが100％、米国が75％（重要品目にも適用）、ブラジルが100％（重要品目にも適用）という具合で、特にEUが、早くから、予想外に低い水準を提示したため、ひとたび議論が具体化すれば、75〜100％というかなり低い水準で、我が国のコメや乳製品にも適用されるような形で決着しかねないことに注意が必要である。仮にも、75％の上限関税が乳製品にも適用され

た場合には、制度的支援がない状態では、40円程度の加工原料乳価、70円程度の飲用乳価を前提に、対策を準備しなくてはならない。

　2008年12月にも、世界同時不況を打開するために、貿易自由化を後退させてはならないとの機運から、WTO合意に向けた動きが再び強まったが、7月時点のインド・中国と米国との対立は引きずったまま解けず、失敗に終わった。しかし、日本にとっては、重要品目8％を譲ったわけではないと言いつつも、4％プラス2でやむを得ない、というような論調も流れ、日本が国益として、どの水準を守るのかさえ、不明確なまま、「日本のせいで決裂したと言われたくない」というような姿勢が主張され、次に動き出したら、どうなるか、厳しい状況だという言い方がされている。「日本のせいで決裂したと言われたくない」から主張しないというのは、どういう交渉姿勢であろうか。インドは、最後の1国になっても、小規模農業に依存する途上国の立場を守るためNOと言っているし、米国は、自分の国益が世界のルールにならないかぎり、いつも拒否する。各国は、よくも悪くも、国益のために、譲れないものは譲れないと最後まで主張している。日本がそれをできなかったら、日本は世界から軽んじられる。つっぱねてこそ、譲歩も引き出せようが、これでは相手にされなくなってしまう。国内的にも、いまの状態でWTO合意が成立したら、日本のコメに、乳製品、畜産物、砂糖、でんぷん等にどんな影響があり、放置すれば自給率はどのくらい下がり、その損失を補填するには、毎年どれだけの差額補填が国民的に必要か、というようなデータをきちんと提示して、日本としてどういう選択をするのか、どの水準を砦として守るのか、国民に問うべきである。これまで、すでに貿易自由化を進めて、貿易立国として発展した日本であるが、これ以上の自由化は、将来の日本の食料確保と国土の荒廃等への不安を勘案すると、輸出による発展で失うものとのバランスをとる、ギリギリの水準に近づいている可能性があり、一部の人々の利害に基づく判断に任せられるものでなく、日本の将来の姿を選択するために、ぜひとも国民全体の判断が必要である。それに基づいて、WTOの先行きがどうなるか不透明だというのでなく、日本がどうするのかが重要である。全会一致でないと合意はできないのだから、日本も自らの国益に基づいて主体的に行動すべきである。

5．FTAをめぐる懸念

　WTOの難航を横目に見ながら、EPA/FTA（経済連携協定/自由貿易協定）を急ぐ声も大きい。なぜ、こんなにEPA/FTAが急がれようとしているのか。実は、話の本質は単純なのである。

　WTOによる貿易自由化というのは、例えば、日本がタイに乳製品関税をゼロにしたら、世界のその他のすべての国に対しても乳製品関税をゼロにしなくてはならないという「無差別原則」の上に成り立っている。これは、FTAによる世界のブロック化が第二次世界大戦を招いた反省から生まれた知恵である。これに対して、例えば、日タイFTAで日タイ間のみで乳製品関税をゼロにし、その他の国々を差別するFTAは、WTOの無差別原則に真っ向から反する。いわば、FTAは仲間はずれをつくる「悪い」グループ形成のようなものである。ひとたび、差別的なFTAが、あちこちで生まれてしまうと、どうなるか。不利にならないようにするには、悪かろうが良かろうが、仲間に入れてもらうしかなくなってくる。

　例えば、韓米FTAができたら、韓国車はゼロ関税で対米輸出できるので日本車が不利になるから、早く日本も仲間に入れてくれ、ということになる。これが、「国益」として、前面に出てくる。そして、それを実現するのに「抵抗勢力」となる日本の産業＝農業は、様々な形で攻撃される。つまり、この一連のロジックの流れは、日本の一部の輸出産業のエゴと利害に基づいている。

　目下の一番の懸念は、日豪EPA交渉の行方である。さらに、日米FTAを進めるべきとする産業界の声も強まっている。実は、EPA交渉における「農業悪玉論」が誤解であることは、タイのような農産物輸出国とのEPAでも、農産物に関する合意が他の分野に先んじて成立し、難航したのは自動車と鉄鋼だったということにも示されている。しかし、日豪や日米は条件が異なる。

　タイの場合には、「協力と自由化のバランス」を重視し、タイ農家の所得向上につながるような様々な支援・協力を日本側が充実することと、日本にとって大幅な関税削減が困難な重要品目へのタイ側の柔軟な対応がセットで合意された。しかし、先進国であるオーストラリアや米国は援助対象国ではない。また、我が

国の大多数の農産物関税はすでに非常に低く、品目数で1割強程度の重要品目が高関税なだけであるから、重要品目への柔軟な対応を行っても、結果的に品目数ではかなりの農産物をカバーするEPAが可能であった。柔軟な対応とは、関税撤廃の例外とすることで、完全な除外や再協議として協定から外すほかに、当該国向けに低関税の輸入枠を設定するといった方法がある。しかし、オーストラリアの場合、重要品目の輸出が農産物貿易に占める割合が極めて大きく、牛肉、ナチュラル・チーズ、麦、砂糖、コメだけで、オーストラリアからの輸入の5割を超えるため、それらを含めないと貿易量ベースの農林水産物のカバー率が5割を切ってしまう。つまり、従来のような柔軟な対応の余地が極めて少ないのである。

　日豪EPAで、かりにも乳製品関税がゼロになったら、20〜30円/kg前後の乳価で生産されたオーストラリア乳製品と、関税ゼロで国産の加工向け生乳が競争することは不可能なので、国産の加工仕向けは成立しなくなる。飲用向け生乳に、生クリーム用途のうち生乳であることが要求される部分を加えても、国産に対する需要は500万t程度しかなくなる。加工向けは北海道が担っているから、北海道の酪農の打撃は、乳業工場や地域経済への影響も合わせると約9,000億円と試算されている。しかし、そういう事態になる前に、北海道の生乳が大量に都府県の飲用向けに回されるであろうことを想定すれば、この損失額のかなりの部分は、実際には北海道でなく、都府県で生じることにも留意しなければならない。国産生乳の加工仕向けがなくなるので、65（加工原料乳価）＋12（ゲタ）＋18（輸送費）＝95（飲用乳価）という関係式は成立しなくなり、飲用市場のみで価格形成がなされるようになる。我々の試算では、その場合の飲用乳価は67円、北海道の手取りは51円程度になると見込まれる。

　我が国の総国内消費は生乳換算で1,200万t程度なので、価格低下による需要の増加を見込まない場合には、差額700万tがオーストラリアからの輸入に頼ることになる。EUやNZに対する関税が200％、300％のままだから、すべての輸入はオーストラリアからになり、過去の実績からしてもオーストラリアにその余力はある。オーストラリアの酪農家一戸当たり経営規模は222頭で、日本の北海道57頭、都府県31頭をはるかに上回る。日本のナチュラル・チーズ輸入の主要国は、オーストラリア38％、EU31％、NZ23％（2005年）である。オーストラリアにのみ関税撤廃を行うと、EUやNZがオーストラリア並みの扱いを求めてくることに

なる。

　結局、オーストラリアに関税撤廃を行うことは、世界全体に対して関税撤廃していく道筋に乗ることを意味する。つまり、それは、農産物貿易自由化の工程表を示すべしとする経済財政諮問会議のワーキング・グループ会合で農林水産省が提出した試算のように、世界に対する全面的な国境措置の撤廃により自給率は12％になるという状況に近づいていくことである。牛乳・乳製品についても、全世界に対する自由化の場合には、中国・韓国からの飲用乳の流入も含めて、88％の国産生乳が失われると試算されている。

　確かに、飲用乳市場も安泰とはいえない。近隣の中国では、生乳の農家受取価格は20円程度で、近年、一年に400万 t、日本の北海道の生産量分ぐらいが増加するという、驚異的な増産が続いており、近い将来輸出余力を持つ可能性がある。そうすると、衛生水準がクリアされれば、生乳（未処理乳）は、21.3％の関税さえ払えば、いまでも輸入可能なのである。こうなると、長期的には、輸送費を足しても30円強の飲用乳価と競争できるかという話になる。

　日豪EPAで主要な重要品目がかりにもゼロ関税になった場合は、我が国の肉牛農家にも甚大な影響が及ぶ可能性が高い。和牛肉の半分（肉質２、３等級）、乳雄肉、オーストラリア産チルド牛肉の価格は、ある価格差を伴って、かなりパラレルに変動している。このことから、38.5％の関税がなくなった場合には、オーストラリア産チルド牛肉は１kg当たり170円程度下落する見込みなので、まず、乳雄肉も170円程度下落する可能性がある。いま１kg800円台の乳雄肉が600円台に下がることになり、国内生産の６割を占める乳用種肥育経営の再生産可能水準の800円を割り込む。和牛にも、肉質２、３等級を中心に、それなりの価格低下が生じる可能性がある。農林水産省は、国産乳雄生産のほとんどと和牛生産の３分の１程度が消滅すると見込んでいる。

　オーストラリアの牛肉生産量は日本の35万 t 強の約４倍、150万 t あり、輸出量は95万 t（うち日本向け約40万 t）で、それは現在の日本の消費量80万 t より多い。一戸当たり経営規模は、1,376頭（日本は30頭）である。

　日本の牛肉輸入の主要国は、オーストラリア90％、NZ7％（2005年）である。米国のBSE発生前は、米国52％、オーストラリア44％、NZ2％（2003年）であった。米国がオーストラリア並みの扱いを求めてくるであろう。

つまり、オーストラリアに関税撤廃を行うことは、他の競合国にも同様の措置を迫られることになるし、しかも、経済界は、日豪の次は、日米、日EUをどうしても進めたいとの意向なので、世界全体に対して関税撤廃していく道筋に乗っていくことになりかねない。全世界に対する自由化の場合には、牛肉も79％の国内生産が消失すると農林水産省は試算している。

6．国際化をにらんだ酪農の方向性

以上のような競争が、かりにも現実になった場合、日本酪農がいくら規模拡大してコストダウンしても、どんなメガファームであっても、コスト競争では勝てる見通しはない。規制緩和さえしてくれれば、自分たちだけは従来路線の延長で生き残れると考えている大規模経営の経営者がいるとすれば、それは誤解していると思われる。

一部の人々の短期的な利益のために、さらなる農畜産物貿易自由化の拙速な流れを許さないよう尽力する一方で、ある程度の貿易自由化の流れも想定して、その影響を緩和するために、国産牛乳・乳製品への消費者の支持と信頼を強固にする取組みを一層強化する必要がある。具体策については第20章で展開する。

注
（1）米国は、穀物価格高騰の主因はバイオ燃料需要の喚起でないと主張するが、そもそも、バイオ燃料需要の喚起は、米国にかぎらず、穀物の過剰在庫を削減し、低迷していた穀物価格の上昇を実現するために推進された側面も大きい。米国は、農村不況の回復のため、穀物在庫率を引下げ、農産物価格を上昇させるべく、中国等への輸出需要の拡大に期待したが、トウモロコシについては、中国も1年分の消費量に相当する在庫をかかえるような過剰状況で、期待が裏切られる中で、何とか国内需要が喚起できないかと思案していた矢先に、9.11事件と原油価格高騰により、エネルギー自給率向上の大義名分の下、バイオエタノール生産拡大の国民的コンセンサスを得る流れが生じたと、農林中金総合研究所のRuan Wei主任研究員は指摘する。中国も、膨大なトウモロコシ在庫の削減のためにバイオエタノール生産振興を位置づけたように、米国も中国もトウモロコシの過剰解消がバイオ燃料生産拡大の直接的な動機となっており、地球環境への配慮が本質的な動機ではないという見方ができることに留意が必要である。EUについても、砂糖の輸出制度に対してWTOのパネル（紛争処理委員会）で改善を求められ、輸

出向け用途を大幅に削減せざるを得なくなり、行き場を失ったビートの処理のためにバイオエタノール生産が促進された経緯があり、その他の農産物についても、とりわけフランスで顕著だが、過剰在庫処理の有効な手だてとしてバイオ燃料需要喚起が行われたことが農林水産政策研究所の加藤信夫氏等から指摘されている。このような意図からすれば、国際的な農産物価格の高騰は、まさに目的が達成されたことになるわけだが、冒頭で論じたように、今回の穀物価格の異常な高騰は、バイオ燃料需要の拡大による効果を大きく超えた水準になっていることも確かである。

（2）穀物に対するバイオ燃料需要の拡大は、木くずや雑草を原料とする第二世代の実用化とともに収束していく可能性があるので、第二世代が主流となるまでの過渡期をどう乗り切るかという問題と考えたほうがよい。さらには、原油の高騰はバイオ燃料を含む代替燃料の開発・利用を促進するから、エネルギー需給が次第に緩み、原油の高騰も緩和されるであろう。原油価格が落ち着けば、補助金を増額できないかぎり、バイオ燃料用に穀物を使用するのは採算がとれなくなり、バイオ燃料の義務目標の見直しも迫られてくる。新興国の「爆食」や人口爆発に伴う需要増加にも頭打ちがあることも考慮すべきである。一方、生産物価格の高騰によって、長期間の価格低迷で増産型技術開発が停滞していたために鈍化していた単収の伸びが加速される可能性や不耕作地の再利用の動き等も勘案すると、供給増加の制約を強調する見方にも疑問がある。したがって、世界的な食料需給が一方的に逼迫を強めることは考えにくい。この点は冷静に踏まえておく必要があろう。

第5章

日豪EPAの問題点

小林　信一

1．日豪通商協定締結50周年と日豪関係

　日本は1955年にガットへの加盟を果たしたが、オーストラリアは英仏などとともに日本に対してガット35条を援用した。これは最恵国待遇などを規定しているガット関係に入らなくてもよいとする条項であり、このため日本品には最高税率の関税が適用され、ミシン、玩具、綿、人絹、陶器など多くの品目に輸入制限枠が設けられた。当時の外交上の努力は、日本に対するこうした差別的な取り扱いの撤廃——35条援用の撤回に向けられた。

　ガット35条援用の撤回は、1957年7月に締結された日豪通商協定締結によっても達成されず、64年の協定改定まで持ち越しとなったが、この協定によって日本からの対豪輸出は急激に伸びた。その後50年を経て市場開放について攻守ところを変えて、経済連携協定交渉（EPA）が持たれていることは、考え深いものがある。当時オーストラリアが日本とガット関係に入ることに躊躇した背景には、日本軍によるオーストラリア北方の都市ダーウィン爆撃や自爆潜航艇「回天」によるシドニー湾攻撃、ニューギニア戦線での白兵戦、戦争捕虜収容所での扱いなどによって増幅された日本や日本人への憎しみや恐れといった反日感情もあるが、低賃金を武器とした安価な日本製品のオーストラリア市場への流入によって、オーストラリアの産業が痛手を被ることにあった。

　しかし、その後の日豪関係は、日本の高度経済成長とオーストラリアでの相次ぐ鉄鉱石や石炭の発掘——輸出が補完関係となって、車の両輪のように共に発展する関係となった。特に、旧宗主国である英国のECへの加盟（1973年）によって、

最大の輸出先を失う中で、米国や日本の貿易相手国としての存在が大きくなっていった。

2．日豪貿易構造の特徴

オーストラリアの輸出に占める国別シェアを見ると、1950年では英国が32.7％に対し、日本はわずか6.3％に過ぎなかったが、60年にはそれぞれ23.9％、16.7％となり、70年に至っては11.3％に対し27.2％と完全に逆転した。こうした緊密な関係は現在も同様であり、日本はオーストラリアにとって最大の輸出先となっている。一方、輸入についても長く米国について2位だったが、近年中国に抜かれて第3位になった。しかし、なお重要な位置であることに変わりはない。例えば2004年度（2004年7月〜05年6月）では、オーストラリアの日本への輸出額は249億1,700万豪ドルで、それに対し日本からの輸入額は171億5,700万豪ドルとなっている。

その結果、オーストラリア側の対日貿易黒字額は77億5,900万豪ドルに達しており、第2位のインドの48億3,000万豪ドルを大きく引き離して貿易相手国中第1位である。しかもこうしたオーストラリア側の出超は、長年に渡って継続している。ちなみに、オーストラリア側の貿易赤字額が最も大きい国は米国（118億4,000万豪ドル）で、ドイツ（73億2,900万豪ドル）、中国（68億3,400万豪ドル）と続いている。

また、旅行サービスがほぼ半分を占めるサービス貿易でも、日本の受取額（32億7,000万豪ドル）と支払額（19億3,800万豪ドル）の差は13億3,200万豪ドルで、中国（10億9,300万豪ドル）を上回り最大の黒字国である。したがって、オーストラリアは対日貿易で、モノでもサービスでも大きな利益を得ていることになる。

現在の日豪の品目別貿易額をまとめたのが表1であるが、これを見るとオーストラリアから日本へは石炭、鉄鉱石などの鉱物資源と牛肉などの農産物がほとんどを占めていることがわかる。対日輸出品目上位10品中6品目が鉱物資源、4品目が農林産物で、全体でも鉱物資源は全体の半分以上、農林水産物は約2割に達している。オーストラリアの国内産業構造はすでに超先進国型で、GDPに占める割合では農林水産部門は3％、鉱業部門も4％程度に過ぎないのに対し、サー

表1 品目別対日貿易額の推移

1) 輸出

	実数（百万豪ドル）			割合（％）		
	2002	2003	2004	2002	2003	2004
石炭	5,048	4,716	7,085	23.2	23.8	28.4
鉄鉱石	2,191	2,052	2,661	10.1	10.4	10.7
牛肉	1,401	1,756	2,452	6.4	8.9	9.8
アルミニウム	1,468	1,192	1,347	6.8	6.0	5.4
ウッドチップ	715	706	770	3.3	3.6	3.1
銅鉱	485	554	692	2.2	2.8	2.8
液化石油ガス	755	466	595	3.5	2.4	2.4
原油	923	503	573	4.2	2.5	2.3
飼料・ペットフード	448	458	450	2.1	2.3	1.8
チーズ	272	300	379	1.3	1.5	1.5
総計	21,727	19,821	24,917	100.0	100.0	100.0

注：液化天然ガス（LNG、32億豪ドル）の輸出先は不詳だが、ほとんどは日本向けと考えられる。

2) 輸入

	実数（百万豪ドル）			割合（％）		
	2002	2003	2004	2002	2003	2004
乗用自動車	5,880	6,430	6,719	36.0	39.9	39.2
貨物自動車	1,337	1,376	1,483	8.2	8.5	8.6
土木重機	476	544	566	2.9	3.4	3.3
自動車部品	699	582	511	4.3	3.6	3.0
タイヤ	418	416	419	2.6	2.6	2.4
録画機・録音機	414	481	418	2.5	3.0	2.4
コンピュータ部品	447	373	391	2.7	2.3	2.3
テレビ	212	282	361	1.3	1.8	2.1
内燃エンジン	387	334	320	2.4	2.1	1.9
自動二輪車	283	284	312	1.7	1.8	1.8
総計	16,337	16,101	17,157	100.0	100.0	100.0

資料：DFAT Composition of trade Australia 2004-05

　ビス部門などの第三次産業部門は日本より高い80％程度となっている。しかし、商品貿易では依然として鉱産物と農林水産物が合計で6割程度を占めており、海外からは「オーストラリアは第一次産品の生産国」と認識されやすい。

　一方、日本からオーストラリアへの輸出品を見ると、上位10品目中4品目が自動車関連で、合計では5割以上となっている。特に第一位にランクされる乗用自動車は単独で約4割に達する。

　以上のように、日豪は貿易関係において重要なパートナーであり、オーストラリアからは鉱物資源と農産物を、日本からは自動車を中心に輸出し、貿易収支はオーストラリア側の大幅な出超が続いている。

3．日豪EPAのねらい

　日豪関係は現在特に問題となる課題もなく、貿易関係も緊密である中で、日豪EPAはオーストラリア側から提案されたと言われている。そのねらいがどこにあるのかを、オーストラリア側の公表文書によって検討して見たい。オーストラリア大使館のホームページや広報冊子によると、EPAの効果として以下の4点が挙げられている。

　①日本経済の発展を加速させる。EPAのもたらす経済効果は年間6,500億円に達する。日本の構造改革を加速させるとともに、製造業やサービス、エネルギーの分野における生産性の向上に貢献。

　②貿易・投資の機会を拡大する。オーストラリアでは、日本からの輸入量の70％（自動車やコンピュータ部品、重機などの高付加価値製品）に関税を課しており、EPA/FTAの実現により、それら課税品目の殆どにおいて完全撤廃もしくは税率の大幅な引き下げの可能性がある。

　③日本のビジネスの不利な状況を打開する。オーストラリアは、すでに米国やタイ、シンガポール、ニュージーランドとEPA/FTAを実施しており、さらに中国を始め、複数国と交渉に入っている。EPA/FTAを締結している米国やタイからの自動車輸入が無税となるのに対し、日本の自動車には関税を課さざるを得ない。対豪投資についても、豪米FTAにより米国からは以前の15倍にあたる8億豪ドル相当の投資が無審査になり、また新規分野への投資も無審査になっている。これに比べて日本からは5,000万豪ドル以上が審査の対象となっている。日豪ビジネスの最前線では、このような貿易・投資への不利な状況をなくすためにEPA/FTAの早期実現を求める声が高まっている。

　④鉱物・エネルギー資源の安定的な供給に寄与する。オーストラリアは日本の鉄鉱石および石炭需要の60％、ウランの25％、液化天然ガスの18％などを始めとして鉛、アルミナなどの最大供給国であり、EPA/FTAの実現により、日本の貿易・投資がさらに促進・円滑化されることで、資源の安定供給が期待できる。

　また、日本農業に与える影響については、すべての貿易障壁を除いても対日農

産物輸出は５％増加するだけで、影響は極めて少ないとしている。逆に、EPA/FTAにより日本からの農産物輸出は増加し、またオーストラリアの農産物輸出に関する豊富な知識やノウハウを日本に伝えることで、日本農業の国際競争力を高め、日本政府が掲げた「2009年までに日本の農産物輸出を倍にする」という目標達成に近づける効果もあると主張している。

　つまり、関税、外資規制の撤廃による両国経済の発展、両国が他国と結ぶEPA/FATによる貿易転換効果などの負の影響の除去、鉱物資源や食料の安定確保などが期待でき、一方オーストラリアからの農産物輸出はわずかな増加で、日本の農業への影響は小さい、とまとめることができるだろう。しかし、鉱物資源などはすでにほとんど無関税となっており、貿易転換効果についても具体的に問題となっている点は特にないと言われている。日本向けの広報であるとは言え、これでは日豪EPAによるオーストラリア側のメリットがどこにあるのか、判然としない。オーストラリア側の交渉担当である外務貿易省のホームページでは、日豪EPAはオーストラリアにとって非常に大きな経済的利益を生むとして、①関税・非関税障壁の撤廃による全産業分野に及ぶ新たな機会の創出、②最大の農産物輸出市場である日本に対するさらなる輸出の拡大と安定化、③投資、サービス貿易の拡大、④最大の鉱物エネルギー資源の買い手である日本との関係の安定化と緊密化などを追求するとしており、網羅的、一般的な書き方だが、農産物輸出については若干ニュアンスが異なる。

　一方、日本側で日豪EPAの旗振り役と言われる財界団体として㈳日本経済団体連合会は、日本商工会議所および㈳日本貿易会と連名で、「日豪経済連携協定の早期交渉開始を求める」と題する提言を2006年９月に行っている。その中で、日豪EPAに期待される効果として、①資源・エネルギーの安定供給、②食料の安定供給、③自動車などの関税撤廃効果、④二重課税の回避、⑤政府調達市場へのアクセスの改善、⑥米豪FTAで検討対象となっている弁護士、会計士、エンジニアなど自由職業サービス資格の相互承認の検討などを挙げている。

　また、豪州の農業は規模、効率性の面で日本とは桁違のため、急激な自由化により農業構造改革が頓挫しかねないとし、農林水産品分野のセンシティビティに十分配慮する必要があることを、「特に配慮すべき項目」として書き入れている。その他のセンシティブ品目として、あまり知られていないが、わが国でも生産し

ている銅、亜鉛、鉛、ニッケルなどの非鉄金属も挙げられている。

4．日豪EPAの効果と影響

(1) 日本農業への影響

　日豪EPAのねらいは、オーストラリア側と日本の財界とは、日本農業への影響を別にして、鉱物資源や食料の安定確保、関税撤廃による輸出増加などおおよそ一致している。2005年4月に日豪両政府で行った日豪貿易経済枠組みに基づく共同研究では、「①全体として両国のGDPと二国間の貿易は増加する。特に豪州のGDPの増加率が高い（2020年、豪：0.66～1.79％、日：0.03～0.13％）、②日豪の多くの産業分野で輸出、生産、雇用が増加するが、日本の農業分野では生産が大幅に減少するとともに、農業及び食料分野で雇用が大幅に減少。③米国、EU、中国、ASEAN等豪州以外の主要な国・地域は、日本への輸出の減少等の悪影響を受ける。」としており、両国経済への寄与とともに、日本農業への影響の大きさと貿易転換効果が大きいことを指摘している。

　日豪EPAの日本農業への影響については、上記以外にも様々な推計がなされている。農水省の推計では、牛肉、乳製品、小麦、砂糖の四品目の関税撤廃による直接的な影響を8,000億円と推計している他、最も大きな影響を被ると試算している北海道庁の試算例では、北海道内のみで損失は約1兆3,700億円に上るとされる。これも牛肉、乳製品、小麦、砂糖の四品目で検討し、地域経済への波及効果なども含めて算定している。また農家への交付金など新たな財源約4,300億円が確保できないケースを想定しており、小麦が852億円、牛肉が422億円の減産で、関連製品の生産減少などと合わせ1兆円以上の損失が推定され、この結果約8万8,000人が失職するとしている。

　こうした推計は、前提条件などのとり方によって大きく結果が異なるが、上記4品目のように国境障壁が高い産品では、FTAで二国間のみの関税を引き下げた場合は、貿易転換効果が大きくなるという弊害が強く現れるという認識は共通している。

（2）関税撤廃と自動車産業

　また、関税については、日本からオーストラリアへの輸出の70％以上に、オーストラリアから日本への輸出に対しては20％にかけられており、オーストラリア側の方が有税品目の割合は高いが、実効関税率の単純平均値ではオーストラリアの3.5％に対し、日本は7.1％と若干高い。しかし、関税率自体はすでに相当程度低い。関税の撤廃による農産物以外の貿易品目への影響については、すでに指摘したように鉱物資源については財界がセンシティブ品目とした銅、亜鉛、鉛、ニッケルなどが3％程度だが、主要な品目は無関税になっており、関税撤廃によって輸入量が大きく増加することは考えにくい。また、日本が関心を示し、オーストラリア側にとってはセンシティブ品目であると考えられる自動車の関税率は、乗用車で10％、商用車では5％であるが、前者も2010年には5％に引き下げられることがすでに決定済みである。

　オーストラリアは伝統的に工業分野への保護が手厚く行われてきたが、その中でも自動車製造業は、繊維・履き物産業と並んで保護の度合いが高かった。工業製品に対する保護政策は1970年代初めのウィットラム労働党政権による関税率25％引き下げなどを嚆矢とし、その後は規制緩和が大きな流れとなったが、そうした中でも自動車部門は、1968年にローカル・コンテンツ85％、75年には関税割当制の導入など、むしろ規制強化が行われた。しかし、84年に至って、バトン・プランと呼ばれる産業再編政策が策定され保護削減が実行に移された。その内容は関税率の引き下げ（2000年までに22.5％から15％に）、GM、フォード、トヨタ、日産、三菱の国内5社体制の3社への統合、生産モデルの13から6モデルへの削減、車種別最低製造台数（3万台以上）の設定などで、ローカル・コンテンツもその後撤廃され、国際競争力の強化をめざした政策内容となっている。

　こうした規制緩和については反対も根強く、2000年以降に乗用車の関税率を5％にまで引き下げる案は、国内4社（日産は当時すでに撤退）の反対によって、2005年に10％にすることで決着がついた。しかし、自動車の国産化率は日本車や韓国車などの攻勢によってすでに25％まで落ち込んでしまっている（表2）。その一方で、製造車種の1～2車種への絞り込みなどの合理化や、企業の世界戦略の中で輸出も増加しており、生産台数約40万台のほぼ1/3を中近東やニュージー

表2 自動車の生産と輸出入（2004年度）

項目		実数	割合	割合
国内生産	A = B + C	391,260	100.0	
輸出	B	142,347	36.4	
国内向け	C	248,913	63.6	25.2
輸入	D	739,356	100.0	74.8
日本		378,227	51.2	
欧州		128,857	17.4	
韓国		78,719	10.6	
米国		8,731	1.2	
その他		144,822	19.6	
国内新車登録	E = C + D	988,269		100.0

資料：The Federal Chamber of Autmotive Industries から作成。

表3 オーストラリアの国内メーカー別シェア（2004年度）

	実数（台）			割合（%）		
	輸出	国内登録	合計	輸出	国内登録	合計
トヨタ	68,989	208,822	277,811	48.5	21.1	24.0
GMH	60,518	174,464	234,982	42.5	17.7	20.3
フォード	10,344	129,140	139,484	7.3	13.1	12.1
三菱	2,496	61,907	64,403	1.8	6.3	5.6
4社合計	142,347	574,333	716,680	100.0	58.1	62.0
全体	142,347	988,269	1,155,549	100.0	100.0	100.0

資料：表2と同じ。
注：国内登録台数には輸入車も含む。

ランド、米国などに輸出している。2005年度の乗用車輸出額は、27億9,000万豪ドルで輸出品目中11位にランクされている。

　一方、輸入車は約74万台で、日本からが半分以上を占めている。しかし、オーストラリア国内の自動車メーカーも日系、米系がそれぞれ2社であり、メーカー別に国内生産、輸入車の合計で見ると、トヨタが輸出シェアの5割近く、国内登録台数では2割強、全体ではほぼ1/4を占め、最も多くなっている（表3）。したがって、関税率の撤廃は経団連提言のように、2010年までに無関税となる米国、タイに伍して、「日本製品の価格競争力が増し、日本からの輸出増も期待され得る」が、同時にオーストラリアトヨタと日本のトヨタ、あるいは他国のトヨタとの競争の激化という状況も生み出す。実際に豪タイFTAの締結によってタイからの商用車の輸入が急増しているが、実態はタイトヨタからが中心と言われている。結局のところ、多国籍企業にとっては、国際戦略の若干の修正の問題であるかもしれないが、オーストラリア国内6万人の自動車産業労働者には大きな影響が及

ぶだろう。実際に2008年3月には三菱自動車が現地生産を中止し、現地雇用への影響が懸念されている。さらに、前述したように日本からオーストラリアへの輸出の過半が自動車で占められているという偏った貿易構造がさらに増すことも問題だろう。

（3）供給の安定と直接投資

経団連提言の中のねらいの一つに挙げられている食料や資源の安定供給確保はどうだろうか。日豪経済関係強化のための共同研究（2006年）には、「輸出制限の禁止」などによる供給安定化をうたっているが、実際にはこうした制限措置が現在存在するわけではない。また、商取引である資源や農産物の貿易を、政府間協定によって安定化させることには無理がある。すでに、自動車部門だけではなく鉱物資源や農畜産物部門などでも日本企業の直接投資が進んでおり、こうした形での安定供給化が図られている。例えば、オーストラリア国内では生産も需要もなかった穀物肥育牛肉について、1970年代後半より日本企業が主体となって一種の開発輸入が行われてきた。現在、長期穀物肥育牛肉の主要な部分は、日本ハムや伊藤ハムなどの現地法人が生産・輸出を手がけている。

投資についても、「投資許可が必要となる下限投資額の引き上げや審査基準の透明化等」がEPA締結のメリットといわれているが、これも日本にとって重要品目を犠牲にして達成するほどの重要性を持っているとは思えない。オーストラリアの経済発展にとって、外資と労働力の導入は不可欠なものであり、歴史的に外資導入政策と移民政策によって積極的な導入を図ってきた。つまり、外資は基本的に導入を歓迎する立場にある。確かにメディアの買収や投資額が5,000万豪ドルを超える企業買収などには、外資審査委員会による事前審査が行われるが、多額な投資案件でも国益に反しない限り認可されてきた。日本からは毎年鉱業、不動産業などを中心に100件前後の投資が行われているが、投資制限をめぐる大きな問題は存在しない。

（4）オーストラリア農業への影響

日豪EPAの影響は、日本農業ばかりではない。一般的にはEPAによってオーストラリア農業は大きな利益を得ると見られているが、WTOやFTAなどの自由

化——規制緩和政策の中で、これまでオーストラリア農業を支えてきた家族農業は厳しい状況に置かれている。例えば、酪農部門は保護水準が低い農業部門の中で、ある意味では日本の農業部門以上に規制と保護がなされてきた。飲用牛乳については、州を越える生乳・牛乳の移送が禁止される中で、州の販売委員会（マーケティングボード）によって生産者、卸売り、小売乳価が統制され、加工原料乳については、連邦ボードによって全生産者から徴収された課徴金を原資とする輸出補助が実施されてきた。しかし、こうした手厚い保護も20年ほどの期間で徐々に撤廃され、2000年にはWTOとの関連で一切の保護規制措置が撤廃された。ただし、2010年までの10年間にわたって、牛乳1ℓにつき2セントの消費者への課徴金を原資とした生産者への賠償支払いが行われている。その金額は出荷規模によって異なるが、単純平均すると一農場当たり約1,000万円に達する。また、酪農規制緩和による地域経済への影響を考慮して、地域活性化資金の投入も行われている。しかし、生産条件の劣る北部のクイーンズランド州やニューサウスウエールズ州の酪農家は廃業や経営転換が相次いでおり、酪農部門では規模の拡大と地域集中化が進行している。さらに2002年、2006年と相次ぐ干ばつが、農家経営に追い討ちをかける状況になっている。

　こうした状況は、食品小売分野の8割のシェアを二社で握るスーパーのバイイングパワーによって、さらに加速されている。スーパーやその他の企業による農家の系列化が進行しているが、その中で、より安価に生産できるニュージーランドに切り替えることを理由として契約を打ち切られたタスマニアのジャガイモ農家が州議会にトラクターを連ねてデモを行い、地元選出議員が「バイ・オーストラリア」（国産品を買おう）を呼びかける事態も見られる。

　また、こうした強いスーパーのバイイングパワーに対抗するために、乳業メーカーの再編も急ピッチで行われており、1980年代には地域ごとに存在した44の酪農協同組合会社が、2000年までには市乳部門は外資系、上場会社、協同組合系会社の3社、乳製品部門でもネスレ、クラフトなどの外資系と2大組合系会社がシェアの多くを握るまでに収斂された。さらに3大酪農協同組合会社のうち2社までがニュージーランドと日本の外資に買収されるという事態も出現している。このうち1社であるボンラックは、ニュージーランド（NZ）のフォンテラの完全な支配下に入っている。フォンテラは、NZデーリーボードと酪農協同会社のNZ

デイリーグループおよびキーウィ協同会社が合併してできた協同組合会社であるが、NZ生乳生産量の95％を集乳する、実質的な輸出独占機関である。さらに40ヶ国に120の関連会社、従業員2万人を数えるグローバル企業でもある。フォンテラは西オーストラリアの乳業メーカーも傘下におさめている。もう1社のデイリーファーマーズはフォンテラと競り勝ったビール会社のライオンネイサン社が支配権を取得している。ライオンネイサン社はもともとNZのビール会社であったが、オーストラリアに進出し、現在ではオーストラリアの2大ビールメーカーの1つとなっている。ライオンネイサン社は、やはり出資関係にあったフィリピンのサンミゲル社を通してナショナルフーズ社も傘下においており、オーストラリア最大の乳業メーカーとなっている。このライオンネイサン社の4割を出資しているのが日本のキリンビールで、キリンは2009年にライオンネイサン社の買収を提案し、受け入れられた。この結果、オーストラリアの最大の乳業メーカーは日本のキリンビールとなっている。キリンビールは小岩井乳業を国内でも展開しており、今後の日本における乳業分野への対応が注目される。

また一方、輸出による需要増に対応するための穀物などの生産増加は、世界で最も乾燥しているオーストラリア大陸の土壌に過度な負荷をかける恐れも否定しきれない。例えば米は日本では環境保全作物と見られているが、オーストラリアでは水を浪費する環境破壊作物として批判の対象である。旱魃の頻発の一方で、灌漑地帯における塩害の拡大は、オーストラリア農業の持続的な生産にとっての脅威である。

5．オーストラリアの外交戦略　WTOかFTAか

オーストラリアは1970年代にそれまでの産業保護政策を見直し、規制緩和による経済の建て直しを図ってきたが、外交戦略としては、1986年のGATTウルグアイラウンド開始時に伝統的な農産物輸出国を結集してケアンズグループを立ち上げた。同グループのリーダーとして米国を牽制する形で多角的交渉による自由貿易推進の旗振り役を演じてきた。それは、WTOの結成として一定の成功を収め、ミドルパワーの外交戦略として評価を集めた。しかし、その後はWTO交渉の行き詰まりに逢着し、多角的交渉から二国間交渉へ舵を切ったかに見える。1983年

のニュージーランドとの経済緊密化協定以来結んでこなかったFTAだが、最近に至ってシンガポール（2003年）、タイ（2005年）、米国（2005年）と立て続けに締結し、さらにアセアン、中国、マレーシアなどと交渉を開始していることを見てもその感が強い。

　しかし、二国間交渉はオーストラリアのようなミドルパワーにとって必ずしも有利とはいえない。豪米FTAにおいて、砂糖は例外扱いとされ、乳製品も関税割当の中に押さえ込まれ、オーストラリアの農業界の評価は必ずしも高いものではない。日本との交渉も客観的にみれば必ずしもオーストラリア側に有利とはいえないだろう。そうした中であえて二国間交渉に乗り出したのは、他の国が次々とFTA締結に動いたことから、貿易転換効果の不利益を受けないようにするという防衛的な考えもあるだろうが、二国間交渉を進めることによって、最終的にはWTOでの到達目標である自由化を追求するという戦略も見え隠れする。頓挫したかに見えたWTO交渉が米国、EU、ブラジル、インドの枠組みで動き出し、それに日豪が加わるという新たな展開の中で、WTOとFTAの関係がどう動くか注目する必要がある。

6．日豪EPAの問題点

　これまで見てきたように、日豪EPAは、ねらいとされる鉱物資源や食料の安定確保について、それを保証するものにはなりえない。むしろ食料供給については、国内生産の縮小や、一国への過度な依存を招きかねず、供給の不安定化が増す危険性の方が高い。このことは、米国でのBSE発生以降、ほぼ日本市場を独占している牛肉部門の値上がりや旱魃による穀物不足が具体例となっている。

　供給独占については、WTOで輸出独占体として問題になっている小麦ボードが、日本への高い供給価格を原資として中国へ安い価格で販売することで、実質的な輸出補助を行っているという指摘もある（2007年度日本農業学会での鈴木宣弘氏の報告）。また、米のマーケティングボードは廃止されたが、実質的に生産のほぼ100％を米農協が管理しており、一種の販売独占である。こうした供給独占の問題も、供給の安定化との関連で注視する必要がある。

　しかし、最も問題なのは、他国が次々に結んでいるFTAに「乗り遅れない」

ために、わが国もFTA/EPAを結ばなくてはならないとする最近の論調である。多くのFTA/EPAが錯綜する状況の彼方に、どのような世界が描けるのかを考えてみる必要がある。貿易転換効果と原産地規則問題を考えるだけでも、今後の世界貿易体制をどれだけ複雑にし、今後の各国間の利害調整を困難にするか予想できる。2010年までにWTOに通告されるFTAは400を超えると自ら予測しながら、WTO規則24条8項の例外規定に照らして、適格なFTAであるか否かの判断を行わないWTOは自らの存在意義を放棄したかにも見える中で、冷静な議論と行動が求められる。

第6章

新不足払い法の問題点と政策展開の方向

小林　信一

１．新不足払い法制定までの経過とそのねらい

　加工原料乳生産者補給金制度、いわゆる不足払い法は2000年に改定されたが、そのねらいは、「市場実勢を反映した適正な価格形成を実現すること」とされている。これは、1999年3月に公表された「新たな酪農・乳業対策大綱」を踏まえた酪農政策の一大転換であった。大綱の中で不足払い制度の廃止が明示されたことは、その前年からの米政策の改革内容や農政当局の言動から予想されていたとは言え、やはり酪農界にとっては衝撃的なこととして受け止められた。それは、酪農業の戦後における急速な発展を支えてきたのが、不足払い制度であったという共通した認識があったからといってよいだろう。不足払い法は畜産物価格安定法を補完するものとして、暫定措置法と銘打たれながら、1966年の制定以来30年以上に渡って実施され、酪農家の受け取り乳価の下支えと価格変動の緩和において中心的な政策としての役割を果たしてきた。

　不足払い制度について1999年段階では、①市場実勢を反映した適正な価格形成が実現される制度に移行する、②生産者補給金制度を廃止し、加工原料乳生産者に対する新たな経営安定措置を実施する、ことがうたわれ、具体的には、①については、安定指標価格、国産乳製品の売買操作、基準取引価格を廃止し、乳製品価格は、1999年9月に創設される乳製品取引市場の中での価格形成を推進する。また、飲用乳の価格形成は、都府県の指定生乳生産者団体を8ブロックに統合する組織再編を行い、入札等の市場取引導入や相対取引のルール化を図ることを検討する、②に関しては、限度数量の範囲内での直接支払い（図１）と過度な価格

図1 加工原料乳生産者補給金制度のしくみ

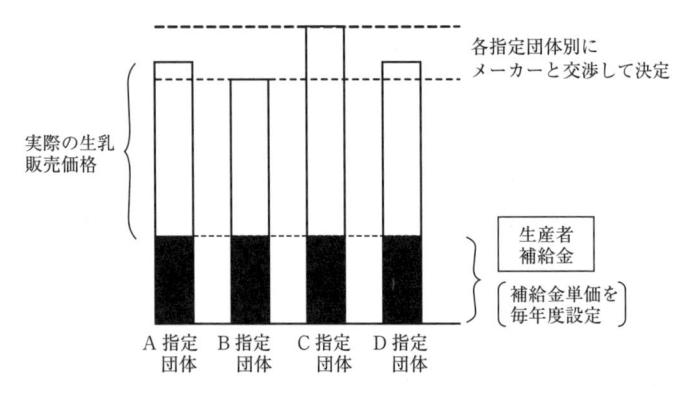

実際の生乳販売価格 ｛ 各指定団体別にメーカーと交渉して決定

生産者補給金 ｛ 補給金単価を毎年度設定

A指定団体　B指定団体　C指定団体　D指定団体

参考：生産者補給金の対象となる加工原料乳の用途
バター、脱脂粉乳、全脂加糖れん乳、脱脂加糖れん乳
全粉乳、全脂無糖れん乳、加糖粉乳、脱脂乳（子牛ほ育用）

変動の影響を緩和するための生産者の自主的な取り組みを前提とする措置の検討を行う、との方針が表明されていた。筆者はこの「新たな酪農・乳業対策大綱」が公表された段階で、新たな制度について、以下のような疑問点を提示している[1]。少し長くなるが、全文を引用してみる。

「第1に、新たな経営安定措置が、その目的にあげている加工原料乳地帯の再生産を確保するものとなるために、検討の対象とされている価格変動緩和措置は、価格変動による経営不振農家の増加を抑えるためにも不可欠であろう。またこれは、不足払い制度の廃止が酪農家に与える将来不安を緩和する意味でも、「一定期間生産者の経営判断の目安となる直接支払い単価の設定手法」と共に重要となってこよう。

　第2は、市場実勢価格についてである。市場取引は政策価格に比べ、より需給関係を反映した価格を実現できると言われる。しかし、乳製品市場は三大乳業メーカーの寡占体制下にあり、メーカーは供給者であるとともに、需要者としての側面を持つ。また、設立予定の乳製品パイロット市場には、カレントアクセス分と生産者のとも補償に関わる乳製品の上場に終わる可能性も指摘されている。相対的に低価格であるこれらが、乳製品価格の指標と使われるならば、加工原料乳価の引き下げ要因になる恐れもある。米の市場取引化の際には、供給独占体であ

った全農の力の分散化が指導されたが、今回はどうか。市場運営の仕組みの工夫と、形成された市場価格の吟味が不可欠であろう。

　第3には、加工原料乳を含めた乳価決定を、地方ブロックに統合した指定生乳生産者団体ごとの相対取引に委ねる方向についてである。飲用乳価は1981年までは中央団体と乳業メーカーとの交渉によって決定されてきたが、公取委による独占禁止法違反の指摘を受けて各県別交渉に移行した経緯がある。その後、買い手市場的状況下でのメーカーとの交渉力の差を背景に、各県の全国連再委託による中央乳価交渉がここ数年間で定着してきた。全農および全酪連再委託分は1997年度で約220万t（生乳生産量の27%、2年度は19%）まで増加したが、ブロック化を機に全酪連では再委託量が従来の1/6以下になると試算している。ブロック別乳価交渉は、生乳再委託を背景とした全国連交渉に移りつつある流れに逆行することになりかねない。また、ブロック指定団体を設立することは、ブロック化による集送乳経費の合理化などのメリットがある地域もあるが、いわば屋上屋を重ねることになりかねない。組織のスリム化に逆行し、管理経費の増加が生産者手取り乳価の引き下げ要因になりかねない。生産者の自主的な選択に任すべきではあるが、県、全国レベルでの組織合併を背景とした乳価交渉や合理化方向を推進すべきではないか。」

2．新不足払い制度の発足とその陥穽

　不足払い制度については、その後具体的な施策が明らかになる中で廃止ではなく、改定とされ、「新不足払い制度」と呼ばれるようになった。新たな制度における生産者補給金単価の算定は、以下の式によって求められることとなった。

　　　　　助成単価＝前年度の助成単価×生産コスト等変動率

　この中で、生産コスト等変動率は、$(C_1/C_0) \div (Y_1/Y_0)$ として計算される。なお、(C_1/C_0) は、物価修正した1頭当たりの生産費の変化率（移動3年平均）、(Y_1/Y_0) は1頭当たりの乳量の変化率（移動3年平均）である。

　具体的には、加工原料乳地域である北海道の牛乳生産費調査結果（農水省統計情報部）による搾乳牛1頭当たり全算入生産費を、飼養頭数規模別飼養頭数ウェイトにより加重平均した上で、集送乳経費、販売手数料及び企画管理労働費を加

算し、物価・労賃の動向などを織り込んで算出した生産費の当年を含む3ヶ年平均を、前年までの3ヶ年平均で割り、算出する。上記により求められた、当年までの3年平均生産費と前年までの3年平均生産費から、搾乳牛1頭当たり生産費（移動3年平均）の変化率を算出する。

次に搾乳牛1頭当たり乳量（移動3年平均）の変化率を、牛乳生産費調査の搾乳牛通年換算1頭当たり乳脂肪分3.5％換算乳量を元に、飼養頭数規模別飼養頭数ウェイトにより加重平均して算出した乳量の当年まで3ヶ年平均を、前年までの3ヶ年平均で割り、算出する。以上のように算出された、搾乳牛1頭当たり生産費の変化率を、搾乳牛1頭当たり乳量の変化率で割り、生産コスト等変動率を算出する。この変動率を前年度の補給金単価に乗じて、当年度の補給金単価を算出する。

制度移行の初年度であった2001年度の助成単価は、旧不足払い制度によって算出された補給金単価10円30銭を、そのまま据え置きとして採用された。旧不足払い法では、加工原料乳地域の生産費（保証価格）と乳業メーカーの支払い可能額（基準取引価格）との差を不足払いするもので、メーカーの支払い乳価（基準取引価格）に補給金を加えれば、生産者の生産費をカバーできる乳価（保証価格）を確保できた。しかし、新不足払い制度では、補給金は2000年度の不足払い額（補給金）を基準に、上記のように生産費の変動率を加味して決定するので、必ずしも生産費をカバーする乳価を保証するものではない。生産費が大きく変動しなければ、固定的な補給金の支払いによっても、旧不足払いとほぼ同じ効果を生み出すが、生産費の変動率によって補給金を調整すると言っても、所詮乳価の1/7程度の補給金額を基準とした調整にすぎない。確かに直接支払い（いわゆるゲタ）ではあるが、当初期待したような所得補償的な直接支払いとはなっていない。

しかし、制度の設計思想自体がこれまでの不足払い制度とは全く異なっているにもかかわらず、当初は補給金単価が据え置かれたこともあって、制度自体が大きく変わったとの認識は酪農関係者の間でも薄かったように思える。移動平均が3年であることや、乳量の変動率によって生産費の変動率を調整する点を捉え、1頭当たり乳量を増やす努力をしても、増加すれば生産コスト等変動率が低く計算され、結果として補給金が低く抑えられることになる点などの、いわば些末な部分に議論が集中した。

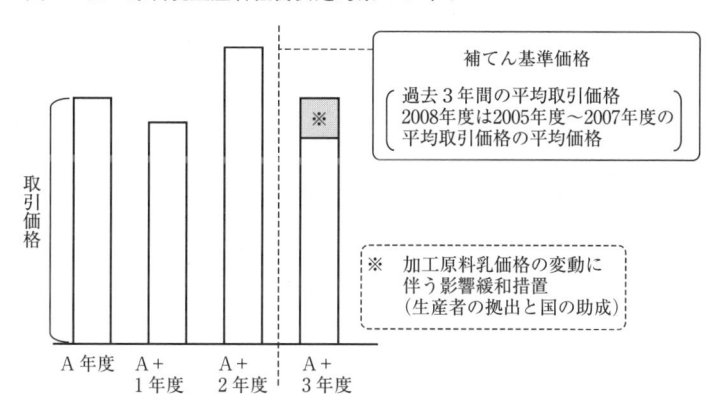

第6章　新不足払い法の問題点と政策展開の方向

図２　加工原料乳生産者経営安定対策のしくみ

```
                              補てん基準価格
                              過去３年間の平均取引価格
                              2008年度は2005年度～2007年度の
                              平均取引価格の平均価格

取
引                          ※
価                              ※ 加工原料乳価格の変動に
格                                伴う影響緩和措置
                                  （生産者の拠出と国の助成）

   A年度  A＋   A＋   A＋
         １年度 ２年度 ３年度
```

　こうした中で、2006年以降の飼料価格暴騰による生産費高騰は、新不足払い制度の本質を白日の下に晒したと言えるだろう。新不足払い法でも「加工原料乳地域の再生産を確保すること」をその目的として掲げている。この点の達成は、以下のことによって担保されるとした。

① 　広域指定団体の下での効率的な需給調整及び法規的な配乳調整を用途別での生乳取引の推進等を通じて、適切な価格形成が期待されること、

② 　加工原料乳の価格条件の不利性を補完するため、生産費等に基づき算定された生産者補給金が引き続き交付されること、

③ 　加工原料乳の販売価格が低下した場合の緩和措置（加工原料乳生産者経営安定対策）が用意されていること、により、生産者の手取りが確保され得る[2]。

　このうち、③の加工原料乳生産者経営安定対策の仕組みは、生産者の拠出（1/4）と国（3/4）の助成により基金を造成し、加工原料乳取引価格が補てん基準価格を下回った場合に、その差額の８割を補てんする制度で、補てん基準価格は過去３年間の平均取引価格とされた（**図２**）。生産者の拠出金は加工原料乳１kg当たり40銭、国の助成金はその３倍の１円20銭と当初設定され、現在も同額となっている。ちなみに、2006年度の平均取引価格は58.91円/kg、補てん基準価格は60.54円であったために1.3円の補てんがあったが、2007年度はそれぞれ59.82円、59.51円と平均取引価格が補てん基準価格を上回ったため補てんはなされなかった（**表１**）。飼料価格が高騰し、生産費が高まっているにもかかわらず、補てんがなさ

表1　加工原料乳価格の推移

項目	単位	計算方法	2001	02	03	04	05	06	07
平均取引価格	円/kg	A	61.83	61.83	61.99	60.31	59.33	58.91	59.82
補てん基準価格	円/kg	B	61.83	61.83	61.83	61.88	61.37	60.54	59.51
補てん金単価	円/kg	C=（B−A）×0.8	0.00	0.00	0.00	1.26	1.63	1.30	0.00
補てん後価格	円/kg	D=A+C	61.83	61.83	61.99	61.57	60.96	60.21	59.82
補給金込み価格	円/kg	E=D+F	72.13	72.83	72.73	72.09	71.36	70.61	70.37
補給金単価	円/kg	F	10.30	11.00	10.74	10.52	10.40	10.40	10.55
限度数量	千トン		227	220	210	210	205	203	198
補給金総額	億円		233.81	242.00	225.54	220.92	213.20	211.12	208.89

資料：中央酪農会議資料より作成。

れなかったのは、この制度が乳価の変動に対する激変緩和（いわゆるナラシ）を目的としているからに他ならない。

　以上のように新不足払い制度は、麦や大豆と同様に一応ゲタとナラシという助成の仕組みは備えられているが、対象はあくまで生乳生産の約1/4を占めるに過ぎない加工原料乳であり、また補てん基準価格は市場価格であり、輸入価格とリンクしたゲタというわけではない。水田畑作経営所得安定対策における大豆や麦では、ゲタとは輸入価格との差額を補てんするためのものであり、米についても現在は制度化されていないが、将来は導入できるようになっていることとは大きく異なっている。また、ゲタ部分の算定は前述したように、2000年度の不足払い額を基準に、その後の生産費の変動率で調整したもので、その性格は極めてあいまいなもので、生産費の高騰時に一定の所得を補償するものではない。それでも、もし生産費の上昇分に見合った乳価の値上げが実現できれば、固定的な補給金であっても、一定の所得補償効果はあるが、取引価格は必ずしも生産費に連動せず、むしろ抑制的に推移している。「新たな酪農・乳業対策大綱」に従って作られた乳製品パイロット市場も結果的には、適正な価格形成の場として発展することはなかった。

　不足払い制度も戦後30年以上経て、見直しが必要とされていた。制度疲労の内容は、①輸入規制の不十分性と公的在庫調整機能の喪失、②用途別乳価の多様化、③生産者自主調整の限界、④広域流通の拡大と県別プール乳価体制の動揺などであった[3]。またWTO交渉を睨みながら、国内保護水準の引き下げも要請されていたという背景があったことは事実であるが、以上見てきたように、新不足払い

法は、旧不足払い制度の抱えた問題を解決するものとなっているとは到底言えない。

3. WTO農業交渉と酪農政策の課題

　WTO農業交渉は、米国、EUとインド、ブラジルの主要4カ国の対立や、米国大統領選のため停滞していたが、今後急速に動き出す可能性が高い。高関税の一律引き下げや重要品目の4％化などは既定事項とされることも充分に考えられる状況にある。前回の交渉で乳製品は関税化されたが、国家貿易の存続と関税相当量の存在によって、輸入増加による大きな影響は被らなかった。しかし、重要品目が仮に4％しか認められないとなると、乳製品47品目を全て重要品目とすることは非常に困難となる。乳製品の一部が認められたとしても、これまでいわゆる偽装乳製品の侵入を食い止めるために措置してきたことが不可能になるため、国境措置の機能は相当程度低下すると見なくてはならないだろう。

　乳製品の内外価格差は、国際価格の騰貴時には国産価格を上回り、国産バターの不足をもたらす一因にもなったが、現在では再び脱脂粉乳、バターともCIF価格比で数倍になっており、現行の一次関税率では輸入の大幅増加を抑制することは困難である。また、一方では、国際市場における乳製品の価格および供給量の不安定性によって、輸入への過度な依存の危険性は周知のこととなっている。酪農の国内生産を維持し続けるための、国境措置の必要性は益々重要になっているが、現在のWTO体制下にあっては、国内支持の内容と水準および輸入関税化と輸入義務量の約束などで国内政策の自由度は著しく狭められていることも事実である。

　AMSで算定される国内支持については、1986～88年の基準年から2000年までに20％の削減を約束している。日本は農産物全体では基準年で4兆9,661億円と算定されており、生乳では1,995億円であった。このことから生乳の場合は、1,370億円までに削減する必要がある。生乳の内訳は、市場価格支持分として、不足払い制度に基づいて決定される基準取引価格と国際価格との差額に加工限度数量を乗じた1,370億円、および直接支払い部分625億円（①加工原料乳補給交付金415億、②乳肉複合経営等推進事業4億円、③緊急良質牛乳供給特別奨励金交

付事業(いわゆる横積み)35億円、④酪農安定特別対策事業(チーズ奨励金)170億円)の合計である。つまり、不足払い制度を含め、以上の施策は生産刺激的政策として、黄色の政策と認定されていた。しかし、AMS削減約束である20%は、すでに1996年度で23%減となっており、目標をクリアしていた。不足払い制度自体の廃止は、AMS削減という観点からは不可欠とは言えなかった。不足払い法の見直しにより、基準取引価格は設定されなくなったので、これにかかわる市場価格支持部分はなくなり、基準年からの削減率は生乳部門では80%以上に達する。

国際取り決めの制約はあるものの、日本はEUや米国と比較しても国内保護水準は決して高くなく、また直接支払いの占める割合が低いこともあり、肉牛政策のような直接支払い方式への転換が酪農においても検討されてしかるべきだろう。その際、緑の政策のカデゴリーへの政策転換を図るとともに、生産調整下の直接支払いがEUの要求により青の政策とされたように、生産が衰退している部門に対する直接支払いも同様に扱われるよう要求していくことも、重要視されるべきだろう。

畜産経営は大規模・少数化によって孤立分散化が進行しており、自給飼料生産や糞尿利用の面からも地域の中で他の農家と土地を媒介とした結びつきを深める方向でしか、発展の方向は見えないだろう。また、畜産農家が地域の土地管理主体として期待されている面もあり、将来的に畜産政策は単品主義を超えて、耕種と畜産の有機的結合を図る方向に土地利用を誘導する総合的な農家政策として、また地域政策として総合化されるべきだろう。

真の意味での品目横断的な政策展開によって、緑の政策への転換が可能となる。

4．中長期的な経営見通しの立つ経営支援制度の必要性
　　—米麦や肉牛など、他の制度とのハーモナイゼーション—

酪農経営の安定的な発展のために、現在採られている施策としては、①加工原料乳生産者補給金制度(不足払い法)による加工原料乳地帯の再生産確保、②9ブロック化された指定生乳生産者団体による一元集荷・多元販売体制の強化、③承認工場制度に基づく無税の飼料穀物輸入制度と価格高騰に対処した飼料価格安

定基金制度である。これに緊急的な各種経営安定対策や、生産者団体による自主的な生産調整対策などによって補強するシステムとなっている。しかし、2007年来の酪農危機はこうした酪農経営のセーフティネットの限界を明らかにした。特に前述したように新不足払い制度の制度的な問題点は、今後の酪農の持続的な発展にとっての弱い環となるだろう。

　一昨年来の事態は、新不足払い法制定当時予想した状況と大きく異なっている。飼料費の高騰によって生産費が上昇したにもかかわらず、生産費を十分にカバーできる乳価の上昇はスムーズには実現できなかった。これは、牛乳を中心とした消費停滞も一因だろうが、生・処・販をめぐる力関係が、生産者乳価に抑制的に働いていることも指摘できよう。こうした事態に対応するには、

① 牛乳消費の拡大に向けた生処販一体となった取組、
② 生産者の取引交渉力を向上させるための組織的再編などの取組、および
③ 酪農生産の持続的な発展のための政策的なセーフティネットが必要とされている。

　また、今回の事態から明らかにされた新不足払い法の問題点を解決するためには、以下の諸点が考慮されるべきだろう。
①酪農家が中長期的に経営の見通しが立てられる経営安定対策であること。
②そのためには、価格の変動のみではなく、生産費の変動も考慮に入れた生産者の所得安定対策であること。

　また、制度設計の際に、昨今の内外情勢の以下のような変化を考慮にいれる必要がある。
ア．北海道の生乳生産シェアが高まり、加工原料乳の割合が5割を割る事態が常態化することを見据え、加工原料乳価ではなく、飲用乳価あるいは飲用乳とのプール乳価を対象とした価格を対象とすることも検討する。
イ．WTO農業交渉の結果は予想しがたいが、高関税による乳製品の国境措置が困難になることも危惧される事態になっており、仮にそうした状況になっても、国内生産が持続的に発展できる制度であること。

こうした経営所得安定対策は、例えば麦・大豆では、その実際の補てん水準や補てん対象範囲の是非について評価が分かれるものの、内外価格差は「ゲタ」部分で補填し、価格変動に対しては「ナラシ」によって安定化を図るという思想によって制度設計されている。また、肉用牛肥育経営については、肉用牛肥育経営安定対策事業（マルキン制度）によって平均的な労働所得は保障するという制度になっている。この制度の問題点は、物財費を割り込むまでの経営悪化には対応できないことである。こうしたケースでは、いわゆる補完マルキン制度によって、物財費の赤字分の6割を補填する仕組みが作られているが、補填割合が低いことや、マルキンを含めこの制度が不足払い法のような法に基づいたものではなく、関連対策の一環として行われていることなどが問題点としてあげられる。

　酪農経営では、旧不足払い法下で現実化していた生産者所得保障制度が大きく後退したことが、今日の酪農経営の苦境の一因となっていることを踏まえ、他の農業部門を参考にした新たな経営所得安定対策の導入が不可欠であろう。

　財政危機が厳しさを加える中で、農業支持コストの消費者負担から納税者負担への転換は困難ではあるだろう。しかし、我が国における酪農の存在意義に照らして、酪農経営が持続的に発展するための施策は、充分に国民を納得させられるだけの必要性を持つと確信する。

注
（1）小林信一「WTO体制下の畜産政策と経営対応」『農業経済研究』Vol.71　No3、1999年。
（2）農林水産省生産局畜産部監修『新不足払い法の解説と実務』㈱酪農乳業速報、2001、p.227。
（3）小林信一「畜産政策の現状と課題」宮崎宏編『国際化と日本畜産の進路』家の光協会、1993年。

第7章

酪農への政策対応について

鈴木　宣弘

1．酪農政策対応についての総括

　政策的に検討が必要な事項をまとめると、
① 加工原料乳の補給金単価を、ある目標水準との差額を補填する形で算定することにより、乳製品の関税削減等に伴う加工原料乳価の下支えと、それによる飲用乳価の下支え機能を強化する、
② 近隣諸国から飲用乳の輸入が生じるような状況においては、加工原料乳価のみを支えることで飲用乳価を支えることができなくなるので、加工原料乳価、飲用乳価の両方への不足払い、あるいは、プール乳価に対する不足払い（直接支払い）を検討する必要がある、
③ 今回の生産資材価格高騰に対応して発動された「直接支払い」を、その場かぎりの緊急措置として、その都度議論するのでなく、ルール化された発動基準にしてシステマティックな仕組みにし、経営者に見通しが持てるようにする、
④ 全国9ブロック体制をさらに集約し、全国的な配乳調整と販売収入の分配ルールを策定する、
⑤ 酪農協の乳製品加工施設を充実し、余乳処理能力を高める、
⑥ 乳製品を人道的見地から機動的に海外食料援助に振り向けるルールを策定する、
⑦ 国産牛乳・乳製品のアジア諸国への販路拡大に努める、

⑧ 環境にも牛にも人にも優しい循環型経営の遵守を支払い要件（クロスコンプライアンス）とする施策範囲をもっと広げる、

⑨ 飼料自給率向上をスローガンに終わらせないよう、酪農家が経営選択として飼料自給率の向上に乗り出すに十分な補填を準備する。飼料米については、例えば、飼料米を購入する飼料会社や酪農家に差額補填を行うことで、稲作農家との取引を促進する。

⑩ トウモロコシ等の輸入飼料原料の安定確保のため、穀物メジャーに頼らない独自の調達力を強化すること、等が挙げられよう。

これらの多くは、海外ではごく当たり前のことになっているということを忘れてはならない。

2．補給金等の経営安定対策のあり方

```
加工原料乳価    補給金    輸送費    飲用乳価
   65      +    12   +   18   =    95
```

という関係式からわかるように、加工原料乳補給金の引き上げは、やがては、その分だけ、都府県の飲用乳価も上昇させる効果がある。つまり、例えば、加工原料乳のみへの補給金の5円引き上げに110億円を投入することで、都府県の飲用乳価も含めて、全体を5円引き上げることができるという点で、極めて財政効率的なのである。配合飼料価格安定基金の借入金の利子補給に投じた110億円と比較されたい（なお、たとえ飲用乳に直接2円/kgを補填したとしても、100億円以内の財源で収まるのである）。

これは、今後、輸入自由化によって、加工原料乳価が下落するような場合に、特に有効である。例えば、WTO交渉で、仮にも、上限関税75％が導入された場合には、

```
加工原料乳価    補給金    輸送費    飲用乳価
   40      +    12   +   18   =    70
```

となるが、ここで、補給金を25円引き上げれば、550億円の財源で、

加工原料乳価		補給金		輸送費		飲用乳価
40	＋	37	＋	18	＝	95

となり、現状の生産者手取りが確保できるのである。ただし、現行の補給金算定方式では、このような大幅な単価の改定は不可能であり、目標価格との差額を補給する不足払い型の補給金算定方式への変更が必要になる。

なお、加工原料乳への補填により飲用乳価も下支えする制度が有効なのは、飲用乳が海外からの輸入の影響を受けずに価格形成できるという条件の下であり、この点が崩れる（安価な飲用乳が近隣の中国等から輸入される）場合には、加工原料乳価のみならず、飲用乳価も含めた全生乳、つまり、プール乳価を基準にした全酪農家への直接支払いを検討する必要が生じる。

また、これは、酪農に限定したことではないが、欧米諸国の農業所得に占める政府からの直接支払いの割合は高く、フランスで8割、スイスの山岳部では100％ともいわれ、米国の穀物農家でも、年によって変動するが、平均的には5割前後で、日本の場合、せいぜい1〜2割程度で、大きな開きがある。我が国の畜産政策には、様々な政策メニューがあるが、それらを集約して、より直接的に酪農家の所得形成につながるような政策に集中的に予算配分することも検討されてよかろう。この指摘は、食農審の畜産部会や農畜産業振興機構の第三者委員会において、消費者側委員からも指摘されている。そのためには、国の補助金は団体や組織に支払えても、個別農家に支払いにくいという我が国の予算執行上の問題もさらに改善される必要がある。また、思い切った予算の再編や拡充ができない現行の財務省による査定システムを見直し、国家戦略、世界貢献として、省庁の枠を超えた一段高いレベルでの国家全体での予算配分を行うべきときが来ていると思われる。

3．今回の緊急的な経営安定対策の位置づけ

今回、我が国でも、生産資材コストの上昇に対応した「直接支払い」が緊急措

置ながら発動された。これは、あくまでも、時限的な緊急措置として位置づけられ、取引乳価が再値上げされるのを受けて支払いを停止することとされているが、また、類似の状況が生じたときには、その都度、対処療法的に検討するのであろうか。

　この点で、米国の動きは参考になる。米国では、第２章で論じたとおり、ミルク・マーケティング・オーダー（FMMO）制度の下、政府が、乳製品市況から逆算した加工原料乳価をメーカーの最低支払い義務乳価として設定し、それに全米2,600の郡（カウンティ）別に定めた「飲用プレミアム」を加算して地域別のメーカーの最低支払い義務の飲用乳価を毎月公定しているが、さらに、米国では、FMMOで決まる最低支払い義務飲用乳価水準が低くなりすぎる場合に対処するため、2002年に飲用乳価への目標価格を別途定め、FMMOによる飲用乳価がそれを下回った場合には、政府が不足払いする制度を導入した。

　WTO上、削減対象の政策を新設すること自体、その廃止を世界に先駆けて実践した我が国からすれば考えられないことであるが、今回、さらに注目すべきは、飲用乳価への目標価格が、今回のような飼料価格高騰による酪農家の収益減少に対応できないことが判明したのを受けて、2008年農業法において、飼料価格高騰への対処として、目標価格が飼料価格の高騰に連動して上昇するルールを付加したことである。その場かぎりの緊急措置をその都度議論するのでなく、ルール化された発動基準にしてシステマティックな仕組みにしていこうとする米国の姿勢は合理的である。

　こうした制度であれば、我が国においても、飼料価格が高位にあるかぎり、政府からの「直接支払い」が継続されることになり、取引乳価が再値上げされるのを受けて支払いを停止するということにはならないはずである。2009年３月の10円の値上げでも不十分との見方も強く（府県は未だ２円/kgの赤字との試算もある）、政府の「直接支払い」を停止することを疑問視する声も多いことも踏まえ、検討を要する点である。

４．自給飼料生産の拡大に向けて

　自給飼料生産コストと購入飼料単価との比較等による自給飼料生産の有利性の

指摘にもかかわらず、自給飼料生産は増加しなかった。酪農家の経営選択を考える場合に問題とすべきは、自給飼料生産に割り振る労働時間を搾乳牛を増頭して購入飼料に依存して出荷乳量を増やす方に振り向けた方が経営全体としての総所得は増加するという酪農家の判断である。逆に言えば、自給飼料生産を拡充すれば、所得率は上がるが、搾乳牛を少なくせざるを得ないので、総所得は減少するということである。

端的な数値例は、釧路NOSAIの久保田学氏の資料を借りると、

	放牧型	舎飼型
平均頭数	71	93
乳飼比	24	30
所得率	41%	34%
1頭当所得	18万円	15万円
総所得	1,278万円	1,395万円

飼料自給型経営は、1頭当所得は高いが、頭数が増やせないので、総所得が増やせないという問題を覆すインセンティブが政策的に与えられてこそ、事態を動かせる有効な政策になりうる。今回の飼料価格高騰によって舎飼型経営の1頭当たり所得が大幅に低下しているわけであるから、飼料自給率の高い経営を増加させるために必要な政策支援額は縮小しているはずである。

中央畜産会の『先進事例の実績指標［2003年実績］』（2004年3月刊行）の都府県の酪農部門における粗飼料自給率40％未満の経営と粗飼料自給率40％以上（かつ、土地の5割以上が草地）の経営区分に基づく経営指標比較も興味深い結果を提供している（表1）。粗飼料高自給率経営は、飼料生産に労働力をとられる分、経産牛の飼養頭数がほぼ10頭少なく、経産牛一頭当たりでみた労働時間は、飼料生産が多いため28時間多い。しかし、購入飼料費がかさまないため、一頭当たり費用は低く、結果的に一頭当たり所得は42,769円多い。しかし、2タイプの経営のいずれが有利かは一頭当たりの費用の低さや一頭当たり所得の大きさではなく、総所得でみるべきである。粗飼料高自給率経営は一頭当たり所得は大きいが頭数が少ないため、総所得は1,038万円で、かたや、粗飼料低自給率経営は一頭当たり所得は小さいが頭数が多いため、総所得は1,078万円で、低自給率経営の方が総所得は若干ながら大きい。しかし、両者の差はごくわずかである。ただし、家

表 1　粗飼料高自給率酪農と粗飼料低自給率酪農との経営指標比較（都府県）

	粗飼料高自給率	粗飼料低自給率
①経産牛頭数	40.1	49.9
②一頭当たり労働時間	170	142
③総労働時間　①×②	6,817	7,086
④一頭当たり所得（円）	258,847	216,078
⑤総所得　①×④	10,379,765	10,782,292
⑥家族労働人数	2.9	2.6
⑦家族労働一人当たり所得（円）⑤/⑥	3,579,229	4,147,035
（一頭当たり費用）	751,464	834,842
（所得率、%）	28.7	23.5
（乳費比、%）	34.8	47.3

資料：中央畜産会『先進事例の実績指標［2003年実績］』から鈴木宣弘が作成。
注：粗飼料低自給率は粗飼料自給率40%未満、粗飼料高自給率は同40%以上（土地の5割以上が草地）

表2　粗飼料自給低率経営を粗飼料自給高率経営に転換した場合の経営指標比較（都府県）

	粗飼料自給低率	→粗飼料自給高率
①経産牛頭数	49.9	41.7
②一頭当たり労働時間	142	170
③総労働時間　①×②	7,086	7,086
④一頭当たり所得（円）	216,078	258,847
⑤総所得　①×④	10,782,292	10,789,047
⑥家族労働人数	2.6	2.6
⑦家族労働一人当たり所得（円）⑤/⑥	4,147,035	4,149,634

資料：中央畜産会『先進事例の実績指標［2003年実績］』から鈴木宣弘が作成。
注：粗飼料自給低率は粗飼料自給率40%未満、粗飼料自給高率は同40%以上（土地の5割以上が草地）

族労働人数が高自給率経営の方が少し多いため、家族労働一人当たり所得に換算すると、低自給率経営の有利性はやや高まる。つまり、このデータには、自給飼料生産を拡大すると、一頭当たり所得は高まる（所得率は高まる）が、頭数の縮小により総所得・一人当たり所得は減少する可能性が見事に示されており、酪農家の経営選択のメカニズムを検証できるデータといえる。いずれの経営選択が有利かを決めるキー・ファクターは、表1の②と④、つまり、一頭当たり労働時間と一頭当たり所得との「相殺関係」に集約されている。

　粗飼料生産を増加するには、この点を踏まえて、乳牛頭数を減らした場合に加算金が支払われる「酪農飼料基盤拡大推進事業」、さらには「コントラクター支援事業」、「草地生産性対策事業」などの補助事業を有効活用することが必要である。そのためには、これらの事業を組み合わせれば、ある程度の頭数削減をしても所得が確保できる、あるいはコントラクター利用により現状規模を維持して飼料生産を行える可能性を試算例で示し、酪農家が制度活用を決断して環境保全型

表3 粗飼料自給高率経営を粗飼料自給低率経営に転換した場合の経営指標比較（都府県）

	粗飼料自給高率	→粗飼料自給低率
①経産牛頭数	40.1	48.0
②一頭当たり労働時間	170	142
③総労働時間 ①×②	6,817	6,817
④一頭当たり所得（円）	258,847	216,078
⑤総所得 ①×④	10,379,765	10,373,266
⑥家族労働人数	2.9	2.9
⑦家族労働一人当たり所得（円）⑤/⑥	3,579,229	3,576,988

資料：中央畜産会『先進事例の実績指標［2003年実績］』から鈴木宣弘が作成。
注：粗飼料自給低率は粗飼料自給率40%未満、粗飼料自給高率は同40%以上（土地の5割以上が草地）

表4 粗飼料自給低率経営を同所得のコントラクター利用の粗飼料自給高率経営に転換した場合の経営指標比較（都府県）

	粗飼料自給低率	→粗飼料自給高率
①経産牛頭数	49.9	49.9
②一頭当たり労働時間	142	142
②'一頭当たりコントラクター利用時間	0	28
③総労働時間 ①×②	7,086	7,086
④一頭当たり所得（円）	216,078	258,847
④'一頭当たりコントラクター費用臨界額（円）		42,769
④"一時間当たりコントラクター利用料金臨界額（円） ④'/②'		1,527.5
④'''コントラクター費用差引一頭当たり所得（円） ④−④'	216,078	216,078
⑤総所得 ①×③	10,782,292	10,782,292
⑥家族労働人数	2.6	2.6
⑦家族労働一人当たり所得（円）⑤/⑥	4,147,035	4,147,035

資料：中央畜産会『先進事例の実績指標［2003年実績］』から鈴木宣弘が作成。
注：粗飼料自給低率は粗飼料自給率40%未満、粗飼料自給高率は同40%以上（土地の5割以上が草地）

酪農の推進に踏み出すインセンティブを高める必要があろう。

コントラクターの活用について、一つの試算を示そう（表4）。低自給率経営に、飼料生産拡大のインセンティブを与えるには、飼料生産の拡大によって労働時間がとられてしまうことを回避する必要がある。つまり、基本的解決策は、機械の共同利用組合を形成し、専任のオペレーターを雇用したコントラクター組織を設立する必要に行き着く。しかし、この場合に、酪農家がそれを利用して自給飼料給与を増大するのが有利と判断するには、利用料金が、そのための臨界値を下回られねばならない。一方、その水準は、コントラクター組織がサステイナブルに維持できるための水準からすると、かなり低い可能性が高い。そこで、この両者のギャップが、必要な財政支援額として算出される。

低自給率経営が現在の50頭の経産牛を維持して、高自給率経営に転換するには、一頭当たり170−142＝28時間のコントラクター利用が必要になる。しかし、粗飼

料生産拡大により一頭当たり所得は、258,847－216,078＝42,769円増加する。つまり、この転換で最低同じ総所得が維持できればよいとすれば、一頭当たり最高42,769円までをコクトラクター利用料金として払える。これは、一時間当たりに換算すると、42,769÷28＝1,527.5円/時間である。このとき、低自給率経営と、それが現在の50頭の経産牛を維持してコントラクター利用により高自給率経営に転換した場合が無差別になる。つまり、臨界利用料金を1,527.5円/時間として、これより低い出費であれば、低自給率経営が高自給率経営に転換する、つまり飼料生産を拡大するインセンティブが働くことを意味する。

　しかし、問題はコントラクター側である。中央畜産会の同じ調査によると、粗飼料高自給率経営の飼料生産10ａ当たり労働時間は平均6.6時間である。これに基づいて、1,527.5円/時間を10ａ当たりに換算すると、ほぼ1万円/10ａになる。酪農家側の支払い限度額は1万円/10aである。これに対して、最高でも1万円/10aという支払い額はコントラクター組織の維持にとって十分な水準であろうか。実は、これは低すぎる。飼料生産10ａ当たり所得は、作目によってもかなりバラツキがあるが、おおざっぱに平均すると、25,000円/10ａ程度とみてよいであろう。これをコントラクター組織にとっての希望額と考えると、そのギャップは15,000円/10ａになる。ということは、コントラクター組織が持続可能であり、かつ自給飼料生産を拡大するには、10ａ当たり最低で15,000円の補助をコントラクター利用に対して支給する必要があるということになる。

　このように、こんどこそ、飼料自給率向上をスローガンに終わらせないためには、酪農家が経営選択として飼料自給率の向上に乗り出すに十分な補填を準備することが不可欠である。中途半端なレベルでは、せっかくのお金が無駄になってしまう。飼料米についても、飼料米を生産する稲作農家か、それを購入する飼料会社や畜産農家のどちらかへの差額補填、あるいは、稲作農家への補填が不十分な分を、飼料米を購入する飼料会社や畜産農家への補填で補充することで取引が確実に成立する仕組みが長期的制度として確立されないかぎり、これを定着させることは困難であろう。

　また、環境にも牛にも人にも優しい循環型経営の遵守を支払い要件（クロスコンプライアンス）とする施策範囲をもっと広げることも、飼料自給率向上への誘導策となろう。

なお、土地の制約が大きい我が国で、環境にも牛にも人にも優しい草地依存型・地域資源循環型の酪農経営を行うということは、限られた草地で飼養できる乳牛の数の制約から、全体としては日本の牛乳・乳製品の海外依存度を高めることになりかねない。それを打開するためには、放牧的な経営への方向と一頭当たり乳量の底上げとは一見矛盾するようではあるが、両者を両立させる可能性が検討される必要があろう。

　さらには、トウモロコシ等の輸入飼料原料を完全に国産でまかなうことは不可能であることは冷静に受け止めて、輸入トウモロコシ等の安定確保のために、穀物メジャーに頼らない独自の調達力を強化することも必要である。

　トウモロコシや原油や船賃が大きく下がりつつあるのも明るい材料である。しかし、今回のトウモロコシ価格高騰のように、海外に頼っていた飼料価格が急に上がったりすると経営が追い込まれるということが身に染みてわかった。今後、需給が緩和して飼料価格が下がっても、だからといって今回の経験を忘れてしまって、短絡的に「安くなったら、また外国から買えばいい」ということにならないように、今回の教訓を肝に銘じていただきたい。もちろん、飼料を完全に自給することは不可能だが、あともう一歩、少しでもいいから、飼料を自分のところで調達できるよう、自給粗飼料はじめ、残渣などのエコフィード、あるいは飼料米なども含めて、あと何がしかでも輸入飼料を少しでも減らす努力を、この機会に進めていただきたい。

　こうした中、すでに、北海道を中心に、TMRセンターを基軸として自給飼料生産の増加、特に、トウモロコシ作付けの増加がみられ、食品残さの活用も更に拡大する等、国内飼料資源の有効活用に向けた動きが活発化していることは注目される。さらには、北海道のTMRセンターが都府県に飼料を移出する動きも出てきており、都府県の飼料が海外からの輸入ではなく、北海道からの移入で、ある程度まかなわれる構図も一つの方向性として期待されつつある。

第8章

自給飼料依存型経営への転換と飼料政策の課題

小林　信一

1．畜産経営の危機と「飼料問題」

　飼料価格の暴騰によって、畜産経営は危機に立たされている。例えば、2006年当初は t 当たり43,000円程度だった乳牛用配合飼料価格は、2007年7月には65,000円程度と2年で約1.5倍にまで上昇している。さらに、配合飼料のような価格安定基金制度のない輸入粗飼料も高騰しており、生産物の販売価格はコストアップ分をカバーする程には上昇していないため赤字を出し続け、経営を中止したり、後継者が継承を断念したりといったケースが増えている。

　わが国の畜産経営は、安価な輸入飼料に支えられて急速に発展してきたが、この間の輸入飼料価格の高騰は、そうした路線の問題点を浮き彫りにした。表1のように、飼料自給率は、25％の低水準にまで低下して久しい。飼料は、トウモロコシや大麦などの濃厚飼料と、牧草や青刈りとうもろこし（デントコーン）などの粗飼料に大別され、それぞれに国産、輸入がある。濃厚飼料には飼料穀物の他に、搾油用として輸入され、わが国で副産物（大豆の場合は大豆粕）を飼料用に活用する分もある。通常こうした飼料は国産として分類されるが、これを除く純国産濃厚飼料割合（TDNベース）は、わずか10％未満でしかない。

　純国産の濃厚飼料原料には、飼料用小麦・大麦などの他、米糠やふすまなど耕種生産の副産物、あるいはBSE問題で反芻家畜への給与が禁止されている肉骨粉も含まれる。国産濃厚飼料の約6割は糟糠類で、残りは魚粉や骨粉等で占められている。つまり、国産濃厚飼料は米麦の副産物からなっており、飼料穀物として耕地で栽培された割合はほぼ無視しえる程度でしかない。濃厚飼料自給率の低さ

表 1　飼料供給構造の変化

	供給量（単位：TDN千トン）				
	1987年	92年	97年	2001年	07年（概算）
輸入濃厚飼料	17,006	16,816	14,945	13,890	—
輸入原料	3,492	3,324	3,638	3,749	—
輸入濃厚小計	20,498	20,140	18,583	17,639	17,728
輸入粗飼料	655	1,074	1,243	1,278	1,234
輸入小計	21,153	21,214	19,826	18,917	18,962
純国産濃厚飼料	2,241	2,206	2,152	2,037	2,047
国産粗飼料	5,313	5,056	4,518	4,350	4,277
国産小計	7,554	7,262	6,670	6,387	6,324
合計	28,707	28,476	26,496	25,304	25,286

	構成比（％）				
	1987年	92年	97年	2001年	07年
輸入濃厚飼料	59.2	59.1	56.4	54.9	—
輸入原料	12.2	11.7	13.7	14.8	—
輸入濃厚小計	71.4	70.7	70.1	69.7	70.1
輸入粗飼料	2.3	3.8	4.7	5.1	4.9
輸入小計	73.7	74.5	74.8	74.8	75.0
純国産濃厚飼料	7.8	7.7	8.1	8.1	8.1
国産粗飼料	18.5	17.8	17.1	17.2	16.9
国産小計	26.3	25.5	25.2	25.2	25.0
合計	100.0	100.0	100.0	100.0	100.0

資料：食料需給表より作成。

は、基本的には飼料穀物を商業的に生産しえない国内耕種生産の生産性の低さ故であるが、水田における米を含めた飼料穀物生産の可能性を追求してこなかった結果でもある。むしろ、畜産飼料については、国内生産よりも、飼料穀物を安価に輸入する途を戦前も含めて政策的にも選択してきた。これが、戦前における保税工場制度、戦後からは承認工場制度と呼ばれる、国内の澱粉生産に影響を与えないように、飼料向けに限って無税化する制度であった（この点についての詳細は、拙著「流通飼料政策の推進」『戦後日本の食料・農業・農村——高度経済成長期Ⅲ』農林統計協会、2004年参考のこと）。

　こうした施策は、畜産の急速な発展に大きく寄与した。何よりも農地の制限なく、安価な飼料を入手できたため、畜産経営は規模拡大を進めることができ、中小家畜では大規模企業経営も珍しくなくなっている。農地と切り離された畜産にとっての隘路である「糞尿処理」問題は、「家畜排せつ物処理法」の規制でも、ヨーロッパのように農地面積と家畜頭数を関連付けられることなく、堆肥舎での

堆肥化処理によって「解決」している。

輸入飼料穀物に依存することの危険性は、これまでもしばしば指摘されてきた。1970年代の食料危機――石油ショック時にも、アメリカ一国への過度な依存が危険であることは、アメリカの大豆禁輸の現実が知らしめ、輸入元の多角化が模索された。しかし、現実には、ますますアメリカへの依存度が高まることとなった。なぜならば、米国以外にトウモロコシを中心とした飼料穀物の安定的な供給元が見つからなかったからに過ぎない。国内畜産生産の縮小に伴って濃厚飼料の輸入量は減少傾向にあるが、減少したとは言え米生産量の2倍に当たる約1,800万tものトウモロコシ、こうりゃん（ソルガム）、大麦などが、依然として米国を中心に輸入されているのである。

2．増加しない飼料生産

輸入飼料への過度な依存の危険性が指摘される一方、当然飼料自給率向上の必要性が、論じられてきた。しかし、先に見たように、この試みは成果をあげていない。

「食料・農業・農村基本計画」（2000年）では、2010年に飼料作付面積を110万ha（基準年である1997年度に対し13万ha増加）、10a当たり収量を4461kg（同361kg増加）とする旨の生産努力目標が掲げられた。2005年3月の見直しにおいても、2015年の目標値を同じにしている。しかし実際の飼料作物作付面積の推移を見ると、1991年の104.7万haをピークに減り続けており、2007年では89.7万haにまで減少している（図1）。

また収量も、1990年の43.1t（10a当たり4,310kg）をピークに減少傾向にあり、2007年では39.3tまでに低下してしまった（表2）。この数値は目標年次に対し5.3t少なく、基準年からでも約2tの減である。作付面積と単位当たり収量から計算する総生産量（TDN換算、1997年394万t、2007年352万t）では、約140万t足りない。現状では、飼料自給率を10ポイント向上させて、2010年（2015年）に35％にするという目標達成は、極めて難しい。

また、地域別飼料作付面積を見ると、北海道が過去30年間にシェアを55％から65％に伸ばしたが、その北海道も都府県のピーク年から5年後の1995年を境にや

図1 飼料作物作付面積の推移

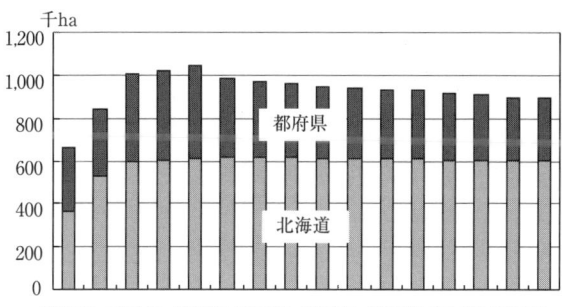

表2 飼料作物の収量の推移

(単位：トン/ha)

	1970年	75年	80年	85年	90年	95年	98年	2003年	07年
全国	36.7	38.4	38.4	41.3	43.1	41.8	40.4	38.0	39.3
北海道	33.5	32.7	33.3	35.6	37.4	36.6	36.4	33.8	34.7
都府県	39.8	48.5	46.0	49.4	51.2	50.8	47.4	46.1	48.4

資料：「作物統計」。

はり減少傾向にある。北海道以外では畜産が盛んな東北と九州がそれぞれ10％以上を占めており、この３地域だけで飼料作面積全体のほぼ９割に達している。この３地域も作付面積は減少しているが、他地域に比べれば減少率がわずかなため、この地域への集中がますます進む傾向にある。

一方、一戸当たりの飼料作物作付面積は増加を続けており、酪農家一戸当たりの面積は、全国平均で1971年の2.0haから2007年には26.0haへと30年間で10倍以上になった（表３）。地域別では北海道一戸当たり55.2ha、都府県6.3haである。水稲農家に比べれば酪農家の農地集積は進んでいると言える。

しかし、急速な頭数規模拡大によって、一頭当たりの飼料作付面積は減少している。それでも、北海道で45.8ａ、都府県でも約10ａを確保している（表４）。結局、近年の飼料作物作付面積の減少は、大家畜飼養農家戸数の減少による飼料作面積の減少に、少数精鋭化した農家の面積拡大が追いつかないためと言える。

さらに、飼料作物作付面積を地目別に見ると、畑地が常に85％程度を占めている。この要因は、飼料面積のほぼ2/3を、専用草地が多い北海道が占めていること、都府県においても相対的に土地基盤に恵まれた旧開拓地など、水田があまりない地域に酪農専業地帯が展開していることも作用している。

表3　1戸当たり飼料作物作付面積の推移（乳用牛）

（単位：ha/戸）

	1971	76年	81年	86年	91	96年	2001年	2007年
全国	2.0	3.9	5.6	7.7	13.2	16.0	19.8	26.0
北海道	8.2	15.5	22.0	26.7	33.8	38.5	45.6	55.2
都府県	0.9	1.3	1.6	2.3	3.7	4.3	5.1	6.3

資料：「畜産統計」。
注：平成3年以降は10頭規模層以上対象。

表4　大家畜1頭当たり飼料作物作付け面積

（単位：a/頭）

	1985年	90年	95年	2000年	2005年	2007年
全国	21.7	22.0	19.9	20.6	20.6	20.4
北海道	57.1	53.9	47.3	47.9	46.2	45.8
都府県	11.5	11.9	10.0	10.0	9.8	9.6

資料：「作物統計」「耕地及び作付面積統計」「畜産統計」「家畜の飼養動向」。

図2　転作飼料作物作付面積の推移

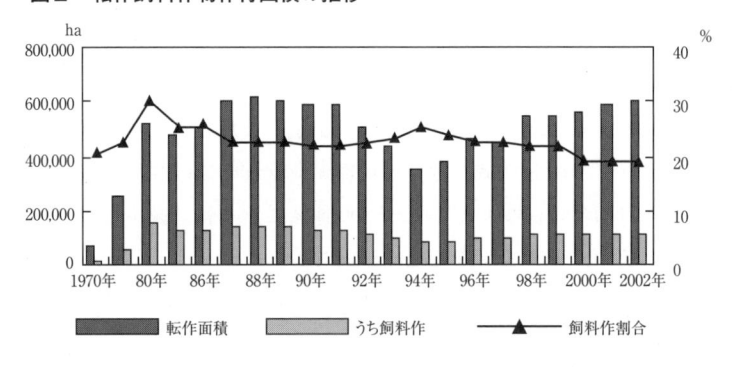

　ただし地域別に見ると、都府県における水田割合はほぼ3割を占め、特に近畿は6割、中四国では4割以上に達しており、極めて重要であると言える。水田における飼料作面積は時期によってかなり大きな変動が見られるが、これは水田における飼料作の大部分を占める飼料転作を規定する水田転作政策の影響によるものと見られる。例えば平成の米騒動と言われた1993年の凶作の翌年に転作が緩められると、飼料転作面積も10万haを大きく割り込んだことにも表れている（**図2**）。さらに近年の傾向として、転作面積に占める飼料作面積割合は低下してきている。つまり水田における飼料作割合は一貫して20％以上を維持してきたが、この数年は2割を切るようになってきた。ただし、依然として野菜とならんで、重要な転作作物ではある。

3. 飼料生産が増加しない要因と反転への道筋

　笛吹けど踊らずといった観のある自給飼料作であるが、その要因をこれまで見てきた飼料作の状況に照らして考えると、結局のところ個別経営にとっては飼料作を行うより、輸入飼料を中心とする飼料を購入した方が、経営的に合理性を持っているということになろう。端的に言えば、粗飼料を含めた購入飼料の方が安価であるということだ。自給飼料生産には、飼料作への機械の投資や、飼料作への労働力の配分を必要とする。また、農地自体が借手市場化していると言われながらも、狭小・分散している農地では、効率的な飼料生産は困難である。こうした飼料作をめぐる環境が、自給飼料生産を抑制していることになるが、さらに単に価格を比較してみてというだけではなく、一種の機会費用の概念からも説明できるだろう。つまり、飼料生産を行うための資本と労働力を、経産牛の飼養部門の拡大に回すことによって、より大きな収益を生み出すことができるからであろう。

　以上のような要因の他に、前述したように農業政策が必ずしも飼料生産を促進するようになっていなかった点も指摘される。農政自体が、水田における稲作中心であり、飼料作、特に飼料穀物生産に本気で取り組んでこなかったことも指摘できる。

　昨今の輸入飼料価格の暴騰は、飼料作を巡る以上のような環境変化の兆しを感じさせるものである。それは、輸入飼料価格と自給飼料生産コストの格差が縮小したということではあるが、むしろこの間の米価の下落と水稲作の担い手の高齢化、耕作放棄地の急速な拡大という農村の疲弊・衰退を背景としたものであろう。

　熊本県菊池郡の自給飼料型TMRセンターと、山形県庄内地方の飼料用米の事例は、飼料生産増加への反転の可能性を示唆させるものと考える。

　熊本県菊池郡農協が全面的にバックアップし、酪農家20戸で設立されたTMRセンター「アドバンス」は、都府県において初めてと言って良い、自給飼料を取り入れたTMRセンターであることが、大きな意義のある点である。こうした自給飼料型TMRセンターは粗飼料生産が盛んな北海道では存在したが、都府県の従来のTMRセンターは粕類など地域の未利用・低利用資源を活用していたが、

粗飼料はもっぱら輸入粗飼料を利用してきた。このため、TMRセンターの設立とともに、酪農家が自給飼料生産をやめてしまう、あるいは捨て作り——糞捨て場となってしまうケースも見られた。アドバンスの場合は、加入酪農家の自給飼料であるデントコーンの収穫・調製作業は、コントラクターに委託し、一括してTMRセンターで利用する形態である。つまり、個別酪農家にとって、飼料作の隘路であった飼料作機械への投資と作業労働は、コントラクターに外部化することによって解決され、また加入酪農家の全ての飼料作付地を一括して管理することが可能となったことから、飼料栽培の合理化・効率化が可能となった。ここでは実際に地理情報システム（GIS）を活用した作業の効率化が行われており、このことは将来において地域の農地を一体として管理することも不可能でないことを示唆するものである。

　飼料作のための農地の集積は徐々に進んではいるが、集落営農による米・麦・大豆作が行われているため、分散した状況を解決できないでいる。この点は、水田経営所得安定対策が飼料作物を排除していることも一因となっている。将来の担い手の高齢化等を考えた場合、農地の一体的な管理を進めるためには飼料作を含めた輪作体系が可能な政策への転換が望まれる所以である。

　また、山形県庄内地方において行われている飼料用米の生産は、本格的な飼料穀物の生産という点で、熊本県の例と同様に画期的な事例である。水田における飼料作は、わが国の畜産が土地利用型畜産に移行できるか否かの鍵を握っていると考える。それは、水田が農地470万haの6割を占めるということ以上に、農地利用の観点からも、農政からも依然としてわが国農業の中心を占めているからに他ならない。わが国の畜産が真に土地利用型畜産として展開するには、水田において飼料用穀物を含めた飼料作が本作化されることが必要と考える。また、現実的にも今後飼料作を伸ばしていくには、土地との結びつきが相対的に弱い都府県における飼料作の展開が必要であり、その都府県は農地の過半を水田が占める。

4．水田における飼料作の本作化の可能性

　飼料増産政策の中で、注目され期待されているのが稲発酵粗飼料（ホールクロップサイレージ用稲）であり、飼料用米である。前者は1999年ではわずか73ha

にすぎなかったが、2000年には502ha、01年2,378ha、02年3,593ha、03年5,214ha、そして07年には6,339haと急激に増加している（図3）。稲発酵粗飼料は飼料増産計画の中では、飼料作物の生産が困難な湿田を対象とする程度であったが、米政策改革では、水田利用の中で重要な地位を占めるようになった。稲発酵粗飼料が水田転作の中に位置付けられたのは、実は20年も前の「水田利用再編対策第三期対策」（1984～86年）からである。このなかで、いわゆる捨て作りになっていた飼料用青刈り稲を特定作物から一般作物扱いする一方で、ホールクロップサイレージ用稲を糊熟期又は黄熟期に限り特定作物に加えた。こうした扱いにも関わらず、その後稲発酵粗飼料は定着したとは言いがたい状況で、麦・大豆などと同様に、転作政策の変化に合わせて増減してきたと言える。2003年は不作のために米価が急上昇したが、翌年の2004年は稲発酵粗飼料の作付面積は減少してしまった。また、再度の米価下落を受けて、増加すると期待されている2005年度も、転作奨励金の交付金化によって軒並み飼料転作に対する奨励金単価が低下したため、大きな増加にはならなかった。その後の措置によって、再び増加傾向になっているが、2009年度の目標である8,000haに到達できるかは微妙な状況にある。

また、飼料用米は2005年度の45haから2007年には286haに増加し、今後も増加する見通しである。最大の問題は、主食用と飼料用の価格差と言える。飼料米に早くから取り組んだ千葉県旭市のサンライズプランでは、生活クラブ生協、農協、生産者グループ、市がそれぞれ負担しあって、支える仕組みがあった。山形でも、生活クラブ生協の豚肉を一手に引き受ける平田農場がt当たり46,000円で購入し、

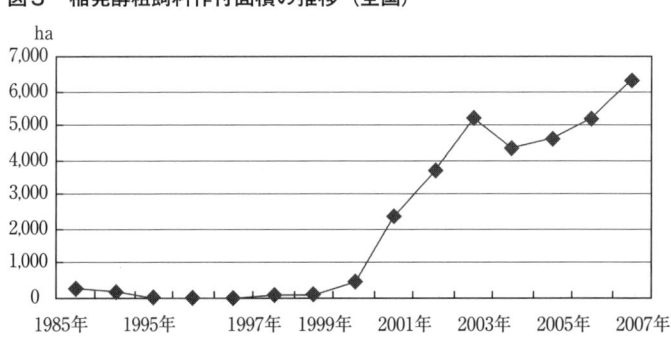

図3　稲発酵粗飼料作付面積の推移（全国）

産地作り交付金50,500円の助成金と合わせて耕種農家の所得（反収700kgを前提とすると買入価格32,200円/反で、生産者手取り82,700円、ただし、2007年度の反収は530kgであったので、買価格は24,380円/反で手取りは74,880円）を支えている。近年のトウモロコシ価格上昇で、平田農場にとって46,000円はむしろ割安の飼料となってきており、飼料米買い入れ価格の値上げも検討中という。

埼玉県妻沼町のように過去10年以上も飼料イネによる生産と利用が継続されてきた地域は、稲作の位置付けの相対的な低さ（野菜などのクリーニングクロップとしての位置付け）や酪農家集団の存在、あるいは支援組織の充実と言ったいわば「個別な事情」が背景にあった。飼料イネや飼料用米は食料安保を念頭に置けば、水田機能を保全し、その最大限の発揮を行える方式という評価もできる。

近年起こっている米価の急激な低下と飼料価格の高騰によって、飼料用米も含めた、稲の飼料的利用の経営的な合理性が成立する可能性がわずかではあるが見えてきた。つまり、妻沼町のような「個別の事情」が全国的に一般化しえるまで、稲作の相対的有利性が無くなったと言えないまでも、減退しつつあることは間違いない。米価の下落によって、米が特別な作物ではない、数ある作物の中の１つになった時に、個別経営の経営判断に基づいた作付け選択が行われるだろう。

その際に問題となるのは、米価の急激な低下によって水田における耕作放棄が急増することである。中山間地域の畑地などを含む耕作放棄の増加を抑制するには、食料安保の理念に基づいた「未来に残すべき農地」の確定と、その善良な管理に対する直接支払いが有効だろう。善良な管理には、有機肥料の施用などを条件とするならば、その面での耕畜連携の推進も可能となろう。一種のクロスコンプライアンスであり、そこに政策資源の多くをつぎ込むような大胆な政策転換が望まれる。

5．経営所得安定対策と畜産

経営所得安定対策は、政策対象者を限定（認定農業者、集落営農）することで、構造改革（規模拡大）を推し進めるという意図がある。ただし畜産では酪農、肉用牛繁殖経営はすべての生産者、肉用牛肥育経営は認定農業者を対象とすることになり、結果としてほぼ従来の生産者が、加工原料乳の生産者交付金や子牛基金、

マル緊制度の対象とされ、大きな変化はなかった。しかし、土地利用型畜産を推し進めるという観点からの政策にはなっていない。あるいは、水田における畜産的土地利用を後退させる可能性もある。

旧品目横断的経営対策や水田畑作経営安定対策では米麦・大豆を対象とし、飼料作物が除外された。飼料作物は換金作物ではないという理由で、畜産物を対象にした助成による間接的な支援とされ、飼料作物生産を増加させる施策は含まれていない。

面的な農地保全政策ではなく、特定の担い手に絞った対策のために、虫食い的な農地管理や耕作放棄への歯止めが利かないという面も指摘される。集落営農などでも、麦、大豆を作付けすれば、固定払（緑ゲタ）や成績払（黄ゲタ）が上乗せされるが、飼料作物ではそれがない。したがって、飼料作物を作付けするインセンティブが働かない。品目横断的経営対策は、その名称にもかかわらず、品目別経営対策であった。実態通りに名称が、都府県では「水田経営所得安定対策」と改定された。しかし、むしろ実を名に合わせて変更すべきだった。

6．農地保全を核とした直接支払い政策の展開の必要性

飼料増産推進計画では、努力目標を達成するための方策として、土地利用の集積と団地化の促進、耕畜連携の推進、中山間地域における飼料基盤強化、日本型放牧の促進、飼料生産の組織化・外部化推進などをあげている。しかし、こうした施策が必ずしも明確な効果をあげているとは言えない。その一因として、様々な施策が必ずしも飼料増産や土地利用型畜産を後押しするように働いていないことが指摘される。

例えば中山間地域直接支払制度は、従来の農政の流れを変えるものとして注目され、北海道の草地酪農地帯も支払対象とされるなど、中山間地域の畜産的土地利用促進のみならず飼料生産基盤の強化に資するものとして期待されている。しかし、水田と畑、放牧地との助成金単価の大幅な格差が、排水不良田を改良し放牧地として活用する途を閉ざし、放牧利用を一過的なものに押しとどめている。直接支払が平場農村との個別経営における経営ハンディ部分の補填と、集落単位での地域活性化という二兎を追う構造になっていることと併せて、中山間地域直

接支払制度の大きな弱点となっていると考える。

　経営所得安定対策の中の、「農地・水・環境保全対策」は平場を含めた直接支払い・環境支払いであり画期的ではあるが、金額的に中途半端でインセンティブにはならない。

　飼料作物の作付面積の減少は、きわめて単純化してしまえば、作付け作物の収益性をめぐる農地利用の選択の結果であり、これまでの米価政策によって米作が相対的に有利であったからに他ならない。食管制廃止以降の輸入自由化などの規制緩和による米価の急激な下落によって、耕作放棄の急増という危うさを内包したものではあるが、水田においても飼料作の経済的合理性が生じる可能性が出てきた。中山間地域を中心とした耕作放棄地増加の恐れは、畜産農家を農地の管理主体として期待する機運を生んでいる。農地は借り手市場に変化しており、基盤整備などの生産条件次第では飼料作の急増が現実化するものと思われる。

　畜産の飼料自給問題は、実は水田における米作の問題である。そのことを踏まえるならば、米に偏倚した価格政策をはじめとした農業支持政策を、個別作物の価格支持ではなく農地の保全を担保にした支持支払いに見直していくことが必要だろう。

　担い手も作付け作物も国が規定せずに地域に任せるべきである。水田、畑、放牧地の区別なく、必要な農地の保全を担保した上で、農地での作物選択は個別経営あるいは集団の経営判断に委ねることが可能となる。肝心なのは、優良な農地を面として維持することである。

第9章

食料自給率向上への日本的な道筋＝飼料用米を軸とした畜産物自給率向上の意義
―ドイツとの対比を通して―

谷口　信和

1．2008年世界「食料危機」が日本国民に突きつけたもの

　2008年に世界中を震撼させた「食料危機」はその最終的な評価や位置づけに関して見解の一致がみられているわけではない[1]。にもかかわらず、このもとで先進国に属する日本の食料自給率の異常な低さが改めて浮き彫りにされ、多くの国民に少なからぬ不安感を与えたことは疑いのない事実であろう。

　そこでは国際価格が暴騰した小麦や大豆関連の食料品の値上げが国民生活を直撃する一方で、インディカ米を中心とした米価の国際価格が暴騰したのとは対照的に、ジャポニカ米たるわが国の米価は何ら高騰することはなく、小麦粉関連食品のコメ・コメ粉関連食品による代替が進み、国民1人・1年当たり米消費量が2年連続して反転上昇する契機となったことが特筆されるといってよい[2]。

　また、トウモロコシ等の飼料穀物価格や原油価格等の物財費の高騰にもかかわらず、最終生産物への価格転嫁が対応的には進まず、畜産・酪農経営の危機が深刻化したことも看過されてはならないであろう。そこでは相対的に高い品目別自給率を有し、構造改革が進んでいる畜産・酪農が脆弱な飼料自給基盤しか有していない現実の問題性を突きつけられたのである。

　いずれにしても「飽食」を謳歌してきたわが国の食生活が薄氷の上の存在でしかないことが白日のもとに曝され、食料・農業問題が多くの国民の関心事となった。こうして、「食料危機」のもとで、第1に、食用米がこれまでの「厄介者」の存在から、日本人の基軸的な供給熱量源として見直される局面に移行しつつあることが見通される。そして、第2に、一方では食用米生産の過剰を背景として、

他方では「食料危機」による輸入トウモロコシ価格の高騰を契機として、脆弱な日本の飼料穀物自給基盤の見直しが求められる中で、飼料用米が注目され、初めて本格的な政策的支援に道が開かれることになった。

2007年12月に決定された「地域水田農業活性化対策」は「非主食用米の低コスト生産技術の確立」の名のもとに、地域協議会との3年契約を前提に飼料用米の2008年産試験圃場に対して、5万円/10ａの緊急一時金の交付を決定した。飼料用米への助成は飼料穀物としてのコメが政府の政策支援の直接的な対象となるという点では初めてのことであり、わが国のコメ政策史上における画期となるできごとだといってよい。この対策は2009年度予算における「水田等有効活用促進対策」に引き継がれ、単価が単年度で5万円/10ａに引き上げられるとともに、3年間の助成が予定されるなど、定着に向けた一歩を踏み出しつつある。

以上に述べたように、一方における食用米の意義の復権と、他方における飼料用米の意義の認知は、その交点にわが国における水田農業とコメ生産の意義の再確認を迫っている。表1はこのことを明らかにするために、1973年の食料危機を前後して穀物消費と穀作農業のあり方が大きく転換したドイツと2008年の食料危機下の日本を対比したものである。

これによれば第1に、1973年の食料危機を前後して、ドイツは穀物の1人・1年当たり消費量が20世紀初頭のピークからの継続的な減少局面を脱して、反転増加する新たな局面に入ったことが明らかである。

第2に、そのことを重要な背景としつつ、穀物の自給率は急速に高まり、ドイツ統一の影響もあって、1990年代以降は100％を超える水準にまで到達している（EC共通農業政策による穀物価格の高位水準の維持と穀作地帯としての東部ドイツ編入の影響がそれである）。

第3に、こうした穀物自給率の急上昇は主要穀物たる小麦の単収の急激な増加をバネとした増産によってもたらされているが、それは他方で第4に、パン穀物たる小麦の飼料穀物化によって牽引されていることが明らかである。今日では小麦の2分の1は飼料向けとなっているからである。

そして、第5に、以上のような穀物自給率の急上昇を要因として供給熱量総合食料自給率の向上が生み出されていることが明らかであろう。

こうしてみると、2008年の食料危機下で1人・1年当たりコメ消費の増加局面

表1 食料問題におけるドイツの小麦と日本のコメの地位

項目		年度	1963	1973	1983	1993	2003	2006	2007
1人1年当たり穀物消費量 kg	日本（コメ）		117.3	90.8	75.7	69.1	61.9	61.0	61.4
	ドイツ（穀物）		75.2	68.0	74.0	73.4	96.1	89.9	―
穀物自給率 %	日本		63	40	32	29	27	27	28
	ドイツ		71	78	88	111	106	102	―
供給熱量総合食料自給率 %	日本		72	55	52	46	40	39	40
	ドイツ		75	72	79	92	84	―	―
主要穀物飼料仕向率 %	日本（コメ）		0.2	3.9	4.6	0.1	0.4	5.0	6.5
	ドイツ（小麦）		29.1	47.0	48.3	48.0	46.1	53.0	―
主要穀物単収 kg/10a	日本（水稲）		400	470	459	504	469	507	522
	ドイツ（小麦）		339	435	521	658	817	720	808

出所：農水省「食料需給表」「作物統計」及び Statistisches Jahrbuch über Ernährung. Landwirtschaft u. Forsten により作成。

注：1）ドイツの1人当たり穀物消費、主要穀物の飼料仕向率と単収の1983年までの数字は旧西ドイツのものである。その他は統一ドイツの数字である。
2）1993年度の日本の水稲単収は冷害年だったことを考慮して、1992年度をとった。
3）2003年度のドイツの穀物単収は旱魃年だったことを考慮して、2004年度をとった。
4）1993年度のドイツの穀物消費量の低位性にはドイツ統一による東部ドイツの影響があると判断される。すなわち、穀物に比べてバレイショの消費量が多い東部ドイツの事情が反映されているからである。

に転換しつつある今日の日本は、約35年の時期差をもって、ちょうど1973年頃のドイツの姿に重なりあってくるといってよい。すなわち、35年の時期差を1人・1年当たり穀物消費量のピーク到達の差（日本はドイツのそれに約20〜35年程度遅れた）にほぼ該当するものとみれば、1973年の「穀物危機」下で食用・飼料用の両者について基軸穀物たる小麦で増産に転換したドイツの経験が現在の日本で生きてくる可能性があるということになる。したがって、日本でもまた、飼料用米への着目という形で飼料穀物の増産が重要な意義を有する段階、すなわち、食用米と飼料用米の両者におけるコメの意義の再確認が必要な段階に到達したというべきであろう。それなくして、穀物自給率の向上から供給熱量総合食料自給率の向上への連鎖を生み出すことはできないからである。

2．食料自給率向上に占める畜産物の意義

さて、2007年度の「食料需給表」によると、同年度の国民1人・1日当たり供給熱量2,551kcalのうち、畜産物は399kcalでコメの597kcalに次ぐ第2の地位を占

め、全体の15.6％に達している。畜産物自体の自給率は67％[3]と決して低い品目に属しているわけではなく、国産畜産物の供給熱量は268kcalに達している。しかし、この「品目別の自給率」に飼料自給率25％を乗じて得られる供給熱量ベースでの自給率は17％にまで低下し、その供給熱量はわずか67kcalでしかない。

つまり、輸入飼料に依存するものと計算される国産畜産物の供給熱量は201kcalであり、これが供給熱量ベースでの総合食料自給率を7.8％（201kcal/2,551kcal）低下させていることになる。逆にいえば、飼料自給率を75％引き上げ、100％にすると、供給熱量ベースでの自給率が7.8％あがるというわけである。そこに、飼料自給率の向上を通じた畜産物の実質的な自給率向上が総合食料自給率向上に果たす意義があるといえる。とはいえ、飼料が完全自給されても今の生産構造を前提にすれば、供給熱量総合食料自給率は7.8％しかあがらず、これだけでは自給率50％の達成は困難だということもできる。

だが、このような自給飼料増産を通じた畜産・酪農の支援方向は同時に国内畜産物の自給率向上をともなうことが求められるはずであるから、畜産物自体の自給率向上と飼料自給率の向上が相乗的に作用して、食料自給率向上に貢献すると考えるべきであろう。表2は2007年度の実績をベースにして、畜産物自給率が2007年度水準（67％）の場合と80％の場合[4]に分けて、飼料自給率が50〜100％に引き上げられた場合の供給熱量総合食料自給率の上昇の可能性を試算したものである。みられる通り、畜産を通じた総合食料自給率10％の上昇は飼料の完全自給化と畜産物自給率の13％引上げ（80％水準の達成）によって初めて実現される難問である。とはいえ、食料自給率50％超の実現はひとり畜産だけに課せられた課題ではないことを考えれば、この試算が示唆するところは少なくないといえるのではないか。例えば、先に指摘した食用米の1人当たり消費量の反転上昇という見通しはこの点に関わってくるからである。したがって、供給熱量ベースでの自給率を上げるためには飼料自給率の向上は避けて通ることのできない課題である[5]。

ところで、食料消費における畜産物の意義は熱量供給に止まるのではなく、動物性蛋白質供給においてこそ大きいというべきである。この点からみた畜産物自給率向上の意義を検討しておこう。

表3に国民1人・1日当たりの供給蛋白質の転換の状況を示した。これによれ

第9章　食料自給率向上への日本的な道筋＝飼料用米を軸とした畜産物自給率向上の意義　　103

表2　飼料自給率向上の食料総合自給率向上への寄与（試算）

畜産物・飼料自給率の各種想定		現在の畜産物自給率（67％）		畜産物自給率引き上げ（80％）	
		供給熱量	食料自給率向上	供給熱量	食料自給率向上
2007年度実績	畜産物供給熱量合計	399kcal	―	399kcal	―
	畜産物自給率	67％	―	80％	―
	国産畜産物供給熱量（輸入飼料含む）	267kcal	―	319kcal	―
	国産畜産物供給熱量（飼料自給率25％考慮）	67kcal	0	80kcal	＋0.5％
飼料自給率	50％	134kcal	＋2.6％	160kcal	＋3.6％
	75％	200kcal	＋5.2％	239kcal	＋6.7％
	100％	267kcal	＋7.8％	319kcal	＋9.9％

出所：2007年度の数字を「食料需給表」に基づいて算出し、その他の数字を試算した。
注：2007年度の実績をベースにして、畜産物の自給率が同じままで、飼料の自給率だけが50〜100％に上昇した場合、畜産物の自給率が80％に上昇し、飼料の自給率も上昇した場合について、供給熱量総合食料自給率がどれだけ上昇するかを試算した。

表3　国民1人・1日当たり供給蛋白質の転換

		年度	計	植物性	動物性	内訳	
						水産物	畜産物
実数	g	1965	75.0	49.1	25.9	15.5	10.4
		2007	82.3	37.5	44.8	16.7	28.1
割合	％	1965	100	65.5	34.5	20.7	13.9
		2007	100	45.6	54.4	20.3	34.1

出所：「食料需給表」による。

ば、1965年度から2007年度までの間に二つの転換が起きていることがわかる。すなわち、第1に、供給蛋白質の中心が1965年度の植物性65.5％から2007年度の動物性54.4％に転換した。転換点は1985年度であった。第2に、動物性蛋白質（100％）の中心が1965年度の水産物59.8％から、2007年度の畜産物62.6％に転換した。転換点は1976年度であった。換言すれば、蛋白質供給においては畜産物の飛躍的な増加（1965年度10.4ｇから2007年度28.1ｇへ）によって、動物性へのシフトと畜産物の比重増大が実現されたわけである。そして、供給蛋白質における畜産物の34.1％にも達する比重は、供給熱量ベースでみた畜産物の比重15.6％を大きく凌いでおり、畜産物の自給率問題が供給熱量ベースよりも蛋白質ベースでより大きな意義を有していることが指摘できるであろう。以上のように、飼料自給率向上を通じた畜産物自給率の向上は総合食料自給率向上にとって、極めて大きな意義を有するといってよいであろう。

3．日本の食料安全保障上のアキレス腱—飼料自給率問題—

（1）先進国では穀物の主要用途は飼料へと傾斜している

　そこで、飼料自給率向上問題を飼料穀物に焦点を当てながら検討することにしよう。このことの意義を明らかにするために先ず表4を掲げた。これは世界および三大穀物を主穀としている（いた）ドイツ（麦類）・アメリカ（トウモロコシ）・日本（コメ）をとって、各種穀物の国内供給仕向量に占める飼料用の割合を示したものである。

　これによれば、第1に、世界全体では全穀物の35.6％が飼料用に向けられているに過ぎず、穀物は今日でも大部分が食用を中心としていることが分かる。実際、第2に、コメではわずか1.8％しか飼料となっておらず、キビ9.7％も同様に低い。また、パン穀物の雄である小麦も15.9％に止まり、ライ麦も46.6％でしかない。しかし、第3に、ヨーロッパ等では中世においてすでに飼料用を中心としていた大麦やエン麦といった麦類[6]とともにトウモロコシもまたすでに3分の2ないしそれ以上が飼料用となっている。

　ところが先進国をとると、こうした状況に大きな変化が看取される。そこでは、第1に、ドイツやアメリカでは穀物全体の飼料仕向率は60％を超え、穀物の主たる用途が飼料用に転換している実態が浮かび上がってくる。さらに、第2に、麦類を主穀とするドイツでは大麦やエン麦が世界平均より若干高い飼料仕向率を示しているのはもちろんだが、本来はパン穀物であったライ麦が58.2％にまで飼料仕向率を高めているだけでなく、小麦もまた52.4％までが飼料向けとなっており、パン穀物の飼料化が顕著に進んでいることが明らかである。

　これに対して、第3に、トウモロコシが主穀であったアメリカでは、トウモロコシの飼料仕向率が69.5％に達している反面、麦類の飼料仕向率は意外に低く、小麦19.8％、ライ麦28.5％、大麦33.1％などとなっている。すなわち気象条件がトウモロコシの作付けに向いているアメリカでは飼料穀物の主力を麦類ではなく主穀たるトウモロコシが担い、麦類はパン穀物（小麦・ライ麦）やビール用（大麦）といった用途を中心としていることが分かる。

　ところが、第4に、日本ではもっぱら輸入に依存するトウモロコシの飼料仕向

第9章　食料自給率向上への日本的な道筋＝飼料用米を軸とした畜産物自給率向上の意義　105

表4　穀物の飼料向け割合（2003年：%）

穀物の種類	世界	ドイツ	アメリカ	日本
穀物計	35.6	61.2	61.9	46.8
小麦	15.9	52.4	19.8	6.7
コメ（精米）	1.8	0.1	0.0	1.6
大麦	68.1	69.0	33.1	60.1
トウモロコシ	63.6	63.4	69.5	76.3
ライ麦	46.6	58.2	28.5	99.6
エン麦	72.8	75.4	65.1	63.5
キビ	9.7	51.4	94.6	34.4
ソルゴー	45.5	100.0	79.5	100.0
その他	61.0	93.3	71.5	1.0

出所：FAOSTATにより算出した。
注：穀物計にはビール用を含まない。網掛けは主穀を示す。

率は76.3%とアメリカよりもはるかに高く、大麦（飼料用＋醸造用）も同様である。反対に食用としての輸入に純化している小麦の飼料仕向率は世界平均よりもかなり低い6.7%に止まるだけでなく、コメに至っては飼料用が1.6%とほとんど意味をもたない水準に止まっていることが明らかである。

　すなわち先進国は自らの風土的な条件に見合った飼料穀物の自給基盤を確保しているのであり、ドイツの場合にはパン穀物であったライ麦・小麦の顕著な飼料穀物化が20世紀後半の特徴であったとすれば、アメリカではトウモロコシの一層の作付け拡大と飼料穀物化が穀物輸出において基軸的な地位を占めた背景にあるということができるのである。こうした事実を素直に認めれば、アジア・モンスーン地帯に位置する日本における最も基幹となるべき飼料穀物はコメ、つまり飼料用米をおいて他にはないといわざるを得ないであろう。

　このことは単に従来の中小家畜である鶏や豚だけでなく、草食大家畜である牛もまた穀物などの濃厚飼料による給餌の割合を大幅に高めてきているという現実に対応したものでもある。そこに、稲発酵粗飼料よりは飼料用米にこそ重点をおいて、普及を進めるべきだという根拠が存在しているのである。

　なお、ここで念のために飼料用米と稲WCSの違いを簡単に整理しておきたい。飼料用米はあくまで穀物であり、乾燥子実を利用するものである。したがって、飼料用米は濃厚飼料として牛・豚・鶏のいずれにも適用可能なものであり、保存性や輸送能性が極めて高く、生産と利用が広域で結びつく条件を有している。また、飼料用米の収穫・乾燥・調製・保管は食用米と同様の機械や施設が利用可能であることから、稲作経営に追加的な費用負担を強いることが少ないという特徴

を有している。

　これに対してWCSは稲発酵粗飼料という名称が示すように、飼料作物・粗飼料の一種であり、サイレージ利用が基本となる。ここから、給与対象が牛に限定されるとともに、貯蔵期間が数カ月だという制約があり、生産地と消費地の距離的近接が不可欠の条件となっている。また、収穫・ラッピングには専用の機械が必要なため、稲作経営はこれらの機械を装備することはできず、畜産経営側での機械装備が求められるといってよい。そこから、収穫・調製過程の労働をどのように耕種・畜産経営の分業関係のもとで組織するかという特有の問題が発生することになる。

　飼料用米とWCSのどちらかに優位性があると判断することは妥当ではない。しかし、わが国では濃厚飼料＝飼料穀物の自給率が極端に低いという現実を直視するならば、飼料用米の汎用性を考慮して、これを広範囲での奨励対象にするとともに、大家畜産地帯ではWCSを奨励するといった地域的な条件を考慮した対応をすることが求められるのではないか。

（2）飼料需給の基本構造と濃厚飼料の地位

　ここで改めて、飼料需給の基本的な構造を検討し、日本農業における飼料穀物・飼料用米の意義を明らかにすることにしたい。

　表5によれば、ドイツでは穀物単位GE換算ではあるが、飼料需要量の59.1％を濃厚飼料が占めるものの、粗飼料が40.9％にも達しているのに対し、日本ではTDN換算ではあるが、前者が78.9％、後者が21.1％となっていて、圧倒的に濃厚飼料に傾斜した加工型畜産が支配的なことが窺える（本来ならば畜産・酪農の全体的な飼養構造の分析が必要だがここでは割愛せざるを得ない）。

　次に、飼料を濃厚飼料と粗飼料に区分し、さらに濃厚飼料については原料にまで遡及して自給率の水準を検討してみよう。そうすると、第1に、ドイツでは粗飼料の比重が高い上に、自給率が100％であるのに対し、日本は粗飼料の比重は低いものの、自給率は75.6％とドイツより若干低い水準に達しており、かなり健闘している姿が浮かび上がってくる。

　これとは対照的に、第2に、濃厚飼料も含めた純国内産飼料の自給率レベルではドイツの89.4％に対して、日本はわずか23.4％に止まり、彼我の間にかなり大

表5　日本とドイツの飼料需給状況（2003年度）

区分		日本 TDN換算	ドイツ 穀物単位
構成割合　％	総需要量＝供給量	100	100
	濃厚飼料	78.9	59.1
	粗飼料	21.1	40.9
飼料自給率　％	国産飼料	39.8	―
	国産濃厚飼料	30.1	―
	国産粗飼料	75.6	100
	純国内産飼料	23.4	89.4
	純国内産濃厚飼料	9.4	81.3
	純国内産粗飼料	75.6	100

出所：「食料需給表」平成18年度；Statistisches Jahrbuch über Ernährung, Landwirtschaft u. Forsten der BRD 2008, により筆者算出。

注：1）日本の純国内産濃厚飼料は国内産原料に由来する濃厚飼料であり、輸入食料原料から発生した副産物を除いたものである。また、純国内産飼料は純国内産濃厚飼料と国産粗飼料を合わせたものである。ドイツの場合は日本のような純国内産濃厚飼料という統計的指標は与えられていないが、全体として穀物自給率が118％（2000～06年の平均）であることから、国内産原料に由来する濃厚飼料が純国内産濃厚飼料に近いものとみてよいと考えた。

2）飼料は日本がTDN、ドイツが穀物単位GE換算値を基にして計算されたものをベースにしている。

きな落差が存在することが明らかとなる。その原因はいうまでもなく、第3に、純国内産濃厚飼料自給率の極端な落差であり、ドイツの81.3％に対する日本の9.4％である。

これらの基礎的な事実から窺えることは日本における飼料自給率向上にとっては、国産原料に基づく濃厚飼料自給率の飛躍的向上が不可欠の課題であるということであろう。

そこで、表6に基づいて、濃厚飼料の構成を詳しく検討してみたい。資料の制約から厳密な比較はできないのだが、日本では供給される濃厚飼料の59.0％を穀物が占め、ふすま、糠、大豆油かすなどの植物性起源濃厚飼料が36.1％に達している。

前者の内訳をみると、第1に、トウモロコシ単独で78.2％にも達するという極端な品目的集中性（こうりゃん9.0％、大麦8.0％の3品目で95.2％）、第2に、トウモロコシの92.8％、こうりゃんの73.3％、大麦の33.8％がアメリカからの輸入に依存するという特定国輸入依存性が指摘できる。

表6 濃厚飼料の国内供給構成

区分	日本 2003 年度			ドイツ 2003 年度		
	重量 1000t	割合 A %	割合 B %	1000t 穀物単位	割合 A %	割合 B %
濃厚飼料計	27,483	100		34,841	100	
動物性濃厚飼料	404	1.5	—	617	1.8	—
植物性濃厚飼料	9,909	36.1	—	11,844	34.0	—
その他	951	3.5				
穀物	16,219	59.0	100	22,395	64.3	100
小麦	76	0.3	0.5	7,716	22.1	34.5
ライ麦	—	—	—	1,255	3.6	5.6
大麦	1,295	4.7	8.0	7,002	20.1	31.3
エン麦				865	2.5	3.9
トウモロコシ	12,681	46.1	78.2	3,129	9.0	14.0
こうりゃん	1,460	5.3	9.0			
その他の穀物	707	2.6	4.4	2,428	7.0	10.8

出所：表5および、「流通飼料便覧2004」農林統計協会、により一部筆者算出。
注：1）日本については単に重量を合計して、それぞれの割合を算出したものだから、厳密ではなく、一つの目安である。
　　2）動物性濃厚飼料は魚かす、魚粉、全乳、脱脂粉乳など、動物性起源のもの。植物性濃厚飼料はふすま、ぬか、ビートパルプ、油かす、醸造粕など植物性起源のもの。

　後者には大量に輸入される食用（製粉用）小麦や製油用大豆の副産物が対応しており、ここでも生産は国内だが原料は外国という自給基盤の脆弱性が指摘できる。

　これに対してドイツの場合は、第1に、穀物の割合が64.3％と日本より5.3％高く、穀物への依存が強いこと、第2に、穀物の内訳では小麦と大麦が3分の1ずつを占め、残りの3分の1をトウモロコシ・ライ麦・エン麦・その他の穀物（中心はライ麦・小麦のハイブリッド＝ライ小麦＝トリチケイリ Triticale）が占める多様な構成を取っていること、第3に、すぐ後にみるように、これらの穀物はどれも自給率が著しく高く、ほとんどを国産に依存していることが明らかである。換言すれば、濃厚飼料源として国産穀物が重視されるとともに、多様な穀物の活用が図られているのである。

　そこで、これらの濃厚飼料の自給率の検討を通じて改めて国内生産への対応を、表7で確認しておこう。これによれば、日本の場合は、植物性濃厚飼料の国内生産割合は81.0％とドイツの46.9％よりもかなり高く、生産自体はかなり国内で行っている実態が反映されている。しかし、その原料は上述のように食用小麦（製粉用）のふすまや、製油用大豆の油かすであって、ほとんどを輸入に依存してい

表7　濃厚飼料の国内生産量と自給率（％）

区分	日本2003年度		ドイツ2003年度	
	重量 1000t	割合 ％	1000t 穀物単位	割合 ％
濃厚飼料計	9,297	33.8	27,093	77.8
動物性濃厚飼料	225	68.2	539	87.4
植物性濃厚飼料	8,023	81.0	5,548	46.9
その他	649	68.2	−	−
穀物	400	2.5	21,006	93.8
小麦	26	34.2	7,152	92.7
ライ麦	0	0	1,235	98.4
大麦	64	4.9	6,421	91.7
エン麦	0	0	815	94.2
トウモロコシ	0	0	2,977	95.1
こうりゃん	0	0	−	−
その他の穀物	310	43.8	2,406	99.1

出所：表6に同じ。
注：ここでの濃厚飼料の国内生産には国産原料によるもののほか、輸入原料に基づく国内生産も含まれている。

ることになる。また、飼料穀物の自給率は2.5％でしかなく、惨憺たる自給率水準が示されている。

　これとは対照的にドイツの場合は、植物性濃厚飼料の自給率は46.9％でしかなく、むしろ輸入の方が多い。しかし、穀物については以下のような顕著な特徴を指摘することができる。

　第1に、全体で93.8％が国産であり、著しく高い自給率を確保している。第2に、多様な品種が作付けされているだけでなく、どれも自給率が90％を超える水準に達しており、国内生産を可能な限り追求する方向が取られている。第3に、その他の穀物のほとんどがライ小麦＝トリチケイリ Triticaleであることを考慮すると、飼料穀物の量的な序列は小麦→大麦→ライ小麦＋ライ麦→トウモロコシ→エン麦となっており、伝統的な穀物の飼料化序列を踏まえつつも、小麦の地位の飛躍的上昇とトウモロコシの進出という新しい傾向が看取される。一言でいえば、国内における飼料穀物生産のあらゆる今日的な可能性が追求されているということであろう。

（3）穀物の消費構造と国内生産の性格

　それでは国内における穀物消費構造のうちで飼料穀物はどのような地位を占めているのだろうか。この点をみるために表8を用意した。これによれば以下の諸

点が指摘できる。

　第1に、1961年には日本の穀物消費に占める飼料仕向割合はドイツの53.9％に比べ、18.2％と著しく低かったが（格差35.7％）、2003年には44.4％にまで飛躍的に上昇して、格差は14.7％にまで縮小した。日本もまた穀物の用途における飼料用の意義増大という点ではドイツなどへの接近がみられたといえる。

　しかしながら、第2に、粗粒穀物の飼料化割合はドイツも日本も70％前後であって、両者の間にほとんど差がないだけでなく、1961年から2003年の間でもさほど顕著な変化がみられなかったことが指摘できる。つまり、いち早く飼料穀物化していた粗粒穀物においてはこの間、用途における大きな変化はなかったのである。

　それゆえ、第3に、穀物における飼料化の進展という新たな状況はドイツの食用穀物で発生し、飼料化割合は1961年の37.1％から2003年の47.2％へと高まることになった。そして、この事態を牽引したのは小麦であって、飼料化率29.6％から46.1％へと16.5％の飛躍がみられた。

　第4に、これとは対照的に日本のコメは飼料化がほとんど議論にならない水準に止まり、結果として、日本の食用穀物飼料化の低水準を規定するとともに、全体としての穀物飼料化水準をドイツより一回り低い水準に止める原因となっている。

　こうした穀物の需要構造の変化に対応して、穀物の国内生産構造はどのように変化したのかを表9でみてみたい。

　これによると、ドイツでは、食用穀物・粗粒穀物という区分でみた場合、国内生産量割合の変化がほとんど起きていないことが目を射る。すなわち、食用穀物内部ではライ麦の21.4％から5.9％への凋落分を小麦が完全にカバーし、32.5％から48.7％に上昇して、食用穀物54.6％の水準を維持している。この食用穀物内部でのライ麦から小麦への一層のシフトは、①ライ麦に比べて小麦の単収が高いこと（2008年にはライ麦508kg/10aに対し、小麦は808kg/10a）、②ライ麦の1人・1年当たり消費量が減少傾向にあるのに対し、小麦のそれは増加傾向にあること（1996年度から2006年度の間に、ライ麦粉の消費量は10.8kgから9.1kgへ、これに対して小麦粉は57.2kgから64.1kgへ増加）、③小麦の飼料化の進展、によってもたらされているといってよい。

表8 穀物の国内消費仕向量中の飼料用割合（％）

国	日本		ドイツ	
年度	1961	2003	1961	2003
穀物計	18.2	44.4	53.9	59.1
食用穀物	4.3	5.3	37.1	47.2
粗粒穀物	70.0	75.6	71.6	67.0
コメ	0.2	0.4	1.3	0.4
小麦	14.7	6.8	29.6	46.1
ライ麦	―	―	50.1	54.5
大麦・裸麦	44.0	52.4	71.6	69.0
エン麦	―	―	―	77.1
トウモロコシ	94.4	76.5	―	60.1
こうりゃん	97.5	99.9	―	―

出所：表5に同じ。筆者算出。
注：1）食用穀物は日本がコメ・小麦・ライ麦・そば、ドイツが小麦・ライ麦、粗粒穀物は日本が大麦・裸麦・トウモロコシ・こうりゃん・エン麦・アワ・ヒエ・キビ、ドイツが大麦・エン麦・トウモロコシ・ライ小麦などである。ドイツのコメは穀物の外数。
2）空欄は実績がないか、データがないものである。1961年のドイツの大麦の欄は小麦・ライ麦以外の全体をさす。
3）消費仕向量には減耗量や種子用も含まれる。

表9 穀物国内生産量の品目別割合（％）

国	日本		ドイツ	
年度	1961	2003	1961	2003
穀物計	100	100	100	100
食用穀物	85.9	97.7	54.0	54.6
粗粒穀物	14.1	2.3	46.0	45.4
コメ	74.9	87.8	―	―
小麦	10.7	9.6	32.5	48.7
ライ麦	0.0	0.0	21.4	5.9
トリチケイリ*	―	―	―	6.3
大麦・裸麦	11.9	2.2	46.0	27.0
エン麦	1.0	0.0	―	3.3
トウモロコシ	0.7	0.0	―	8.8

出所：表5に同じ。筆者算出。
注：1）トリチケイリとはライ麦・小麦ハイブリッド種（ライ小麦）で、飼料用である。
2）空欄は実績がないか、データがないもの。

　また、粗粒穀物内部では大麦に傾斜していた生産構造がより高単収のトウモロコシやライ小麦などの導入により多様化し、これまた全体として45.4％の水準を維持することに貢献している。
　これに対し、日本の場合はコメの割合が74.9％から87.8％に高まることを通じて、食用穀物割合は85.9％から97.7％へと上昇し、事実上国内農業において飼料穀物

生産を放棄する状態に至っていることは周知の事実である。したがって、日本においては飼料穀物問題を考える上では飼料用米の問題が避けて通れない課題となっていることは繰り返すまでもないであろう。

（4）畜産物消費の推移と飼料自給率

とはいえ、ドイツと日本では畜産物消費の水準が異なり、農業における畜産の意義が異なるのだから、ドイツの経験は日本には役に立たないという見方もありうるところである。この問題に全面的に答える準備はないが、先ず、図1によって、この間の食料消費構造の推移と飼料自給率の関連を検討してみたい。

これによると、ドイツでは1965年度と2003年度の間に国民1人・1日当たり供給熱量中に占める畜産物割合は30%でほぼ一定であり、熱量構成の点からみた食生活の変化は起きなかったことになる。にもかかわらず、ドイツでは両年度の間に、純国内産飼料よりも自給率水準が18.3%も低かった純国内産濃厚飼料自給率を大幅に引き上げ、その差を8.1%にまで縮めることを通じて、前者を89.4%の水準にまで引き上げることに成功した。

これに対し、日本では両年度の間に供給熱量中に占める畜産物割合が6.9%から13.8%へと2倍化したにもかかわらず、相対的に低かった純国内産濃厚飼料自給率を31.0%から9.4%にまで低下させることによって、相対的に高かった純国内産飼料自給率を55.0%から23.4%へと大幅に引き下げてしまったことになる。

はたして、ドイツと日本のこのような対照的な方向は政策選択の結果ではなく、自然・風土条件の差違によるのであろうか。確かに、日本のように狭く、降水量が多い国土条件のもとでは、畑作物である飼料穀物の栽培に不向きであるから、飼料穀物の自給は困難であり、条件は恵まれていないといってよい。しかし、いきなり風土的条件に責任をなすりつける前に政策的な努力でどこまでできるかを吟味し、実践に移すことこそ求められているのではないか。このことの根拠の一端を示すべく、図2を用意した。これによれば、以下の諸点が明らかである。

第1に、1961年頃の日本のコメ（もみベース）の10a当たり単収は500kgで、アメリカのトウモロコシの400kgやドイツの小麦300kgを大きく引き離し、高い水準に達していた。

第2に、1961年頃の日本の小麦も300kg程度に達していて、ドイツの小麦と同

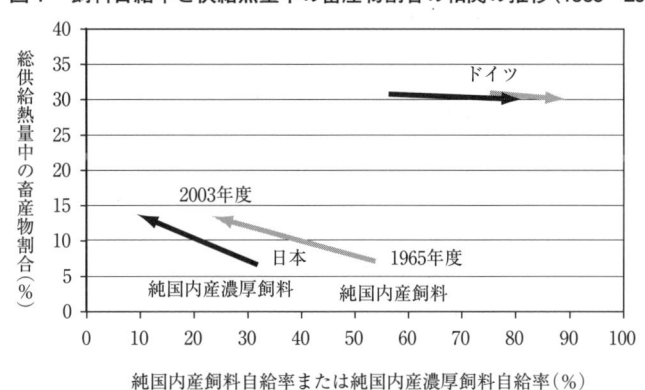

第9章　食料自給率向上への日本的な道筋＝飼料用米を軸とした畜産物自給率向上の意義　113

図1　飼料自給率と供給熱量中の畜産物割合の相関の推移（1965～2003年度）

（縦軸：総供給熱量中の畜産物割合（％）、横軸：純国内産飼料自給率または純国内産濃厚飼料自給率（％））

ドイツ
2003年度　　　1965年度
日本
純国内産濃厚飼料　　純国内産飼料

出所：FAOSTATおよび表5などに基づいて筆者作成。
注：純国内産飼料または純国内産濃厚飼料の自給率と総供給熱量中の畜産物割合の相関を1965年度と2003年度についてプロットし、結線した。

水準であっただけでなく、アメリカ・オーストラリアの150kg水準を大きく凌ぐ水準にあった。

　しかし、第3に、食用米に特化し、1960年代末の過剰到達後は増収よりもうまいコメ作りに傾斜した日本のコメの単収のその後の伸びは大きくはなく、近年は650kg台に低迷している。

　第4に、これとは対照的に飼料穀物化を強めたドイツの小麦は高単収品種の開発・投入もあいまって、単収の増加は著しく、近年は日本のコメを大きく凌ぐ750～800kg水準にまで到達している。日本の小麦は現在でも都府県の優良品種が農林61号と、1950年代の主力品種と少しも変わらないことに象徴的に示されるように品種改良は著しく遅れており、単収も400kgレベルに止まっている。

　第5に、アメリカのトウモロコシは遺伝子組み換え種子の普及を背景にして、1990年代以降、急速に単収を伸ばしており、近年は1tに到達する勢いである。

　第6に、これらと比べるとアメリカ・オーストラリアの小麦の単収は依然として200～300kgの低水準に止まっている。

　以上のことから、アメリカはトウモロコシ、ドイツは小麦（や大麦）といった各国の風土的条件にふさわしい穀物を最重要な飼料穀物と位置づけ、その単収増大を図ってきたことが明らかであろう。だとすれば、アジア・モンスーン地帯に

図2 穀物の単収の推移（1961〜2006年）

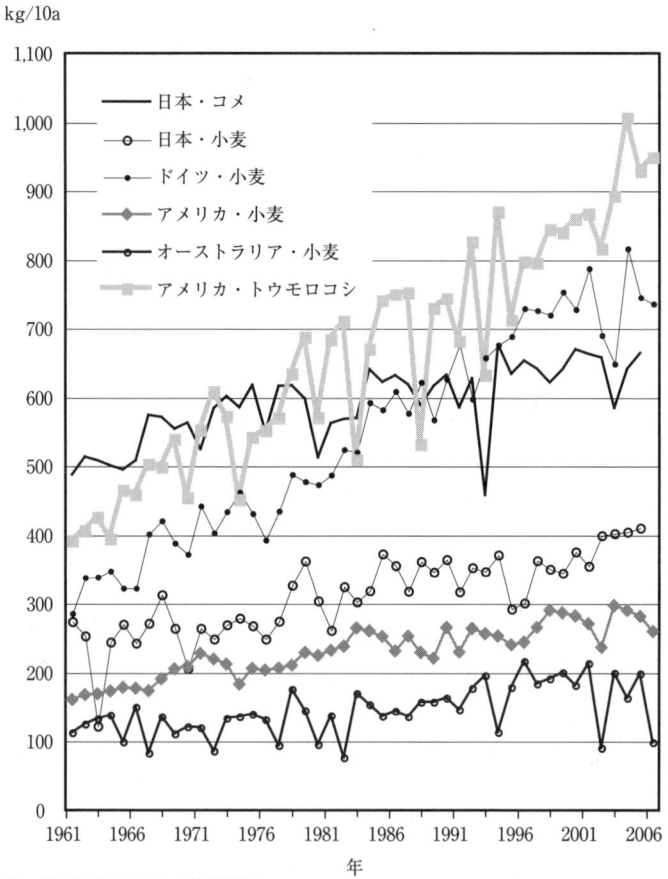

凡例：
- 日本・コメ
- 日本・小麦
- ドイツ・小麦
- アメリカ・小麦
- オーストラリア・小麦
- アメリカ・トウモロコシ

出所：FAOSTATにより筆者作成。

位置する日本ではコメを有力な飼料穀物に位置づけ、その単収増大と作付け拡大を通じて、飼料穀物自給率の向上を図ることが最も基本的な食料自給率向上の道筋であり、食料安全保障を確保する方途だということができるであろう。

4．飼料自給率向上を可能とする農用地利用のあり方

(1) 日本とドイツの対照的な農用地利用のあり方

　以上の検討を踏まえて、ここでは農用地利用のあり方から飼料自給化問題に接近することにしよう。表10、11に示したように、日本とドイツでは農用地利用のあり方がかなり異なっている。日本では農用地＝採草・放牧地＋農地とされ、農地は耕地と同義である。そして、耕地は田と畑に区分され、畑はさらに普通畑・牧草地・樹園地に細分されている。しかし、採草・放牧地は農業統計では把握されておらず、もっぱら10年ごとの林業センサスにおいて「採草放牧に利用されている面積」として把握されているが、その利用実態に関するデータは存在してい

表10　日本とドイツの農用地と飼料用作物作付けの面積（2006年：万ha）

農用地の区分		農用地面積			飼料作物作付け面積			飼料穀物作付け面積		
		日本J	ドイツG	J/G	日本J	ドイツG	J/G	日本J	ドイツG	J/G
①	農用地②+③	481.1	1,695.1	0.28	89.8	703.7	0.13	12.2	359.7	0.03
②	採草・放牧地	*14.0	488.2	0.03	0	409.8	0	0	0	—
③	耕地④+⑤	467.1	1,206.9	0.39	89.8	293.9	0.31	12.2	359.7	0.03
④	水田	254.3	0.0	—	10.4	0	—	11.7	0	—
⑤	畑⑥+⑦+⑧	212.8	1,206.9	0.18	79.4	293.9	0.27	0.5	359.7	0.00
⑥	普通畑	117.3	980.6	0.12	16.7	88.0	0.19	0.5	359.7	0.00
⑦	牧草地	62.7	210.0	0.30	62.7	205.9	0.30	0	0	—
⑧	樹園地	32.8	16.3	2.01	0	0	—	0	0	—

出所：表5などと同じ資料により筆者が算出した。
注：1）主として日本の農地＝耕地面積の区分に従って、ドイツの農用地面積を区分して配列した。ドイツの採草・放牧地は採草地、採草する放牧地、放牧地に区分され、前二者が飼料作物作付け地に該当するが、耕地ではない。
　　2）日本の採草・放牧地は2000年の林業センサスで把握された「採草放牧に利用されている面積」で、森林、森林以外の草生地（野草地）、河川敷などで採草放牧に利用されている面積からなるが、耕地統計などの調査対象外であるため、利用状況に関するデータはない。
　　3）ドイツでは樹園地（ブドウ栽培地を含む）、苗木仕立て場、園芸用地は耕地でないが、ここでは前一者を樹園地、後二者を普通畑に区分した。
　　4）ドイツの普通畑における飼料作物作付けはもっぱら間作であり、ナタネが3分の2を占めている。
　　5）日本の飼料穀物作付け面積は過剰米処理に基づく国産米の飼料用売却数量を平均単収で面積換算したほか、小麦、大麦、裸麦について2003年度の国内産飼料仕向量を同様に面積換算した数字を用いた。
　　6）日本の飼料用作物は「耕地及び作付面積統計」によって田畑別に区分し、畑における作付け面積から牧草地面積を引いて、普通畑の作付け面積を推計した。

表11　日本とドイツの農用地と飼料用作物作付けの面積的構成割合（2006年：%）

農地の区分		農地面積			飼料作物作付け面積			飼料穀物作付け面積	
		日本	ドイツ	ドイツ	日本	ドイツ	ドイツ	日本	ドイツ
①	農用地②+③	100	100		100	100			
②	採草・放牧地	2.9	28.8		0	58.2			
③	耕地④+⑤	97.1	71.2	100	100	41.8	100	100	100
④	水田	52.9	0	0	11.6	0	0	96.2	0
⑤	畑⑥+⑦+⑧	44.2	71.2	100	88.4	41.8	100	3.8	100
⑥	普通畑	24.4	57.8	82.4	18.5	12.5	29.9	3.8	100
⑦	牧草地	13.0	12.4	16.2	69.9	29.3	70.1	0	0
⑧	樹園地	6.8	1.0	1.4	0.0	0	0	0	0

出所：表10に同じ。
注：表10に同じ。

ない。この表は以上の日本的概念に沿って日本とドイツの農用地を配列して、比較したものである。

いくつかの特徴的な点を指摘しておこう。

第1に、ドイツと日本はほぼ同じ国土面積だが平坦地の賦存割合の差から、ドイツの農用地面積は日本のほぼ3.6倍に達している。日本では採草・放牧地が統計的にきちんと把握されているとはいいがたく、その面積もドイツの3％程度でしかない。事実上、採草・放牧地を欠落させた農用地構成となっていることが指摘できる。

したがって、第2に、日本では耕地への依存を強めた農用地構成となっており、ドイツと比べて樹園地が絶対的にも相対的にも多いこと（面積で2倍、シェアでは5～7倍）、また意外なことだが牧草地の割合（農用地の13.0％）がドイツ並み（同12.4％）になっていることが注目される。後者は採草・放牧地を欠いた農用地構成のもとで、牧草地が飼料の自給基盤として重視されていることを示している。実際、耕地における飼料作物の牧草地での作付け面積割合は日本69.9％、ドイツ70.1％と驚くほどの酷似性を示している。ドイツでは残りの耕地の飼料作物は普通畑で栽培されているが、日本では普通畑18.5％と水田11.6％に分割されて作付けされている。水田転作による畑地的土地利用の一環としてである。

それゆえ、日本においては飼料作物の自給基盤確保という点ではやはり、採草・放牧地の確保と活用が今後の鍵とならざるを得ないといってよい。ドイツでは飼料作物作付けの58.2％が採草・放牧地に依存しているからである。この意味ではドイツの場合、中世以来の耕地＝穀物栽培、採草・放牧地＝牧草採取・放牧という土地利用の基本構造が生きているということができよう。

第3に、飼料穀物栽培についてみると、日本はドイツの面積の3％しか振り向けておらず、飼料穀物栽培を欠落させた土地利用構造がもつ問題性が如実に示されている。しかも、日本の場合には飼料穀物にカウントしたものの中心が過剰米処理に基づく食用米（11.2万ha相当の水田）であることを考えれば、耕地の過半を占め、また現に食用米の過剰生産に陥っている水田で、麦類に比べて単収の高いコメを食用米としてではなく、飼料用米として栽培する以外に飼料穀物問題の隘路を打開する方途はないというべきであろう。

（2）日本酪農にとっての飼料自給問題の特質—飼料用米と耕作放棄地

　土地利用に関する検討の最後に、特に酪農に関する問題に飼料用米と稲WCSの関係、耕作放棄地の活用の観点から簡単に触れておきたい。

　図3は耕地全体に対する乳牛の飼育密度と水田面積率の相関を農業地域別にプロットしたものである。$R^2=0.8817$という高い決定係数をもって、両者が逆相関関係にあることが示されている。すなわち、水田率の高い地域（水田地帯）では乳牛の飼育が盛んではなく、水田率の低い地域（畑作地帯）ほど乳牛の飼育密度が高いことが明らかである[7]。このことは牛（乳牛）の自給飼料基盤として稲WCSを全国一律的に採用した場合、稲WCSの供給可能地域と需要地域の間に大きなミスマッチが生じる可能性を示唆しているといってよいだろう。

　とはいえ、この図では乳牛の飼育密度だけが示されていて、実際に飼育されている乳牛頭数の重みが表現されていない。そこで、図4では都道府県別に乳牛飼

図3　水田面積率と乳牛飼育密度の逆相関（2005年）

乳牛飼育密度（頭／耕地ha）

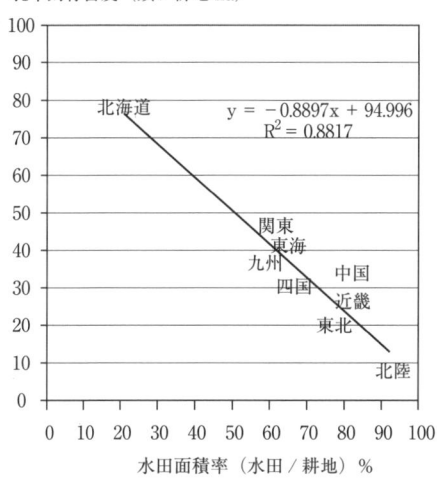

$y=-0.8897x+94.996$
$R^2=0.8817$

出所：2005年農林業センサスにより筆者作成。
　注：1）地域名の中央が該当のデータの位置を示している。
　　　2）関東には東山が、九州には沖縄が含まれている。

図4 乳牛飼育密度序列に基づいた水田面積と乳牛飼育頭数の累積度曲線（2005年）

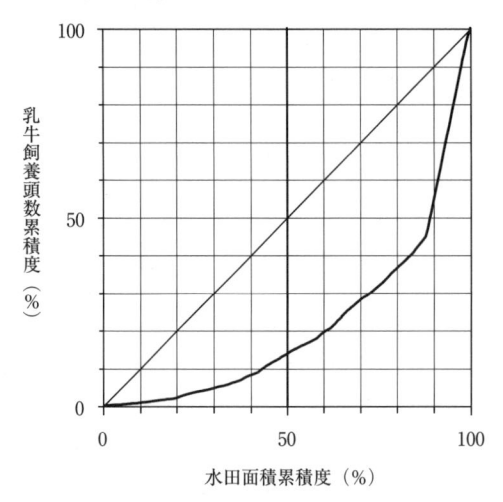

出所：2005年農林業センサスに基づいて筆者作成。
注：1）耕地面積当たりの乳牛飼育密度の昇順に都道府県を配列し、これに基づいて水田面積と乳牛飼育頭数の累積度を示したものである。
2）45度線から著しく離れており、水田面積の累積で50.4％での地域に13.9％、83.7％までの地域に39.7％しか乳牛が集積しておらず、水田農業地域と乳牛飼育地域にはズレがあることが示されている。
3）乳牛飼育密度が第3位の北海道に乳牛の50.9％が集中しており、密度がこれを超える群馬・神奈川を合わせて、3道県だけで乳牛が54.7％集積しているのに対し、水田面積の集積は12.0％に止まり、両者のアンバランスが顕著である。

育密度の低い地域から昇順にならべ、水田面積の累積度に合わせて乳牛飼育頭数の累積度をローレンツ曲線として描いてみた。これによれば、曲線は45度線から大きく乖離し、両者にアンバランスな関係があることが明瞭に示されている。ちなみに、水田面積の累積度が50.4％の地域までで乳牛の累積度が13.9％に止まる反面、乳牛飼育密度のベスト3である神奈川・群馬・北海道の3道県の乳牛累積度は54.7％に達しているにもかかわらず、これらへの水田累積度は12.0％に止まるといった具合にである。

　このことは、全国的な政策としては飼料自給基盤として稲WCSよりは、広域への輸送可能性を有する飼料用米を採用することが望ましいことを示している。その上で、乳牛の飼育密度が高いような水田地帯では積極的に稲WCSを活用するような弾力的な政策が求められているといえるだろう。

第9章　食料自給率向上への日本的な道筋＝飼料用米を軸とした畜産物自給率向上の意義　119

図5　耕作放棄地率と乳牛飼育密度の相関

乳牛飼育密度（頭/耕地ha）

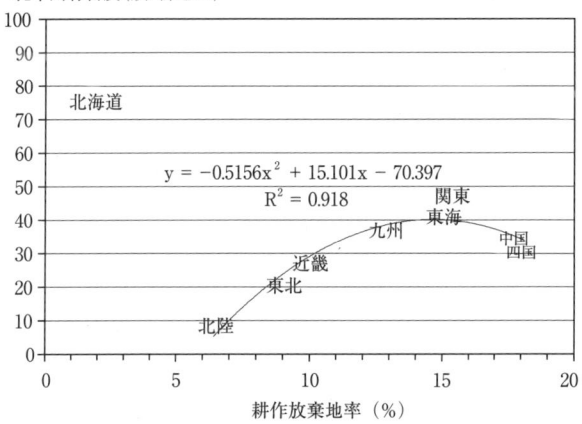

$y = -0.5156x^2 + 15.101x - 70.397$
$R^2 = 0.918$

北海道、関東、東海、九州、中国四国、近畿、東北、北陸

耕作放棄地率（％）

出所：2005年農林業センサスにより筆者作成。
注：1）図の作成方法は図3に同じ。
　　2）ここでは北海道を除いて近似曲線を描いた。
　　3）耕作放棄地率＝耕作放棄地面積／（経営耕地面積＋耕作放棄地面積）×100。

　もう一つ、**図5**に、耕作放棄地率＝耕作放棄地面積／（経営耕地面積＋耕作放棄地面積）と乳牛飼育密度の相関を示した。北海道を除いた都府県では耕作放棄地率が高まるのに応じて乳牛飼育密度が高まるという相関関係がこれまた高い決定係数（$R^2 = 0.918$）で示されている。これには**図3**で採用した水田率と耕作放棄地率がある程度逆相関関係にあることが対応しているとみることもできる。そして、乳牛飼育密度が高い地域では飼料の自給基盤を確保するうえで、耕作放棄地のもつ意味が小さくはないことが示唆される。

　この場合、二つの異なる観点が重要であろう。一つは、耕作放棄地率が高い地域は中山間地域に多いから、そこでは耕作放棄地を採草・放牧地として再利用するような粗放的な土地利用システムの構築が重要だということである。また、鳥獣害頻発地域等を中心として積極的に採草・放牧地を拡大するような方向が求められるということでもある。

　もう一つは耕作放棄された中山間地域の棚田を水田として復活・維持していくうえでも、食用米だけでなく積極的に飼料用米を導入し、乳牛などの大家畜を軸

とした地域的な耕畜連携を構築していくという観点である。今後は、こうした複線的な土地利活用という柔軟な対応が求められるのではないか。

　以上のように、日本農業には耕作放棄地という新たなフロンティアが大量に存在していること、水田の不作付地や転作用地に飼料用米などの「新たな作物」を作付けする可能性が広範に存在していることが指摘できるであろう。

5．飼料自給率向上を担保する土地利用型農業の構造再編と経営安定対策

　以上の検討を踏まえて、飼料自給率向上に資するような今後の水田農業政策の基本理念に関する問題提起を次のように整理して、まとめに代えることにしたい。

　第1に、食用米だけでなく、飼料用米・稲WCSを組みこんだ水田「輪作」農業の構築を通じて、新たな日本型水田農法をアジア・モンスーン地帯の土地利用モデルとして確立する。これにより、一方で飼料穀物自給率の向上を通じて総合食料自給率の向上に資するとともに（食料安全保障の視点）、他方で耕畜連携の条件を創出し、循環型農業へのシフトを図ることが可能となる（持続的農業の視点）。

　第2に、こうした水田「輪作」農業への転換を誘導・助成する政策体系として、全ての水田、水田農業、農村が有する「多面的機能」に対する直接支払を実施する（多面的機能を全水田において認知する）。この直接支払は水田農業助成の「ベース1」として位置づけられ、装置としての水田、地域の標準的な「輪作体系」（食用米と「転作A」＝飼料用米・稲WCSの輪作体系）を確立した水田農業、耕畜連携を含む地域農業振興を核とした農村地域社会維持、に応じて段階づけられた助成体系とする。現在の農地・水・環境保全向上対策はこの直接支払に再編する。

　第3に、中山間地域等への直接支払は、より広い地域を対象とした条件不利地域対策に再編され、土地の傾斜だけでなく広義の生産条件格差（たとえば気象条件、土壌条件、農地としてのまとまりなど）や市場条件格差を補償する水田農業助成の「ベース2」として位置づけられる。

　第4に、水田の生産調整は選択制とし、生産調整に参加したものだけが、食用米についての生産費を基礎とした所得補償方式＝経営安定対策に加入できるよう

にする。従来の麦・大豆（転作B）に加え、飼料用米・稲WCS（転作A）、飼料作物（転作B）などを重要な転作作物として位置づけ、食用米の所得補償水準を基礎として、これに上乗せする水準の所得補償を実施する。したがって、面積要件などによって担い手を直接的に選別する政策は採用せず、所得補償水準によって間接的に担い手を特定していく方式に転換する（水田農業助成の「ベース3」）。

以上の水田農業助成においては、
① WTOにおける緑の政策に配慮しつつも、独自の生産刺激政策を採用する、
② 多面的機能重視の農政姿勢を外交と内政の両面において一貫させる、
③ 食用米の生産抑制と飼料用米・稲WCSの生産増大を同時に追求する二面的な生産政策を採用し、前者については「生産調整」を通じた価格安定と独自の所得補償政策による二重のセーフティネット構築によって実質的に「担い手」の所得補償を実現し、後者については直接の生産促進政策ではなく、多面的機能維持を通じた間接的促進政策による生産増大によって飼料用米の確保と水田の維持による食料安全保障の条件確保を図る、
④ 政策の優先序列を明確化し、重層的な政策体系とする、
ことが求められるであろう。

いずれにしても、農業生産者が誇りと自信をもって農業に取り組むためには、余りにも政策の安定性と持続性が不足している。少なくとも固定資産の法定減価償却期間8年＋2年＝10年（2年の意味は10年間に2年くらいの不作がありうることを考慮するということである）くらいの安定した政策が必要ではないか。極論すれば、政策内容以上に政策の持続性が重要なのである。

注
（1）「食料危機」の位置づけをめぐっては日本農業経済学会の2009年度大会でもシンポジウム・テーマとして取り上げられたが、そこでも今回の食料価格の乱高下は少しも「食料危機」を意味するものではない、食料危機に「投機」の要素があるとは断定できないといった見解が繰り返し表明されていた。このシンポジウムに関しては、これまでのところ、『2009年度日本農業経済学会大会報告要旨』および「日本農業新聞」2009年4月20日号、第10面、を参照のこと。また、2008年「食料危機」に対する筆者の見方については、「金融危機」、「経済危機」以前までの状況に関して、谷口信和『食料・資源危機の背景を問う』公務労協ブックレット、2009年9月、で検討している。

（2）本稿執筆段階では2008年度の食料需給に関する速報（概数値）が公表されてはいないが、2009年8月の公表によって、国民1人・1年当たり消費量が2年連続で反転上昇することが予測される。
（3）畜産物を構成する肉類、鶏卵、牛乳・乳製品の国民1人・1年当たりの供給熱量164.9kcal、70.9kcal、163.1kcalにそれぞれの品目別自給率56％、96％、66％を乗じて得られた畜産物供給熱量の自給分268kcalの割合は67％となる。
（4）飼料用米を導入した場合にオリジナルカロリーベースでどの程度自給率が上がるかという点に関する試算は、谷口信和「日本における食料自給率目標と食料・エネルギー問題の相克」『日本農業年報54　世界の穀物需給とバイオエネルギー』農林統計協会、2008年、pp.190-205、を参照されたい。
（5）畜産物自給率が80％の水準はいつ頃に相当するかという疑問が生じてくるところであるが、畜産物自体の消費量が少ない時期をとって、80％の自給率水準であるといっても参考にはならない。そこで、2007年度の消費水準を基準として、過去の時期の肉類、卵、牛乳・乳製品の品目別自給率から畜産物の品目別自給率を計算してみると、1989年度の畜産物自給率がほぼ80％となり、ここで想定の水準と近いことになる。つまり、牛肉自由化直前の1989年度の畜産の品目別自給率水準のまま、供給熱量359kcalを2007年度水準の399kcalに相似的に拡大（11.1％の生産拡大）したものが80％水準の具体的な姿ということになるだろう。
（6）小麦（wheat/Weizen）、ライ麦（rye/Roggen）、大麦（barley/Gerste）、エン麦（oat/Hafer）のように固有の名称をもったイネ科作物を麦類（該当する英語・ドイツ語は存在しない）と総称するのは日本的なやり方である。谷口信和「飼料米で拓く21世紀型アジア水田農業の耕畜連携」『21世紀の日本を考える』農山漁村文化協会、No.36（2007年）、pp.26-31参照。
（7）ただし、農業地域別にはこのように極めて明瞭に示される逆相関関係も、都道府県別のデータを取るとほとんど相関が検出されない。これは都道府県の数が多いことから、例外的な傾向を示す地域の影響が大きく働いて、相関関係を希薄化させるためだと思われる。この意味で農業地域別の比較は現実的な意味をもったものだと評価できる。

第10章

畜産的土地利用の追求

神山　安雄

1．本稿の課題

　ここでの課題は、大家畜生産、とりわけ酪農部門による土地利用、とくに水田利用の可能性を検討することである。

　食料自給率向上にむけた要のひとつが、飼料自給率の向上である。米生産調整の中で、自給率の低い麦・大豆と並んで飼料作物が転作先の作物として位置づけられ、粗飼料生産が実施されてきた。転作の限界感から、飼料用米・稲発酵粗飼料（ホールクロップサイレージ、稲WCS）生産をめざす"エサ米運動"がひところ起こるが、一頓挫した後、耕畜連携事業として稲WCS生産が復活してきた。今また、水田フル活用対策の中で麦・大豆と並んで、米粉利用米と飼料用米・稲WCSの生産が注目されている。

　トウモロコシなど穀物類国際価格は、2006年秋から08年夏にかけて暴騰した。戦後日本の畜産は、国内耕種農業と切り離され、外国産の飼料穀物に依存した"加工型畜産"として発展してきた。06年秋から08年夏の飼料高は、この"加工型畜産"を直撃し、危機に落としいれた。特に酪農部門は、円高が進む中で濃厚飼料だけでなく粗飼料も輸入乾牧草に依存しており、穀物だけでなく輸入乾牧草の高騰によって大きな打撃を受けた。飲用牛乳の消費減退が05年後半から顕著になり、プール乳価が低下する中で、酪農は06年・07年と2年連続の減産型計画生産を余儀なくされた、その上での飼料高の打撃であった。こうした中で、酪農部門においても飼料自給の意識が高まり、実践されている。それは、国内耕種農業と切り

離されてきた"加工型畜産"が、地域の中で「耕畜連携」の関係を取り戻し新たに築きあげていく取り組みである。

ここでは、飼料自給率向上の可能性を、土地利用の側面から検討することにしたい。まず、①1960年代を中心に農用地利用の推移を検討することによって飼料生産の推移をみた上で（2節）、②米政策、とくに70年代以降の米生産調整政策と飼料自給政策との関連を検討し（3節）、③水田経営所得安定対策・水田フル活用対策が実施されている下での飼料自給の可能性について検討していきたい（4節）。

2．農用地利用の推移—1960年代・耕境内外への飼料作の拡大—

旧農業基本法（1961年）の下で、畜産は「選択的拡大作目」のひとつに位置づけられた。酪農、肉用牛生産という大家畜生産においても、1960年代をつうじて国際価格の安かった外国産のトウモロコシなど飼料穀物の輸入拡大に依存しながら、"加工型畜産"としての発展の道を選んだ。しかし、粗飼料については、草地造成事業等に後押しされながら、耕境の外にある山林原野などを含む土地における採草放牧地利用とともに、普通畑作の縮小にともない普通畑の牧草畑利用を拡大することによって、調達されていった（表1）。

60年代の農用地利用の特徴は、第一に、耕地面積の減少と作付延べ面積の減少（耕地利用率の低下）である（表1）。55年にはじまる日本経済の高度成長は、開発・転用によって農耕地面積を縮小させ、農業・農村に存在した労働力を高成長する都市・工業に向かって大量に流出させた。作付延面積は61〜70年の10年間に176万haも減少した。

第二の特徴は、農耕地面積の全体としての減少が、もっぱら普通畑の大幅な減少によってもたらされていることである（表1）。旧農業基本法下の労働集約的な野菜・果実生産と畜産の「選択的拡大」は、樹園地と牧草地を拡大させ、あわせて田を拡大した。これらの拡大分を大きく上まわって普通畑が縮小した。

これは、農作物の作付面積の推移と対応している（図1）。麦類・いも類・雑穀類・豆類といった普通畑作や陸稲は、食糧増産期に増加するが、50年代半ばには減少しはじめて、60年代には大幅に減少した。代わりに、畑作では、労働集約

第10章　畜産的土地利用の追求　125

表1　耕地面積・採草放牧地面積・作付延べ面積の推移（1961〜2007年）

(単位：千ha、%)

	田	普通畑	樹園地	牧草地	耕地面積計	採草放牧地	作付延面積	耕地利用率	耕作放棄地
1961年	3,388	2,165	451	81	6,086	633	8,071	132.6	‥
65年	3,391	1,948	526	140	6,004	464	7,430	123.8	‥
70年	3,415	1,495	600	286	5,796	248	6,311	108.9	‥
75年	3,171	1,289	628	485	5,572	111	5,755	103.3	131
80年	3,055	1,239	587	580	5,461	71	5,706	104.5	123
85年	2,952	1,257	549	621	5,379	82	5,656	105.1	135
90年	2,846	1,275	475	647	5,243	45	5,349	102.0	217
95年	2,745	1,225	408	661	5,038	63	4,920	97.7	244
2000年	2,641	1,188	356	645	4,830	60	4,594	94.4	343
05年	2,556	1,173	332	631	4,692	34	4,384	93.4	386
06年	2,543	1,173	328	627	4,671	‥	4,346	93.0	‥
07年	2,530	1,172	324	624	4,650	‥	4,306	92.6	‥
08年	2,516	1,171	320	621	4,628	‥	‥	‥	‥

資料：農林水産省「耕地及び作付面積統計」各年版、採草放牧地は「ポケット農林統計」各年版。
注：1）「採草放牧地」は、「農家が利用した採草・放牧地（耕地以外）」で、放牧または採草する山林を含む。ただし、1961年は1960年の数値。2005年は「販売農家が利用した採草・放牧地」。
　　2）「耕作放棄地」は、農林業センサス結果による。

図1　農作物の作付面積の推移（1946〜2007年）

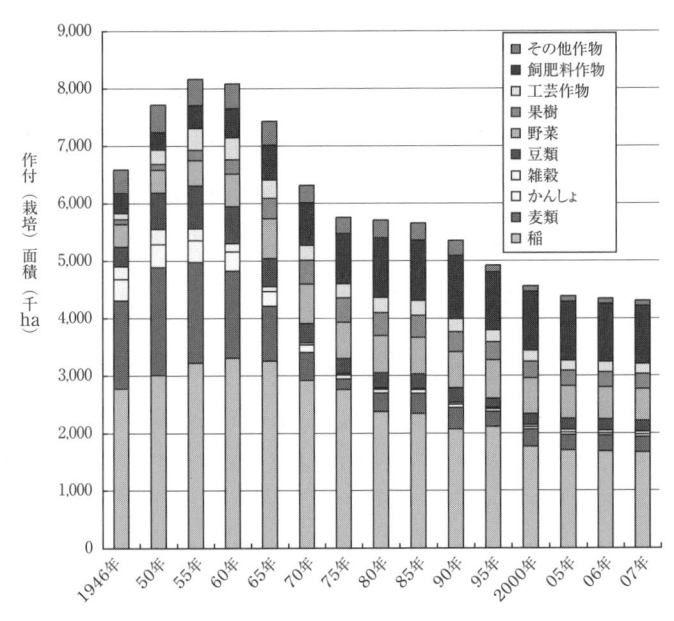

資料：農林水産省「耕地及び作付面積統計」各年版、1946年・50年は加用信文監修「改訂日本農業基礎統計」農林統計協会。

的な野菜、果樹、工芸作物の作付（栽培）面積が増加している。また、飼肥料作物も拡大し、水稲作付面積も維持されている。

　旧農業基本法農政は、土地利用型でありコストがかかるとして、麦類・豆類・雑穀類といった国内普通畑作は縮小して、外国産の小麦・大豆・トウモロコシなどの輸入拡大によって置き換えていく政策を選択した。

　例えば、米（水稲作）は50年代・60年代をつうじて土地収益性（10a当たり所得）、労働収益性（1日当たり労働報酬）をともに伸ばしているが、小麦はその時期、土地収益性も労働収益性もきわめて停滞的である（図2）。

　米作（水稲作）は、水田を土地改良事業によって機械が使いやすい区画に整備した上で、農業構造改善事業等の補助事業によって機械施設を導入して、機械化体系を整備していった。一方、食糧管理制度の下で、政府買い入れ米価（生産者米価）は60年産から「生産費および所得補償方式」による算定が行われ、特に麦・大豆など他の農産物にくらべ相対的に高い価格水準に支持された。生産者米価は、積み上げられた物財費を補償することに加えて、米作労働を製造業賃金によって評価替えすることによって、再生産を保障していった。他方、麦・大豆の政策価格は、農家の生産資材・生活財の物価上昇を指数化した「農業パリティ方式」で算定された。高度経済成長期には、春闘方式による毎年のベースアップによって製造業等の名目賃金が上昇をつづけたのに対して、消費者物価はそれほど上昇しなかった。麦・大豆の政策価格が物価上昇分だけを反映する「農業パリティ方式」により算定されるのに対して、生産者米価は生産資材価格上昇分に加えて賃金上昇分が反映される算定方式であるため、相対的に高い水準に支持されたのである。

　小麦など麦類は間接統制への移行、大豆は輸入自由化、トウモロコシは配合飼料指定工場制の下での保税制度によって、輸入拡大の道筋が整えられていった。

　ここで、日本の畜産は、外国産の飼料穀物の輸入拡大に依存する"加工型畜産"としての発展への道を選択させられたと言える。

　ただし、酪農、肉用牛生産という大家畜生産は、飼料基盤を必要とする土地利用型農業部門である。酪農部門は、加工原料乳保証価格が生産費にもとづいて算定され、これに底支えされながら、粗飼料基盤を耕境外にある山林原野などの採草放牧地としての利用、国内普通畑作の縮小にともなう普通畑の牧草畑化に求めていった。これを後押ししたのが、草地造成事業など畜産振興施策である。

図2　米と小麦の収益性（1951〜2007年産）

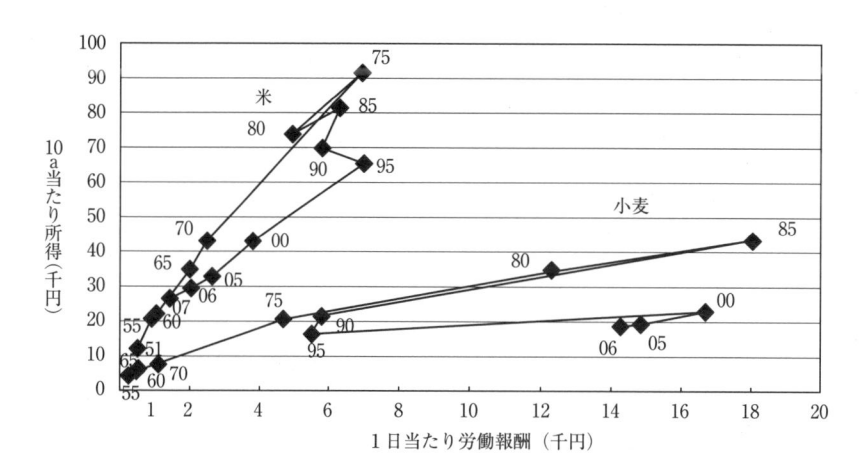

資料：農林水産省「米及び小麦の生産費」平成19年（2007年）産、2009年3月、付表により作成。
注：1975年以降の小麦は、奨励金込みの数値。

　以上のように、酪農部門は、60年代において、農地面積全体が開発・転用によって減少する中で、耕境内外の粗飼料生産による畜産的利用を拡大することによって、農用地面積を維持する役割を担っていったのである。

3．米政策・米生産調整と自給飼料対策

（1）1970年代・転作田での飼料作物生産の拡大

　67年産・68年産米の1,400万トンを超す史上空前の豊作は、米過剰問題を生じさせた。米過剰処理対策である米の生産調整（減反）は、70年度から始まり今日に至っているが、米生産調整対策は土地利用、とくに水田利用を大きく変えることになった。
　70年代以降の農用地利用の特徴は、およそ以下のとおりである（表1、図1）。
　第一に、60年代以降の普通畑面積の減少につづいて、70年代以降は田の面積も

減少し、樹園地もまた70年代半ばから減少していることである。これは、70年以降、米過剰対策として米生産調整が実施されていること、また「選択的拡大作目」としての温州ミカンも60年代半ばすぎに過剰状態となり計画生産が実施されたこと等のためである。

第二に、牧草地（牧草専用畑）だけが90年代半ばまで増加していることである。生乳生産も70年代には第一次過剰の時代を迎えているが、世界食糧危機（1973～74年）下の穀物国際価格高騰の影響を受けた後、米生産調整の転作先作物として自給率の低い飼料作物も位置づけを与えられて、その作付面積を急激に増やしたためである。飼料作物の作付面積は、75年全国84万ha（北海道53万ha、都府県31万ha）から85年102万ha（北海道60万ha、都府県42万ha）まで増加し、90年には105万ha（北海道61万ha、都府県43万ha）となっている。

第三に、以上のような農用地利用の特徴は、とくに米（水稲）の作付面積の減少、果樹栽培面積の70年代半ば以降の減少と符合しており、全体として農地面積、作付延べ面積を大きく減少させている。

第四の特徴は、畜産的土地利用の側面からいえば、飼料作物生産が耕境内の牧草地や米生産調整による田での転作によって増加したことから、役牛の減少などによりすでに50年代半ばから減少していた耕境外の山林原野を含む採草放牧地利用が、70年代以降はさらにいちじるしく減少したことである。

以上のように、70年以降の農用地利用は、70年度からはじまる米生産調整によって大きな影響を受けたのである。

70年を前後して米生産調整対策など米政策の一連の改革が実施されたが、その政策の内容はおよそ次のようなものであった。

① 米は、食糧管理制度下で国家による全量管理・全量買い入れが行われていたが、米の生産調整（減反）によって米の作付制限・生産制限を行い、米の生産量を削減する（1970年度～）。

② 国家による売買を通さずに指定集荷業者から指定卸売業者に売却される自主流通米制度を創設し、国家が直接管理する流通量を削減するとともに、予約限度数量制によって米の買い入れ制限を行う（1969年産米～）。国家は米の総流通量を把握しているとはいえ、自主流通米制度によって事実上、部分管理とした。

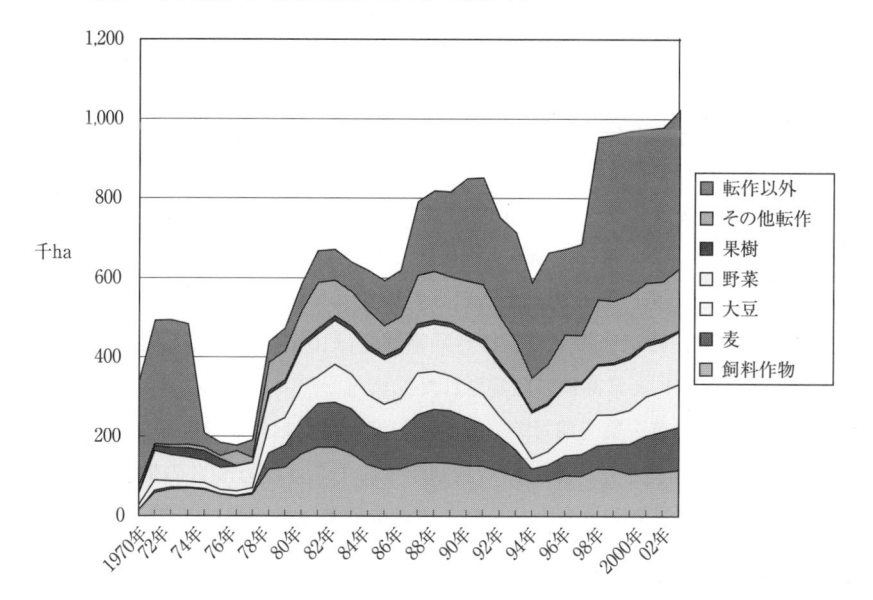

図3　水田転作等の実施状況（1970〜2003年）

凡例：転作以外／その他転作／果樹／野菜／大豆／麦／飼料作物

③　政府買い入れ米価（生産者米価）と政府売り渡し米価とは二重価格制により売買逆ざや関係にあったが、政府買い入れ米価は抑制し（1969年産米〜）、政府売り渡し米価は物価統制令の適用除外として引き上げ（1973年度〜）、両米価の売買逆ざやを縮小する。

　米の作付制限・生産制限・買い入れ制限を通じて国家による米の買い入れ数量を削減し、政府買い入れ米価と売り渡し米価との売買逆ざやを縮小することによって、国家の財政負担を削減しようという政策であった。

　米の生産調整は、〈国−都道府県−市町村−（集落）−農家〉という道筋で上から一律に生産調整目標面積（減反面積）を割り当てた。そのため、開始当初の米生産調整対策（1971〜73年度）では生産調整実施面積（54〜56.6万ha）のうち、休耕（23.6〜25.7万ha）による対応が多く、転作面積は23.0〜25.9万haであった。転作のうち、野菜（6.2〜7.3万ha）がもっとも多いが、次いで飼料作物（5.8〜6.9万ha）であった（図3）。

　米生産調整対策は、上からの一律割り当てという"物動的"な政策であり、農家の多くは休耕によって対応し、また、転作対応でも労力のかからない粗放的な

転作先作物として飼料作物を選択したのである。

　飼料作物が、米生産調整対策の中で明確に位置づけられるのは、78年度に始まる水田利用再編対策からであった。

　稲作転換対策（74〜75年度）、水田総合利用対策（76〜77年度）と米生産調整目標は緩和された（76〜77年度の目標面積21.5万ha）が、米の第二次過剰を前にして米生産調整が強化された。水田利用再編対策・第一期対策（78〜80年度）は、要調整数量170万トン、目標面積39.1万ha（80年度は245万トン、53.5万ha）とした。水田利用再編対策は、「自給力向上」の必要な麦・大豆・飼料作物を「特定作物」として位置づけ、特定作物への転作奨励補助金は10a当たり5.5万円（プラス計画加算1〜2万円）と最高額に設定された。

　水田利用再編対策・第二期対策（81〜83年度）は、転作等目標面積を63.1万haと米生産調整を強化した。第一期対策初年度にくらべ24万haもの生産調整の強化であった。第二期対策2年度目・82年度の転作等実施面積は66.7万ha、転作実施面積は過去最高の59.5万haであった。この82年度に飼料作物転作面積は最高の17.3万haとなった（これ以後、米生産調整での飼料作物転作面積は減少していく）。ちなみに82年度の作物別転作面積は、麦転作が11.3万ha、大豆転作9.6万ha、野菜転作11.0万haであった。

　以上のような転作面積の拡大は、米生産調整目標面積の上からの一律割り当てが、生産調整非協力の場合はペナルティが課せられるなど強制的に働いたこと（ムチの政策）、一方で転作奨励補助金等が転作先作物の収益性を高めたこと（アメの政策）のためである。

　米と小麦との収益性（図2）で確認しておくと、米は10a当たり所得が75年9.2万円、85年8.1万円、1日当たり労働報酬が6,953円、6,328円と推移しているのに対して、小麦は10a当たり所得が75年1.0万円（奨励金等を加えると2.1万円）、80年3.1万円（同3.4万円）、85年4.0万円（同4.3万円）と上昇し、1日当たり労働報酬も75年1,468円（奨励金等を加えると4,690円）、80年10,472円（同12,327円）、85年15,963円（同17,959円）と上昇している。小麦作は、85年時点で10a当たり所得では米作（水稲作）の1/2水準であるが、1日当たり労働報酬では転作奨励補助金等を加えると3倍近い水準にまでなっている。

　麦・大豆転作の場合、集落内の集団転作を一括して受託する転作受託組織など

が形成されていった。転作奨励補助金は地代化して水田所有農家に支払われる例がほとんどであったが、転作受託組織にとっては規模の経済を生かすことができれば十分に収益をもたらすものであった。

　飼料作物転作の場合、酪農家など畜産農家が水田を借り入れて行う例が多い。ここでも転作奨励補助金は地代化している例がほとんどであり、酪農家など畜産農家は地代負担を実質ゼロにして粗飼料が自給できたのである。

（2）1980年代・「転作の限界感」と米需給、「エサ米運動」

　しかし、米生産調整目標面積が80年度53.5万ha、81年度63.1万haと強化される中で、「転作の限界感」が広がっていった。茨城県の篤農家が長粒種アルボリオJ1・J10で10a当たり収量1,000kgを超えた実績もあり、湿田など休耕を余儀なくされている水田で飼料用米を生産しようという「エサ米運動」が起こり、81年1月に「エサ米運動全国連絡会議」が設立された[1]。この運動の結果、81年度から「エサ米実験田」（10a以上）の転作としての実績カウントが認められ、水田利用再編対策・第三期対策（84〜86年度）から稲WCSが「転作作物」として認められていった。

　こうして飼料用稲・米の栽培が米生産調整政策の中で始まることになるが、80年代の「エサ米運動」が定着しなかった大きな要因は、収益性の格差を埋められなかったことにある。政府も当時、飼料用稲・米の栽培に消極的であり、「転作作物」として認めながらも転作奨励補助金の交付対象としない等の政策をとった。また、水田利用再編対策・第三期対策から「加工用米」を米生産調整・転作目標割り当ての枠内で生産・供給する「他用途利用米」制度がはじまり（他用途利用米制度は95年度までつづく）、米の価格は主食用米、加工用米で異なるという"二段米価"となった。これとは別に、飼料用米・稲の価格が形成されるとなると、その価格差、収益性の格差は飼料用稲・米推進の大きな障害になった。

　80年代当時の価格関係では、主食用米が1トン当たり約30万円、加工用米が約11万円で取り引きされていた。この価格差を縮小するために、他用途米には1トン当たり7万円相当の助成金を支払うこととした。他方、飼料穀物の農家庭先渡し価格は1トン当たり約7万円であった。エサ米運動の中でアルボリオ品種は、茨城県の篤農家が10a当たり1トンの高収量を実現した米として、全国一様に各

地で栽培されたが、その多くは従来からの中短粒種（ジャポニカ種）の単収を大きく超えるものではなかった。政府の積極的な支援策がないとすると、その収益性の格差は埋められるものではなかった[2]。

　以上のように70年代以降の畜産的土地利用は、耕境外の山林原野などの採草放牧地利用を大幅に減少させながら、耕境内の普通畑の牧草地（牧草専用畑）化と、米生産調整の下での飼料作物転作としての水田利用を拡大するものであった（表1、図1、図3）。

　しかし、飼料作物作付面積は90年105万haをピークに、以後、減少していく。米生産調整における飼料作物転作面積は、82年度17.3万haを最高にしてすでに減少していたが、これは米生産調整政策が、前述したように、水田利用再編対策・第三期対策（84年度～）から他用途利用米制度の創設や稲WCSの転作作物としての容認といったかたちで、転作の限界感から"米による転作"の比重を高めていったためである。飼料用米は転作カウントだけで転作奨励補助金の対象ではなく、稲WCSも80年代では政府の積極的な支援はなかった。飼料作物作付面積全体の減少は、90年代に入ると乳用牛・肉用牛飼養頭数が減少に転じたこと、また、85年プラザ合意によって円高が急進行したこと等により、輸入乾牧草が国内の飼料作物生産コストを下まわる価格で供給されるようになったことが要因である。

　円高基調は、すでに70年代初頭からはじまっていた。71年夏アメリカ・ドル（USドル）の金交換停止宣言に端を発する国際通貨危機は、国際通貨基金（IMF）体制下でのUSドルを基軸通貨にした固定相場制を崩壊させ、国際通貨システムを変動相場制に移行させて、各国通貨の対USドルレートを大幅に切り上げた。USドルの減価は、インフレ圧力を強めた。72年世界的凶作をきっかけにして穀物国際価格が73～74年に高騰し、「世界食糧危機」が発現した。同じ時期73～74年、第一次石油ショック（危機）の下で原油価格が高騰した。このときも、外国産の飼料穀物輸入に依存する日本の畜産は、大きな打撃を受けた。これをきっかけに配合飼料価格安定基金制度や飼料穀物備蓄制度ができるが、飼料穀物価格高騰の中で酪農家などによる米生産調整の転作田を利用した自給粗飼料生産が拡大していくことになった。一方、自動車産業や電機産業などは、第一次石油ショックと第二次石油ショック（79～80年）を省エネ・省資源の減量経営で乗り切り、主としてアメリカ向けに自動車や電気機器など重化学工業製品を"洪水的"に輸出し

て、膨大な貿易黒字を累積していった。この貿易黒字は、アメリカ連邦債や株式への投資によってアメリカの"双子の赤字"（貿易赤字と財政赤字）をファイナンスするかたちで還流していた。しかし、日本などの貿易黒字の膨大な累積を一挙に"調整"するために、85年9月プラザ合意によってUSドルを一気に切り下げ、円高が急進行することになった。円高の急進行によって、飼料穀物だけでなく、粗飼料までも外国産の輸入に依存した方が低コストという状況がつくられた。アメリカは85年農業法以来、土壌保全のための「保全留保計画」によって対象地での表土被覆作物として牧草栽培を奨励しており、供給は確保されている。つまり、日本の畜産は、外国産の飼料穀物の輸入拡大に依存して発展してきたために、世界経済の中に深く組み込まれ、世界経済の動向に翻弄されてきたのである。

4．畜産的土地利用の可能性

（1）90年代以降・米政策と農用地利用

　1990年代以降の農地利用の特徴は、第一に、90年度をピークにして牧草地（牧草専用畑）も、飼料作物作付面積も減少したことである（表1、図1）。普通畑、田、樹園地につづいて、牧草地（牧草専用畑）も減少することによって、農耕地面積全体の減少が加速して、耕地面積は90年524.3万haから07年465.0万ha、08年462.8万haにまで減少した。

　飼料作物作付面積は、90年104.6万ha（北海道61.3万ha、都府県43.2万ha）から2001年94.0万ha（北海道61.1万ha、都府県32.9万ha）、07年89.7万ha（北海道60.0万ha、都府県29.7万ha）へと減少した。とくに都府県は、90〜07年に飼料作物作付面積が13.5万ha（31％）も減少した。

　第二の特徴は、農業就業人口の減少と高齢化の進行などによって、耕地利用率も90年102.0％から07年には92.6％にまで落ちこんだことである。あわせて、耕境外の採草放牧地利用も減少しており、耕作放棄地面積も、農林業センサス結果によれば、90年の21.7万haから05年には38.6万haにまで増えている（表1）。

　第三の特徴は、06年秋から08年夏にかけた濃厚飼料・輸入乾牧草の価格高騰の経験を経て、飼料作物作付面積が08年90.2万ha（北海道60.2万ha、都府県30.0万ha）とわずかではあれ増えたことである。

米生産調整における飼料作物転作面積は、最高時82年度の17.3万haから94年度には8.8万haにまで落ちこんだが、96年度10.2万haと10万haの大台を回復し、03年度には11.6万haと若干増加傾向にあった（図3）。また、稲WCS作付面積も、耕畜連携事業が実施される中で、2000年502haから03年5,214haに増加し、給与実証交付金が10 a 当たり2万円から1万円に減額された04年に4,375haに減少したものの、その後、06年5,182ha、07年6,339ha、08年8,931haと増えている。

　ウルグアイ・ラウンド農業合意による米のミニマム・アクセス（最低輸入量）輸入受け入れにともなって、食糧管理法を廃止し、食糧法が制定された（1995年施行）。米の流通は民間流通を主体として、政府の役割は備蓄と貿易だけに限定された。70年以来行政指導の下で実施されてきた米の生産調整は、食糧法の下で法制化された。しかし、米生産調整を100％達成しながらも、不作であった96年産米を除き米価は低迷をつづけた。米の生産調整目標面積は、96・97年度67万ha、98・99・2000年度96万ha、01・02・03年度96.8万haと年々強化された。04年度からの米政策改革においては、生産者団体（農協）主体の米需給調整・生産調整に移行する方針が示されたが、米生産調整面積は106万haとなっていった。

　こうした米生産調整の強化の下で、麦・大豆作が推進されていくが、あわせて調整水田や自己保全管理など転作以外の手法、加工用米の割り当てや減農薬減化学肥料・有機栽培米などの減収カウントなど"米による転作"の手法が広がっていった。

　飼料作物転作面積が一定の回復をみせていることや、稲WCSによる耕畜連携事業が推進されたことは、こうした米生産調整の強化によるものである。

　だが、米生産調整の強化にもかかわらず、米価の低落はひきつづいていた。97年産米から稲作経営安定対策（米価下落分の8割を国・生産者の拠出金から補てん）、99年産麦から麦作経営安定対策（民間流通主体に移行して一定額の交付金を交付）、2000年産から大豆経営安定対策（不足払い制度を廃止し定額交付金へ）が創設されていった。稲作経営安定対策は、04年度からの米政策改革の下で、稲作所得基盤確保対策（基準価格からの下落分の5割プラス300円/60kgの補てん）と担い手（一定規模以上の認定農業者と一定要件を満たした集落営農）に対する担い手経営安定対策（価格下落分の9割を補てん）に組み替えられていった。

　稲WCSの耕畜連携事業は、米生産調整の「転作作物」と位置づけられ、稲

WCS栽培の水田農家に10 a 当たり1.3万円、給与実証助成金として畜産農家に10 a 当たり2万円（04年度から1万円）を交付するという別立ての対策であった。

07年度から、品目横断的経営安定対策（08年度から水田・畑作経営所得安定対策）とその表裏の関係と位置づけられた米政策改革推進対策が実施されていく。品目横断的経営安定対策は、水田農業では、担い手（一定規模以上の認定農業者と一定要件を満たした集落営農）だけに対して、麦・大豆作に対して生産条件不利是正交付金を支払い、米と麦・大豆をあわせた減収分について補てんの交付金を支払う仕組みであった。08年度からの水田経営所得安定対策では、市町村特例によって担い手の面積要件などは事実上なくなったが、基本的な政策の枠組みは変わっていない。飼料作物は、米生産調整の転作作物としての位置づけであり、水田経営所得安定対策の政策的な枠組みからは対象の外に置かれている。米の生産目標数量を超える過剰作付け米が米価低落の要因であるとして、米の生産調整対策の中で08年度補正予算から新規需要開発米（米粉加工用米や飼料用米など）作付けに対する手厚い助成が開始され、稲WCSも含めて水田フル活用対策が開始されたが、加工用米をはじめ、飼料用米、稲WCSは米（食用米）生産調整（需給調整）の枠組みの中に位置づけられ、米生産調整推進のための産地づくり交付金に加えて、上乗せ助成や別立て助成が行われるという仕組みである。

米政策として体系立っていないこと[3]と同時に、自給飼料政策は米生産調整の付属物として位置づけるという側面が強まっていると言える。

（2）畜産的土地利用への課題

畜産的土地利用を拡大して自給飼料生産を増加させるためには、水田利用の側面と、牧草専用畑を含む畑作利用、さらに耕境外に追いやられている耕作放棄地対策という三つの側面から検討を加える必要がある。

第一に、水田利用における飼料用米、稲WCS生産は、飼料作物生産とあわせて、水田農業と畜産との「耕畜連携」を促進することを前提にして、包括的に組み立てていくことが必要である。

水田フル活用対策の中で、飼料用米・飼料用稲（稲WCS）生産は、米粉利用米とあわせて手厚い交付金による支援対象になっている。稲WCSは、転作作物として米生産調整の産地づくり交付金（09年度から産地確立交付金）の対象であ

り、同時に耕畜連携事業の交付金も上乗せて助成されている。飼料作物転作は、産地づくり交付金の対象である。

　米の用途別価格関係は、06年度の政府売り渡し価格でみると、食用米が1トン当たり約25万円に対して、和菓子用などの米粉用が約18万円、加工用米が約16万円、飼料用が約3万円である。こうした価格差、収益差を一律の交付金によって埋めることは困難である。飼料用米・飼料用稲は、高収量の専用品種でも現在のところ子実分で10a当たり600〜700kgの事例が多い。飼料用米・飼料用稲生産は、飼料自給率向上のために、また食糧安全保障・環境保全に向けて水田を水田として維持保全するために、重要な位置づけをもつ。現行の政策的な枠組みをつづけるとしても、耕畜連携事業として別立ての支援措置をとるべきである。飼料作物生産についても、耕畜連携事業としての展開を条件に、別立ての上乗せ支援が必要である。そのためには、耕畜連携を実現している飼料作物についても、水田（・畑作）経営所得安定対策の生産条件不利是正交付金の対象としていくことを検討する必要がある。

　中山間地域等直接支払制度においても、水田利用の飼料作物生産など畜産的利用をすれば、支払単価の低い「草地」扱いとなる。水田に戻りうる畜産的利用については、支払単価の高い「水田」として扱うことを検討すべきである。

　稲WCS生産については、水田農家が栽培管理をした上で、畜産農家が収穫・調製作業を行うという耕畜連携が行われている。稲WCS生産において、また、飼料作物生産においても、水田農家の組織（たとえば転作受託組織や集落営農組織）が栽培管理し、畜産農家の組織（たとえばコントラクター組織）が収穫・調製を行う場合には、水田農家と畜産農家の両組織に対して支援措置を講じていく必要がある。

　鳥取県東部の場合、畜産農家の組織するコントラクター組織が収穫・調製した稲WCSを、酪農家の組織するTMRセンターが発酵TMRにして供給している[4]。こうした耕畜連携を前提にした〈コントラクター→TMRセンター〉方式を推進するための支援措置を充実させていく必要がある。

　茨城県M地域においては、各地域の転作受託組織（集落営農）が稲WCSの栽培管理から収穫・調製までを行っている[5]。この場合、稲WCS専用収穫機械等を県農林公社から転作受託組織にリースする等、地方自治体からの支援措置が講

図4 稲WCSによる耕畜連携

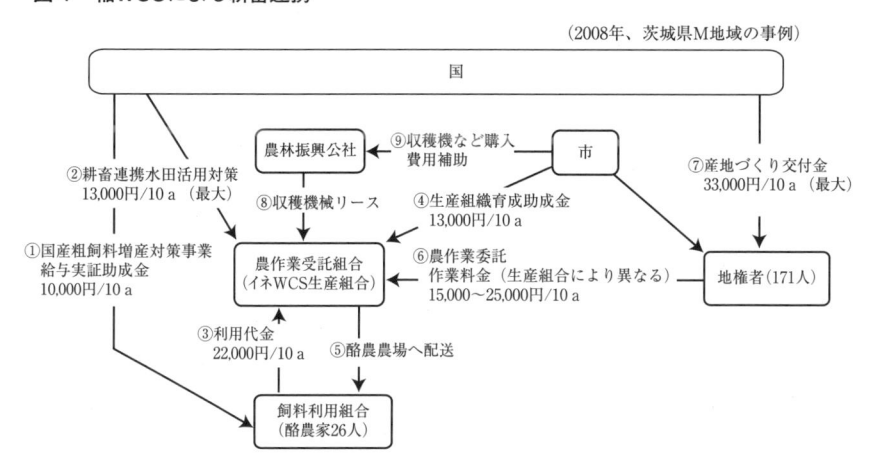

（2008年、茨城県M地域の事例）

- ①国産粗飼料増産対策事業 給与実証助成金 10,000円/10a
- ②耕畜連携水田活用対策 13,000円/10a（最大）
- ③利用代金 22,000円/10a
- ④生産組織育成助成金 13,000円/10a
- ⑤酪農場へ配送
- ⑥農作業委託 作業料金（生産組合により異なる） 15,000～25,000円/10a
- ⑦産地づくり交付金 33,000円/10a（最大）
- ⑧収穫機械リース
- ⑨収穫機など購入費用補助

国／農林振興公社／市／農作業受託組合（イネWCS生産組合）／飼料利用組合（酪農家26人）／地権者（171人）

じられている（**図4**）。こうした仕組みに対する国からの支援も検討する必要がある。また、この場合、耕種農家が収穫・調製を行っているが、適期に収穫できなかった場合の品質劣化などのリスクは、全量を引き取るかたちで畜産農家がすべて負っている。畜産農家のこうしたリスク負担を軽減するための支援措置を検討する必要があろう。

第二は、畑利用・牧草地利用の促進である。前述したように、かつては畑における飼料作物生産は、農用地利用の維持・拡大に重要な役割を果たしていた。水田フル活用対策として飼料用米・稲WCS生産が強調されているが、畑利用による飼料作物生産の拡大は重要である。北海道で形成されている酪農・畜産農家などの組織する〈コントラクター→TMRセンター〉方式が、都府県においても、条件の整った熊本県菊池地域などで組織されてきている[6]。こうした畑利用・牧草地利用による飼料作物生産に対する支援措置が必要である。

第三は、耕境の外に追いやられてしまった耕作放棄地の再生利用と山林原野を含む採草放牧地利用を促進する必要がある。09年度から耕作放棄地対策が本格的に始動しているが、耕作放棄地の再生利用対策に牛などの放牧利用は効果的である。鳥獣害対策でも、緩衝帯での牛などの放牧利用が効果をあげている。公共牧場でも、利用率が低下し遊休化しているところもあるが、その採草利用も含めて方策を検討する必要がある。また、混牧林利用について積極的に検討することが

必要である。

　前述したように、かつては耕境内外での採草放牧地利用を含めた畜産的土地利用が農用地利用の維持・拡大の上で大きな役割を果たしていた。飼料自給率の向上が課題となっている中で、畜産的土地利用の可能性をもう一度検討し、追求していくことは重要な意味をもっている。

注
（1）坂口建夫「エサ米運動の経過と課題」『農業・農民』通巻280号、1984年6月。
（2）前掲、坂口論文。
（3）佐伯尚美氏は「米政策の終焉」と批評している（佐伯尚美『米政策の終焉』農林統計出版、2009年）。
（4）鳥取県の事例については、神山安雄「地域酪農の今をみる　第2回・鳥取県酪農」『Dairy Man』2008年8月。
（5）神山安雄「地域酪農の今を見る　第10回・茨城県酪農」『Dairy Man』2009年5月。
（6）神山安雄「自給飼料生産への取り組み─熊本県・菊池地域のコントラクターとTMRセンター─」『農村と都市をむすぶ』No.685、2008年11月。

第11章

酪農経営における稲発酵粗飼料利用の
意義と普及定着の課題

千田　雅之

1．はじめに

　飼料イネ（生産物：稲発酵粗飼料、以下、イネWCS）の特徴は、麦や大豆、とうもろこし等の栽培困難な湿田や重粘土の圃場でも栽培可能なこと、栽培技術が食用稲と同じため耕種農家が取り組みやすいことにある。課題となっていた収穫調製技術についても、刈り取りと同時に梱包可能な専用収穫機が開発され湿田でも収穫調製が可能になり、大家畜の飼料として利用可能なことが実証されたことから、①米の生産調整の達成、②遊休農地の解消、③国産飼料の増産・飼料自給率向上等に有効な作物として、2001年に国産粗飼料増産緊急対策が打ち出されるなかで、イネWCS生産の普及が積極的に推進されてきた（図1）。

　また、営農現場では、麦、大豆、葉たばこ、根菜類等の連作障害を解消できるクリーニングクロップとしても飼料イネの作付が評価され、畜産農家では堆肥の還元圃場の確保、2007年後半から飼料価格が高騰するなかで家畜飼料の安定確保の点からニーズが高まりつつある。

　さらに、2009年度から水田等有効活用促進交付事業が実施され、水田有効活用の有力な作物として飼料イネ生産の拡大が期待されている。

　しかし、2008年度の作付面積は9,000ha程度であり、わが国の飼料作物作付け面積約90万ha（都府県30万ha）や38万haの遊休農地面積からみると、飼料イネの作付けは期待されるほど増加していない。その理由は、大家畜、とくに搾乳牛や肥育牛の飼料として、イネWCSの品質面、栄養価の面での安定性、耕種農家ではイネWCSの生産コストが高く10aあたり5万円以上の助成がなければ収益

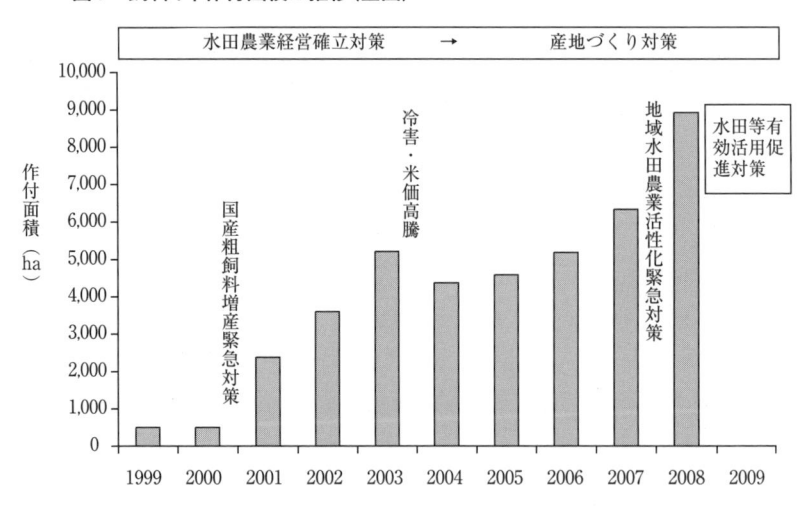

図1　飼料イネ作付面積の推移（全国）

水田農業経営確立対策　→　産地づくり対策

（作付面積（ha）、1999〜2009年）
- 国産粗飼料増産緊急対策
- 冷害・米価高騰
- 地域水田農業活性化緊急対策
- 水田等有効活用促進対策

が確保できないといった経済性にある。また、2003年の冷害による米価高騰から2004年の作付面積が減少するなど、食用米の収益性や水田農業を巡る施策の影響を強く受ける状況にあることは否めない[1]。

本稿では、酪農経営から見たイネWCS利用の評価と普及のための課題を述べるとともに、これまでに開発された技術をもとにイネWCS生産のコスト、収益性を明らかにし、耕種経営におけるイネWCS生産の導入条件を考察する。

2．酪農経営にとってのイネWCS利用の意義と利用促進条件

大家畜経営からみたイネWCS利用のメリットは、①粗飼料生産基盤の少ない購入飼料依存型の畜産経営では家畜排せつ物の還元圃場が確保できること、②各種助成金により流通飼料よりも少ない経済負担で飼料調達が可能なこと、③飼料としての機能性（牛の種類による）[2]等である。

他方、イネWCS利用上の課題は、①トウモロコシや牧草等と比べて、圃場面積あたり堆肥還元量が限られること、②可消化養分総量（TDN）は高いが、総繊維量やタンパク含量、カルシウム量は牧草より少ないなど飼料栄養価の問題[3]、③収穫時期により栄養価やサイレージ品質が大きく変動するなど飼料品質が不安

定なこと、④出来秋に一度に収穫し配送されるため保管場所の確保が必要になること、⑤水分率が60％以上と高いため、圃場や保管場所から牛舎への運搬、給与等のハンドリングの負担が大きいこと等が指摘される。

乳用牛、とくに搾乳牛では、飼料品質が乳量や乳質、家畜の健康に与える影響が大きいため、イネWCS生産において飼料品質の安定化は重要な課題である。飼料イネは熟期が進むにつれて、TDNは高くなるが水分率やタンパク成分は低下する。極端に水分が低下した稲や収穫後の梱包密度が低い場合は、サイレージ発酵が十分進まない。また、完熟化した籾の消化性は劣り、乳用牛では食滞を引き起こすこともある。このため、乳用牛の飼料としてイネWCSを生産する場合は、収穫適期の黄熟期までに収穫し、高密度で梱包しサイレージ発酵の良い製品を作ることが不可欠である。

収穫に必要な飼料イネ専用の収穫機械は一式1,500万円程度であり、最低でも15ha以上の収穫面積が確保されなければ導入は困難である。ところが、この専用収穫機による収穫面積は1日あたり約80aに限られ、降雨時や圃場の湛水時は収穫作業ができない。したがって、単一品種のみでは10日間ほどの収穫適期内にすべてを収穫することは難しい。このため、多様な品種と栽培法を組み合わせて収穫適期を拡大する取り組みが必要になる。

また、サイレージ発酵に影響する梱包密度を向上させるためには、茎を破砕しながら収穫して梱包するフレール型収穫機や収穫したイネを長さ数cmに細断して梱包することが可能な細断型収穫機の導入が望まれる。

他方、肉用牛では、収穫適期から刈遅れた製品も含めてイネWCSの評価は非常に高い。難消化性の繊維成分を含みながら肉用牛の嗜好性が高いため、育成期のいわゆる腹づくりや肥育素牛導入後のいわゆる飼直しの飼料として高く評価されている。ただし、肉用牛でも肥育牛に給与する際にはβカロテンの低い刈り遅れた製品ニーズが高く、繁殖牛や育成牛に給与する際には、タンパク成分やβカロテンの低下していない完熟期前に収穫した製品のニーズが高い。

このことから、収穫面積が広くすべての飼料イネを収穫適期に収穫できない場合は、黄熟期までに収穫できた製品は酪農に供給し、やや刈り遅れた製品は繁殖牛や育成牛を飼養する農家に、極端に刈り遅れた製品は肥育農家に供給するなど、生産者には牛の種類に応じた製品ニーズを踏まえた顧客開拓や販売促進等の取り

組みが必要である。

3．栽培側の飼料イネの導入条件—技術開発によるコスト低減の可能性—

イネWCSは、栽培ないし収穫を畜産農家ではなく耕種農家が行う点が、牧草やとうもろこしなど他の飼料生産と異なる。このため、耕種農家にとってもイネWCS生産のメリットがなければイネWCSは畜産農家に供給されない。耕種農家におけるイネWCS生産の収益性は、産地づくり交付金などの補助金、生産物のイネWCSの販売収入、イネWCS生産に掛かるコストに依存する。ここではイネWCSの生産コストおよび各種技術の導入によるコスト低減・収益改善の可能性を明らかにするとともに、耕種農家がイネWCS生産により収益を確保するうえで必要な施策、取り組みに言及する。

(1) 飼料イネの生産コスト（食用米なみの栽培技術、F型収穫機利用）

イネWCS用の稲を食用米なみの栽培技術で生産する。すなわち、食用品種を移植により、施肥を10a当たり化成肥料1袋（窒素3kg）のみで栽培する。この場合の圃場生産量（地際刈りの坪刈りによる推計収量）は、10a当たり乾物1t～1.1t程度である。これを広く普及しているフレール型専用収穫機（F型収穫機と略記）で収穫調製した場合の実収量は、圃場生産量よりも35％前後減少し680kg程度になる（表1のA）。この収穫ロスは残株や機械内での梱包成形時及びロール排出時の漏出が多いことによる[4]。

イネWCSの栽培から収穫、畜産農家のストックヤード搬入までの生産コストは、栽培関係10a当たり52千円、収穫調製運搬関係18.5千円、計約7.1千円である。したがって、実収量（乾物）1kg当たり生産コストは103円と計算される（表1のB）。

適期に収穫しカビ発生等のないイネWCSは流通乾草なみの評価を得ているが、ストックヤードが必要なこと、ストックヤードから牛舎への運搬・給餌作業の負担から畜産農家の評価は流通乾草よりも10円程度低い[2]。したがって、食用米なみの栽培技術によるイネWCSの10a当たり生産コストは販売収入を約36千円上回る。この差額は産地づくり交付金などの補助金で埋められ生産者の収益が確保されている。

第 11 章 酪農経営における稲発酵粗飼料利用の意義と普及定着の課題

表1 飼料イネの生産コストの内容（食用米なみの栽培管理）

A. 実収量と販売収入

項目	値	備考（試算根拠）
圃場生産量（乾物 kg/10a）①	1,050	
収穫ロス（%）/F 型収穫機 ②	35%	実地調査による
実収量（乾物 kg/10a）③＝①＊(100－②)	682.5	
単価（円/乾物 1kg）④	50	流通飼料価格－10 円（ストックヤード・給餌作業負担分）
販売収入（円/10a）⑤＝③＊④	34,125	

B. 飼料イネの栽培から収穫調製運搬に要する経費（円/10a）

地代（水利費相当）	8,000	※地区により異なる
種子代	1,575	播種量 3kg＊@525 円/kg
育苗培土	1,800	@36,000 円/t＝400 箱分
殺菌剤・苗箱	460	
肥料	1,200	化成肥料 20kg、@1,200 円/20kg
除草剤	2,100	粒剤 1kg、@2,100 円/kg
播種・育苗費	3,000	2 時間/20 箱
耕起・代掻き	3,750	2.5 時間、@1,500 円/時
田植え・施肥・除草剤散布	3,750	75 分*2 人、@1,500 円/時
燃料費	420	軽油 20l、ガソリン 10l/1ha
水管理	3,750	50 日＊30 分/ha、@1,500 円/時
畦畔管理（除草）	2,250	30 分/10a＊3 回、@1,500 円/時
機械施設償却費・修繕費	20,000	※営農規模、機械装備により異なる
（作業時間）	11	
栽培関係コスト小計 ⑥	52,055	
ラップフィルム、ネット等	4,573	F 型 450 円/個、S 型 700 円/個
収穫運搬燃料	710	実収量 1t 当たり F 型 1,040 円、S 型 730 円（運搬距離往復 10km）
飼料イネ収穫調製作業	1,280	実収量 1t 当たり F 型 75 分、S 型 41 分
イネ WCS 運搬作業 ⑦	1,433	実収量 1t 当たり F 型 84 分、S 型 54 分
収穫調製機械償却費	10,500	収穫調製機械一式計 1500 万円．生涯収穫作業量乾物 1500 t（20ha＊15t＊5 年）＝10,000 円/圃場生産量 1t
収穫調製運搬関係コスト小計 ⑧	18,495	
生産コスト計 ⑨＝⑥+⑧	70,550	
実収量 1kg あたり生産コスト ⑩＝⑨/③	103	
販売収入－費用合計 ⑪＝⑤－⑧	－36,425	

（2）増収栽培（専用品種導入・堆肥連年施用による圃場生産量増加）とコスト低減

　耕畜連携推進事業により堆肥を連年10a当たり2t、堆肥に不足する窒素成分を補うため尿素肥料を0.5袋（窒素4.6kg）施用し、飼料イネの専用品種を栽培する。この場合の圃場生産量は10a当たり乾物1.5t～1.6tに増加する。F型収穫機による実収量は約1,000kgに増える（表2の増収栽培）。

　この増収技術を採用した場合のイネWCSの生産コストは、生産量の増加により収穫調製コストも増すため、食用米なみ栽培技術よりも10a当たり8,000円ほど増加し約79千円になると計算される。しかし、収穫量が増えているため、実収量1kg当たり生産コストは103円から78円に25円も低下する。収穫したイネWCSを乾物1kg当たり50円で販売する場合、食用米なみ栽培技術と比べて10a当たり約8,000円の収益改善効果が期待される。なお、堆肥の利用は耕畜連携推進事業を活用するものとし畜産農家の費用負担に含めている。

（3）省力栽培（乾田直播）によるコスト低減

　省力化が期待される乾田直播栽培の技術内容、要素投入を以下のように設定する。レベラーを用いて圃場の均平化を行い、ブロードキャスターを用いて飼料イネ専用品種の種子と緩効性肥料を散播し、ロータリーで覆土する。除草剤を出芽前に液剤で、出芽・入水後に粒剤で散布する。播種量は10a当たり4kg、肥料は堆肥2tに加えて緩効性肥料を窒素成分で5.5kg施用する。この場合の圃場生産量は10a当たり乾物1.3t～1.4t、F型収穫機による実収量は乾物878kg程度となる（表2の省力栽培）。

　この乾田直播により、育苗や整地、移植作業が削減されるため、栽培に要する労働時間は移植技術の10a当たり11時間から6.5時間に減少する．培土や育苗箱、育苗施設が不要になるが、単価の高い緩効性肥料を用いること、除草剤の使用量が増えることから、資材費は移植栽培技術とほとんど同じである。したがって、労働費を含めた栽培コストは移植栽培技術より7,000円低い約45千円になる。

　実収量1kg当たり生産コストは移植による増収栽培と同じ78円に低減するが、収支改善効果は約12千円であり、移植による増収栽培を少し上回る。

　ただし、乾田直播栽培には、播種時の乾田状態と出芽後の湛水状態の確保可能

表2 増収技術、乾直栽培、細断型収穫機導入によるコスト低減効果

	食用米なみ栽培技術	増収栽培	省力栽培（乾田直播）	細断型収穫機導入	増収栽培+細断型収穫機導入	乾直栽培+細断型収穫機導入
圃場生産量（乾物 kg/10a）	1,050	1,550	1,350	1,050	1,550	1,350
収穫ロス（%）	35%	35%	35%	17.5%	17.5%	17.5%
実収量（乾物 kg/10a）	683	1,008	878	866	1,279	1,114
単価（円/乾物1kg）		50				
販売収入（円/10a）	34,125	50,375	43,875	43,313	63,938	55,688
飼料イネ栽培コスト	52,055	51,455	44,864	52,055	51,455	44,864
収穫調製コスト	18,495	27,303	23,780	18,994	28,038	24,420
生産コスト計	70,550	78,758	68,644	71,049	79,493	69,284
実収量1kgあたり生産コスト	103	78	78	82	62	62
販売収入−費用合計	−36,425	−28,383	−24,769	−27,737	−15,556	−13,597
収益改善効果		8,042	11,656	8,689	20,870	22,829

注：収益改善効果は食用米並み栽培技術の（販売収入−費用合計）に対する差額。

な圃場条件が必要であること。耕盤の維持、雑草抑制の面から隔年で実施する必要がある。収益改善面では移植による増収技術と大きな差がないため、作業競合回避等の手段として位置づけられる。

（4）細断型収穫機の導入（収穫ロスの低減・実収量の増加によるコスト低減効果）

　中央農業総合研究センターで開発した自走式細断型飼料イネ専用収穫機（以下、細断型収穫機、S型収穫機と略記）は、サイレージの発酵品質に影響を及ぼす梱包密度が向上するとともに、収穫ロスが少ない点に特徴がある。細断型収穫機を用いた飼料イネの実収量は圃場生産量に対して15〜20%の低下に抑えられる。また、F型収穫機と比較して作業速度が速く、梱包サイズが大きいためラッピングや運搬効率が向上する。稲を細断するため高価なネットを梱包資材として利用する点を差し引いても、収穫物1kg当たり収穫調製運搬コストは低減する。ただし、2008年に市販されたばかりであり、機械の耐久性や修繕費については不明であることに留意する必要がある。機械の償却費をさし当たりF型収穫機と同額として

コスト計算を行った。

食用米なみ栽培技術のままで、F型収穫機からS型収穫機への変更により、実収量は183kg、販売収入は約9,000円増加する。10a当たり生産コストは変わらないが実収量の増加により、1kg当たり生産コストは103円から82円に約20％減少し、10a当たり収益は8,689円改善する（表2の細断型収穫機導入）。

また、増収栽培と細断型収穫機導入を組み合わせることにより、イネWCS 1kg当たり生産コストは62円に減少し、収益は約21千円向上する。乾田直播栽培と細断型収穫機利用の組み合わせでは、収益は約23千円向上する。

4．おわりに―イネWCS利用の意義と普及定着の鍵―

政府は2009年を「水田フル活用元年」と位置づけ、水田等有効活用促進事業を実施し、遊休水田等の活用に力を入れる。飼料イネは飼料用米とともに遊休水田の活用に適した作物であるが、その普及には生産物のイネWCSが大家畜経営の飼料として評価されること、イネWCSの生産者の収益が確保されることが必要である。良質の粗飼料を必要とする乳用牛では、飼料イネを収穫適期の黄熟期に収穫し、高密度で梱包し良質なサイレージ発酵を促す技術導入が必要である。そのためには、地域内で多様な品種を計画的に組み合わせて収穫適期の拡大を図ることや、細断型収穫機等の高密度梱包の可能な収穫機の導入が必要である。

他方、イネWCSの生産コストを低減し、生産者の収益を確保するためには、産地づくり交付金等の助成とともに、単収増加を図る技術導入が欠かせない。増収栽培や乾田直播栽培、収穫ロスの少ない細断型収穫機の導入により、生産物単位当たり生産コストは確実に低減する。

しかし、現実には専用品種や堆肥施用を伴う増収栽培を導入している地域は多くない。その理由の一つに、圃場ローテーションで転作を実施するため、食用米生産時への倒伏や混種を懸念する点があげられる。その対策として、飼料イネ作付け圃場の固定化や飼料イネ作付け前の堆肥の施用、早生種の食用米の作付けが一般的な地域では晩生種の飼料イネ専用品種を利用し、食用米への混種を防ぐ対応が考えられる。

増収技術が普及しないより大きな理由は、面積単位で交付される助成制度や生

産物の取り引き価格（販売収入）、収穫作業料金の設定にあると考えられる。コスト低減をもたらす技術の実施者は、耕種農家や収穫受託組織であり、これらの技術導入に伴い面積当たり生産コストは上昇する。それにもかかわらず、生産物の販売額や作業料金が面積単位で設定される限り、耕種農家や収穫受託組織の収益は技術導入により減少するからである。技術の実施者に収益を帰属させる仕組みの構築が、コスト低減技術を推進するうえで欠かせない。具体的に言えば、産地づくり交付金や耕畜連携助成等を収量や品質に応じて交付する仕組み、数量や品質に応じた生産物の販売・取引、圃場生産量に応じた収穫作業料金の設定、などがイネWCS生産の社会的コストを低減し、飼料の増産をはかるうえで必要である。

注
（1）千田雅之「営農試験地5年間の成果と飼料イネ生産利用システムの到達点」『関東地域における飼料イネの資源循環型生産・利用システムの確立最終報告書Ⅰ』中央農業総合研究センター、2009年。
（2）千田雅之「稲発酵型飼料の品質評価と対応策」『農業経営研究』45(1)、2007年、pp.35-39。
（3）稲発酵粗飼料生産・給与技術マニュアル、2006年3月、「日本標準飼料成分表」2001年。
（4）石田元彦「稲発酵粗飼料のユーザー評価向上技術」『関東地域における飼料イネの資源循環型生産・利用システムの確立最終報告書Ⅰ』中央農業総合研究センター、2009年。

第12章

コントラクター法人の育成で地域農地の活用

森　剛一

1．はじめに

　日本農業の課題については、水田農業など農地の制約を受ける土地利用型農業の発展の遅れが指摘されて久しい。一方で、畜産農業は飛躍的な規模拡大を成し遂げ、一定程度の競争力を獲得しつつある。酪農についても購入飼料を主体とした土地の制約がない経営では、メガファームと呼ばれるような大規模経営が可能になってきた。海外からの輸入飼料が安価に供給されることを前提とすれば、経営資源として自給飼料基盤を保有しない経営を選択することも酪農経営の経営者の判断として間違ってはいない。しかし、近年の国際的な穀物価格の高騰により、輸入飼料に依存した経営ほど大きな打撃を受けたことから、改めて自給飼料基盤の重要性が見直されたところである。

　加えて、自給率の低下や遊休農地の拡大が社会的な問題となる中、輸入飼料に依存する酪農経営の規模拡大を推進することは矛盾を深めることになる。また、規模拡大に伴って糞尿処理の問題も深刻化する。このため、自給飼料の確保だけでなく、家畜糞尿の農地還元の観点から、地域の農地の有効利用が日本の酪農にとって不可欠な課題となってくる。そのことが日本酪農の発展のためだけでなく、自給率の向上や農地の生産力の維持など食料安全保障にも繋がり、国民的利益にも寄与することになる。

　粗飼料自給の状況については、酪農全国基礎調査（2007（平成20）年度、㈳中央酪農会議）の結果からも明らかなように、都府県では飼養頭数規模が小さいほ

ど自給割合が大きい。つなぎ飼いで30～40頭規模の家族経営では、自己の経営の中に自給飼料基盤を保有して搾乳労働のみならず自給飼料の生産からも所得を稼ぐタイプの酪農経営が成り立っている。酪農経営の過半が赤字になったと思われる2008年の経営成績を見ても、こうした経営のなかには黒字を維持しているところも多い。日本の酪農においてはこうした家族経営の役割も大きく、酪農ヘルパー制度などによってこうした小規模な優良経営を支援する政策も重要である。ただし、自給飼料基盤を保有していない酪農家が、今後、単独で自給飼料基盤を確保して自給飼料を生産することには、農地の利用調整という観点から無理が生ずる。小規模な酪農家が新たに自給飼料基盤を確保するには、集落営農などの仕組みを通じて地域の酪農家以外の農業者と協力して農地利用の新たな形を作っていく必要がある。

　一方、フリーストール、フリーバーンといった飼養形態で、飼養頭数が70～80頭以上になってくると、経営体の中で自給飼料生産まで行うことが難しくなってくる。その理由は、まず、規模拡大に従って労働力が不足するからである。酪農経営が規模拡大していくと牛の飼養管理や搾乳で手いっぱいになってくる。かりに雇用を入れて不足する労働力を補っても、飼料作物の栽培は労働の季節性が高く、今度は、被雇用者の通年雇用を確保するためのジョブ・ローテーションが成り立たない。その結果、規模拡大した酪農経営が、経営体のなかで多頭飼育による搾乳と自給飼料生産とを二本柱として位置づけることは現実的な選択肢でなくなってくる。こうした大規模酪農経営にとって経営戦略上、重要なのは、飼料作物生産機能を外部化、すなわちアウトソーシングすることだ。

　このため、酪農経営から独立したコントラクターやTMRセンターを法人として育成し、酪農経営と分業・連携していく仕組みづくりが必要である。ただし、飼料作物の生産拡大については、農地の制約を受けるので、飼料生産を専門に行うコントラクター法人を育成するとともに、これに農地を集約するための仕組みづくりが必要で、新たな政策の枠組みが求められる。

　これまで純酪農地帯におけるコントラクターの形態としては、酪農家の出資によって設立したものだけでなく、飼料会社による運営などが多かった。最近では、建設会社などによる新規参入も目立ってきている。今後、重要になってくるのは、水田農業地帯における集落営農によるホールクロップサイレージ用稲（WCS稲）

など飼料作物生産への取組みと法人化、すなわち集落営農のコントラクター法人化である。WCS稲の生産に対して耕畜連携水田活用対策事業費補助金を交付するだけでは、補助金が地代に代替して地権者の所得となる、いわば交付金の「地代化」現象を促進するだけで、捨て作りを助長することにもなりかねない。今後は、担い手育成、コントラクターやTMRセンターの法人化に政策的支援の重点を置くべきである。

2．耕畜連携によるホールクロップサイレージ用稲（WCS稲）栽培の課題

著者は、税理士業を営んでおり、その顧客に酪農家も多くいる。その顧客の一人に法人経営でホールクロップサイレージを作っている熊本県の酪農家がいる。その酪農家の苦労は、ホールクロップサイレージを栽培する圃場を酪農家が決められないことである。稲作農家が、転作目標面積の消化のために自分の都合でホールクロップサイレージの栽培をする水田を決め、その刈取りを酪農家に依頼する形になっている。このため、圃場が分散してしまい、刈取りの時間よりも農業機械の移動の時間のほうが多いというような実態になっている。

「耕畜連携」の理想はすばらしいが、実態としては米の生産調整のための対応の一つにすぎない。米の生産調整の尻ぬぐいを酪農家がしているとも言える。酪農家にも耕畜連携水田活用対策事業費補助金が交付されるので酪農家も協力しているが、補助金の水準が削減されたような場合には維持できるような生産体系ではない。せっかく、生産調整の仕組みの中で「耕畜連携」を掲げて補助金を付けているのだから、耕畜連携の基盤を作るのが本来の目標であるべきだが、実際には捨てづくりが多いのが実態である。

酪農家の悩みは、圃場分散だけではない。中には、米農家のモラルハザードが起きている例もある。こうしたケースの場合、稲作農家は、耕起・代かきから田植えまでを分担しており、本来、その後の肥培管理も稲作農家がやるべきであるが、田植えまでやってしまえば要件を満たして補助金をもらえるので、水管理がいいかげんになっている場合もある。そうすると、その水田は、生育が悪く、すかすかの田んぼになっている。その後、酪農家が機械を持ち込んで収穫をし、ホ

ールクロップサイレージにしようとしてもロールがわずかにしかならない。機械の運転ばかりに時間とコストがかかってしまうというようなことが起こることになる。このように、耕種農家が前半の栽培をし、後半の刈り取りから収穫物が酪農家のものという分担関係になっているケースが多いが、このような分担関係でホールクロップサイレージを栽培する場合、よほど耕種農家のモラルが高くないと、生産性の向上には結びつかない。

このような圃場分散やモラルハザードの問題を解決するには、土地利用型法人が水田を面的に集積したうえで、売れるホールクロップサイレージを生産し、酪農家に販売するという生産体系が必要になってくる。

3．土地利用型法人が主体となった「売れるWCS稲」作り

定着可能な耕畜連携のあり方を考えるうえで、ヒントになるのが山形県酒田市にある株式会社和農日向（わのうにっこう）である。この法人は、稲作農家が集まって設立した土地利用型の水田転作を主体とした法人である。この法人では、転作対応でホールクロップサイレージを生産して酪農家と肉用牛農家に供給している。なお、代表者は、水田農業だけでなく養豚も営んでおり、畜産農家の立場もわかっている人物である。

この和農日向の取組みでは、集落協定の組織をつくって、稲作農家すなわち地権者から実質的には農地を預かって法人が実際の作業をしている。畜産農家に対して、ホールクロップを1ロール4,000円で売っている。ただし、畜産農家は、実質的に1ロール当たり350円ほどの補助に加えて、耕畜連携の仕組みの中で、10a当たり1万円、別途補助を受けているので、1ロール4,000円よりも実際の負担は安くなる。もちろん、現行の補助金体系があるから成り立つ仕組みではあるが、稲作農家と酪農家とが共同して取り組む通常の仕組みよりは優れている。

製品として、牛が喜んで食べる飼料、畜産農家が喜んで使う「商品」を作ろうということでやっているので、捨てづくりにはならない。最終的に1ロール幾らで販売するので、当然、良いサイレージをより多くいいものをつくれば、法人の収益の拡大にもつながるという仕組みになっている。きちんと商品としてホールクロップサイレージを作れば、経営主体である法人の収益につながるという形が

耕畜連携の定着のために必要であり、和農日向の取組みは、真っ当な仕組みの耕畜連携が少ない中で、特筆すべき存在である。

　和農日向の取組みのもう一つの特徴は、酪農家だけでなく、肉用牛農家にもホールクロップサイレージを供給していることである。これは、ホールクロップサイレージをつくっている法人の側にも水稲の刈取り適期が長くなるというメリットがある。ホールクロップサイレージの生産においては、専用の収穫機械の償却負担が大きいが、稼働期間が長くなって、1台の機械の稼働面積を増やせば製品へ反映される償却コストを小さくできる。酪農家向けには、未熟の葉がまだ青い状態で刈り取ってホールクロップサイレージにする。その後、通常の主食用の米の刈取りをする。主食用の刈取りが終わると、今肉用牛農家向けのホールクロップサイレージとして完熟した稲を刈り取るという流れでやっている。稲作農家と酪農家とが共同する通常の耕畜連携の形では、酪農家向けホールクロップサイレージ稲の収穫にしか収穫機械が稼動できないが、土地利用型法人が主体となることによって、酪農家だけでなく肉用牛農家という顧客も取り込んで収穫期間を長くし、機械のコストを下げる取組みが可能になっている。昨今の飼料価格の高騰で自給飼料が再び注目されたが、日本の酪農では、水田という農地基盤を生かしていくことが課題であり、和農日向のような取り組みを定着させていきたい。

4．コントラクターとTMRセンターの一体的運営と畑地の土地利用調整

　もう1つは、水田地帯ではなく通常の飼料作を行っている北海道や北東北などの畑作地帯における飼料作物生産の取組みについての課題である。このヒントとなる事例として、TMRうべつの取組みを紹介したい。

　このTMRうべつは、岩手県北部の一戸町にあり、青森県との県境近くの分水嶺にある高原地帯に立地している。一戸町には水田もあるものの稲作の限界地で、一定の標高以上になると畑地になっている。この奥中山の地域は農業専作地帯で栽培作物は、酪農向けの飼料作物とレタスなどの高原野菜である。TMRうべつの「うべつ」というのは地区の名前で、宇別地区の6件の酪農家・酪農法人など酪農の経営体が共同して2005年4月1日に設立した会社である。

ここでは、6件の酪農経営が、それぞれの飼料畑と労働力を出し合って、TMRうべつでデントコーンを栽培している。収穫したデントコーンをバンカーサイロでサイレージにして、でき上がったサイレージと豆腐粕、配合飼料、乾草とを調製してTMR飼料にしている。このTMRセンターでは、周囲数百メートルの範囲内に酪農経営が立地しているので、毎日、ミキサーで調製したTMR飼料をミキサーごと牽引して各酪農経営に配達している。この取組みによって、飼料費をかなり削減できている。コーンサイレージの原価は、19年度の実績で1kg8円程度であった。ただし、会社組織でTMR飼料をつくっているので、製造したTMR飼料を販売することになるので、実際には原価に適正利潤を上乗せして販売している。TMR飼料の原料の一つである豆腐粕は、安価であるが、腐敗しやすく利用が難しい。TMR飼料を毎日調製しして酪農家に供給する仕組みを作ることによって、豆腐粕が利用可能になった。粗飼料生産だけでなく、食品廃棄物を活用した安価なTMR飼料の供給によって、酪農経営の厳しい中で少しでも原価を下げる取り組みが始まっている。

　TMRうべつが成功したもう一つの理由は、酪農経営の共同化・合理化で生み出した余剰労働力を飼料作に振り向けたことにある。TMRうべつは、6件の酪農経営が共同して設立したが、そのうちの1件の酪農経営は、5件の酪農家が共同で作った酪農法人である。搾乳頭数200頭規模になり、ロータリーパーラーを導入したため、労働力に余剰が生まれたことから、TMRうべつの夏場のデントコーンの栽培作業に労働力を振り向けることができた。

　しかしながら、このTMRうべつにも課題がある。課題の一つは、野菜農家との農地の競合である。野菜農家との農地の競合については、一戸町の周辺地域、とくに南の岩手町のレタス農家が、一戸町の奥中山地域に農地を求めて入ってきている。レタス農家から見れば農地の有効活用ということになるが、奥中山地域からみると、地区外の農業者に優良な農地を占有されることになるので、地域の農地を地域中の担い手で有効活用できないかというような話があるが、実際には簡単ではない。同じ農地が、デントコーンの作付地にもなるし、レタス作付地にもなるため、地域の中でも酪農家と野菜農家は利害が一致しない。

　TMRうべつの直面するさらに大きな課題が、圃場分散である。宇別地区の農地を基盤としているとはいっても、圃場は虫食い状態に分散していて、収穫物の

デントコーンを運搬するのにダンプが何台も要る。これが全体のサイレージのコストを上げる要因になっている。このため、圃場から圃場へ連続して作業を続けられるようになれば、もっと効率的な生産が可能になり、ダンプや収穫機械の投資を抑えることができるようになる。TMRうべつのようなTMRセンターとコントラクターの融合体の経営を発展させていくには、農地の面的な集積が重要であり、面的集積を進めるうえでは野菜農家との農地の利用調整をどうするかが大きな課題になっている。

たとえば、酪農家と野菜農家が共同で出資して地区ごとに農事組合法人の農業生産法人を設立して、農地の利用権を集積し、輪作をするというアイディアも出ている。具体的には、畑地でブロックローテーションをして、野菜農家にも農地を供給しながら、飼料作を団地化して効率的にやる姿を描いているが、課題も多い。農地の面的集積でメリットが出てくるのは飼料作物の栽培であり、それは酪農家の都合で、野菜農家には関係がない。そこで、野菜農家にもメリットがある形を作らなければならない。レタスには連作障害があるので、デントコーンとの輪作を導入することで連作障害回避のメリットを生み出せないかと考えているが、実際、コーンの作付け地の後にレタスをつくったら生育条件が良くなるかという検証も必要になってくる。

しかしながら、地域資源としての農地の新しい管理の仕組みを、耕種農家と酪農家が地区ごとに共同して設立した農業生産法人が担う仕組みぜひとも構築していきたい。具体的には、農業生産法人に農地の利用権を集積したうえで、テナント方式で野菜農家に生産を委託する方式である。農業生産法人が農地を転貸することは農地法上問題があるので、ブロックローテーションで野菜作付け地に割り当てた圃場を野菜農家に委託生産する。生産物は、その法人を通して販売するが、かかった費用を差し引いて残りを野菜農家に委託料として支払うような、出来高払制度によって実績配分することが考えられる。

具体的な方法は別にしても、酪農家だけでなく地域の野菜農家と共存できるような土地利用体系をつくる中で、自給飼料のコストを下げていく取り組みを模索しているところである。また、TMRうべつの場合には、共同経営の酪農法人設立により、労働力を生み出すことができたが、酪農経営から離脱した農業者をコントラクターのオペレーターとして活用することが考えられる。経営不振の酪農

経営については、負債が累積する前に早期に経営転換を図ることも重要だが、酪農経営から離脱する農業者のなかには、経営能力や飼養管理能力は不十分でも、機械作業は得意だという人も少なくない。こうした農業者には、コントラクター法人のなかで新たな役割を担ってもらうことが望ましい。

5．コントラクター法人の育成と税制上の課題

　TMRうべつでは、第2期（2007年3月期）は法人税の負担がなかったが、第3期（2008年3月期）は法人税の負担が生じた。第2期に法人税の負担がなかったのは、赤字だったからではなく、特定農業法人として農用地利用集積準備金を積み立てたからである。特定農業法人とは、農地の集積を促進する制度であり、農用地利用改善団体を組織し、これが作成する特定農用地利用規程に、地域の農用地の過半を利用集積するものとして位置づけることによって、特定農業法人となることができる。2006（平成18）年度までは税制上の特例措置として農用地利用集積準備金を活用することができた。農用地利用集積準備金とは、農畜産物の販売金額（加工品はその40％）の9％相当額を準備金として積み立てて損金算入することを認めたものである。TMRうべつは飼料作物を生産してこれを原料として製造したTMR飼料を販売しているので、農産物を原料とした加工品を販売しているということで、農用地利用集積準備金の対象になっていた。

　ところが、品目横断的経営安定対策（現：水田・畑作経営所得安定対策）の導入に伴って農用地利用集積準備金制度が廃止され、2007（平成19）年度からは新しく農業経営基盤強化準備金制度に変わった。農業経営基盤強化準備金制度では、準備金を積むために品目横断的経営安定策の交付金や産地づくり交付金を受領することが条件になっている。このため、TMRうべつはせっかく特定農業法人になったのであるが、残念ながら、第3期の2007（平成19）年度の決算においては、準備金が積めなくなってしまい、法人税等を支払うことになった。通常、同族経営であれば、法人税を払うよりも役員報酬を増額することを考えるが、TMRうべつは共同経営であり、内部留保をしておかないと飼料作物の不作等のリスクに耐えられないということがあって法人税等を負担しても一定の利益を出す方針を採っている。

6．担い手育成のための酪農政策の今後の在り方への提言

　国の政策に求めたいことは、まず、販売目的の飼料作物を、水田・畑作経営所得安定対策の対象作物に追加することである。重要なのは、交付金そのものではなく、同対策に対する税制上の優遇措置、すなわち農業経営基盤強化準備金の対象とすることだ。コントラクター法人が無税で内部留保できるようにすることで、コントラクターの経営が安定するだけでなく、これがインセンティブになってコントラクター法人の設立が促進される効果が期待できる。また、水田地帯においては、集落営農組織を新たなコントラクター事業の主体・担い手として育成するために、酪農家と耕種農家がともに同じ土俵で地域農業の仕組みづくりを議論する場が必要だ。そのためにも、酪農関係の助成措置について耕種農家にも情報提供がされるよう、交付金制度を一本化することが求められる。

　具体的には、コントラクター法人が、飼料作物を栽培した実績のある農地を集約することによって水田・畑作経営所得安定対策の生産条件不利補正・固定払交付金（過去実績による支払）を受けられるようにするとともに、自ら栽培した飼料作物（これを原料としたTMR飼料）を酪農家に販売することによって、その販売実績に応じて同対策の成績払交付金を受領できるような仕組みにする。なお、飼料作物について過去の生産実績を把握することは技術的に困難を伴うが、麦・大豆について過去の生産実績がない場合の「担い手経営革新促進交付金」と同様の仕組みとすることも考えられる。また、財源の確保も課題の一つだが、既存の補助事業を組替えることで対応可能になるのではないか。たとえば、「酪農飼料基盤拡大推進奨励金」は、デントコーンの作付（スラリー土中施用が条件）に対して7,500円/haが交付され、さらにTMR（完全混合飼料）給与を実施すると8,000円/haが交付されている。

　前述したように、コントラクター法人のTMRうべつは、農用地利用集積準備金の活用を視野に特定農業法人として設立され、設立当初は農用地利用集積準備金の積立てを行って無税で内部留保を行うことができた。しかしながら、その後の税制改正によって農用地利用集積準備金に代って創設された農業経営基盤強化準備金の対象とはならず、準備金の積立てを行うことができなくなってしまった。

これは、畑地でデントコーン栽培を行っている法人は、水田・畑作経営所得安定対策（稲、麦、大豆、甜菜、澱粉原料用馬鈴薯の5作物が対象）、水田農業構造改革交付金（産地づくり交付金など水田転作作物が対象）のいずれの対象にもならないためである。コントラクター組織が経営体として自立するためには法人化と内部留保が不可欠であるが、その支援のために税制上の措置が欠かせない。

　加えて、水田地帯においては、法人化した集落営農をコントラクターとして位置づけるという政策による明確なメッセージが必要である。前述したように、耕畜連携水田活用対策事業費補助金が「地代化」する現象は、既存の農業の主体を前提にして補助金を分配しているからである。補助金は、新たな担い手を育成するという方向で活用されないと機能しないばかりか現状の生産構造を固定化する弊害さえ生むことになる。したがって、稲作農家と酪農家が、それぞれの経営主体を変えずに作業だけを分担するのではなく、共同で出資して新たな経営主体として法人を設立することが必要だ。ことによって、稲作農家と酪農家が資本関係で結ばれ、稲作農家が農地や労働力の提供元として、酪農家がホールクロップサイレージの販売先として、法人と永続的な関係を築くことができ、安定的な生産が可能になってくる。こうしたコントラクター兼TMRセンターの法人に対して、TMR原料となる配合飼料や食品廃棄物を供給する酪農協や連合会などがコントラクター法人に出資をして支援の意思を明確にし、経営管理支援を行うなど、協力関係を構築していくことも重要になってくる。

第13章

酪農経営におけるコントラクター利用の経済性と今後の展望

福田　晋・森高　正博

1．はじめに

　輸入粗飼料や配合飼料価格の高騰を受けて、国内の飼料生産体系の再構築は、喫緊の課題となってきた。そのような中でコントラクターの飼料生産における担い手としての位置づけはますます重要となっている。

　本稿では、まず2で現状の都府県におけるコントラクター普及の動向を検討する。北海道と比べるとまだまだ普及の余地があるが、都府県ならではの特徴を見ることもできる。次に、3と4において、都府県でコントラクターを利用している農家の経済性について検討する。コントラクターの自立可能性の問題も重要であるが、そもそも利用している酪農家にどんなメリットがあるか、明確にしておかないと、利用農家が増えるはずもない。本稿では、2つのタイプの異なったコントラクターを紹介し、そのコントラクターを利用している酪農家の現状と利用効果について考察する。

2．都府県におけるコントラクターの動向

　農林水産省の統計資料によると、1993年度のコントラクターによる飼料作収穫受託面積は、1万2,682haであったが、2005年度には9万7,752haの7.7倍に、委託戸数も3,380戸から1万8,007戸と、5.3倍に増加している。それに伴って組織数も93年度の47組織から05年度には437組織（うち北海道159組織、九州・沖縄127組織）

第13章　酪農経営におけるコントラクター利用の経済性と今後の展望

表1　コントラクター組織の特徴（2005年度）

(単位：戸、ha、％、ha/戸)

経営形態		全組織	調査対象組織	利用農家	受託面積	組織割合	平均利用農家	平均受託面積	利用農家当たり受託面積
農協		46	46	4,627	35,237	11	101	766.0	7.6
	北海道	26	26	2,850	32,419	16	110	1,246.9	11.4
	都府県	20	20	1,777	2,818	7	89	140.9	1.6
有限会社		65	60	4,909	23,016	15	82	383.6	4.7
	北海道	46	42	1,805	21,665	29	43	515.8	12.0
	都府県	19	18	3,104	1,351	7	172	75.1	0.4
株式会社		9	9	537	6,470	2	60	718.9	12.0
	北海道	9	9	537	6,470	6	60	718.9	12.0
	都府県	0	0	0	0	0			
公社		15	14	1,299	3,570	3	93	255.0	2.7
	北海道	3	2	184	2,519	2	92	1,259.5	13.7
	都府県	12	12	1,115	1,051	4	93	87.6	0.9
営農集団等		302	237	6,635	29,459	69	28	124.3	4.4
	北海道	75	59	1,296	22,195	47	22	376.2	17.1
	都府県	227	178	5,339	7,264	82	30	40.8	1.4
合計		437	366	18,007	97,752	100	49	267.1	5.4
	北海道	159	138	6,672	85,267	36	48	617.9	12.8
	都府県	278	228	11,335	12,485	64	50	54.8	1.1

と、10倍近くに急増している。この数は、今後も伸び続けるものと思われる（表1）。

　各コントラクターの組織形態を見ると、2005年では営農集団等が302組織（69.1％）、有限会社・株式会社74組織（16.9％）、農協46組織（10.5％）、公社15組織（3.4％）となっている。99年の営農集団67組織（46.5％）、有限会社23組織（16.0％）、農協33組織（22.9％）と比べると、営農集団がその絶対数、構成割合からしても際立って増加しており、とりわけ、都府県では営農集団型が82％を占めている。

　一方、有限会社・株式会社等の法人コントラクターは、2005年度では農協を抜いて組織形態としては第2位であるが、株式会社は北海道のみに存在している。

　組織形態別に1組織当たりの利用農家戸数をみると、有限会社で北海道43戸、都府県172戸と大きな開きがあるが、その他の組織では農協が100戸前後、公社が90戸程度で差はなく、営農集団が20戸から30戸程度となっている。とりわけ都府県の有限会社において利用農家が多くなっている、これは農協出資型のコントラ

クターに起因していると思われる。

　平均受託面積で見ると北海道と都府県には極めて大きな差がある。全組織平均で北海道が617.9ha、都府県54.8haと10倍以上の差があるが、最も規模が零細な営農集団でも北海道は376.2ha、都府県は40.8ha、北海道の農協、公社では1,200haを超える受託規模である。

　また、利用農家1戸当たりで見ると、北海道ではいずれも10haを超えているが、都府県では平均で1.1haであり、有限会社の利用農家規模は0.4haに過ぎない。組織ごとの受託規模ではその設立母体のエリアからしても農協、公社の規模が大きいことがうかがえるが、1戸あたりの利用面積は組織ごとに差がなく、利用農家数が受託規模を規定していることが明らかである。

　ところで、初期のコントラクターに営農集団が多かったのは、明らかに飼料生産に関わる機械共同利用組織からの発展を背景にしており、この間、先発組の営農集団や農協直営組織の一部が法人化し、既存組織はそれなりに組織形態としても安定化、高度化してきた。

　これに対して現状で営農集団が多くなっていることには、次の2つの理由がある。1つは、コントラクターの事業内容が多様化し、稲発酵粗飼料の生産を主な作業内容とする耕種農家を中心とした営農集団が参入してきたこと、2つめは、たい肥散布に関わるコントラクターが参入したことである。

　前者は、水田農業改革の一環としての新たな戦略作目として、東北地方を中心に稲発酵粗飼料が水田利用の切り札的位置づけをされた地域が増えたことに起因しており、耕畜連携の新たな形態と位置づけられる。後者もたい肥の排出者である畜産経営と利用者である耕種・園芸経営を結ぶ役割として、たい肥散布作業のニーズが高まり、それを請け負うコントラクター組織が形成されたことによる。両者とも各種の助成事業により広がったものであり、国の重要施策である飼料増産運動が、コントラクター組織の増大につながってきたことを示している。

　以上のような実態を考慮すると、コントラクターの組織形態は、営農集団から法人経営へ発展的に転換してきた先発コントラクター組（もちろん、従来の組織、経営内容のままのケースもある）と、ここ1、2年で新規参入してきた後発の都府県を中心とした営農集団が混在している状況といえる。すなわち、この拡大期を経て今後その組織体の経営・組織内容の充実が問われる時期に来ると思われる。

重要なことは、コントラクターが社会的に信用され、コスト意識、経営意識を備えたサービス事業体となることである。

畜産経営が自給飼料生産部門を切り離し、分業型に転換することは、委託したコントラクターの安定的・持続的経営を前提としている。そこで、以下ではコントラクターを利用している酪農家の立場からその経済性に焦点を当てて分析してみる。

3．農協直営型コントラクターと利用農家の経済性

（1）地域概況

分析の対象となる農家は茨城県A市に立地している。A市の2005年農業粗生産額2,699千万円の内訳は、鶏卵38.9％、野菜20.9％、生乳11.8％、豚11.4％となっているが、合併前の調査農家の属する旧町のみを見ると、生乳生産が276千万円と最も多く、酪農の特化の程度が高いことがわかる。

調査農家が所属するA酪農協では1967年から、従前から行われている作業受託を拡大する形で、自給飼料生産の一貫作業体系による作業受託を行っている。

（2）A酪農協における飼料作受託

A酪農協は1967年と極めて早い時期から一貫作業受託体制を整えていた。さらに、1989、96、99、2001年と大型の自走式ハーベスターを導入し、現在、2台体制で効率の良い収穫・調整作業が可能となっている。

料金は時間制（1分当たり円）で作業別に設定されている。これは、圃場条件による作業効率を料金に反映させると共に、収量が少ない年に委託農家から料金を多くとらないようにするための仕組みである。

なお、調製作業は、農協ではなく、土建業者が受託している。当該地域の多くでスタックサイロが用いられており、農家や農協の所有するローダー等で鎮圧するよりも、土建業者が所有するユンボを利用した方が、作業の精度、スピード共に効率がよく、生産されるサイレージの品質も高くなるためである。

収穫等作業の農協への委託と、土建業者への調製作業の委託は、農家がそれぞれに対して直接行い、その後、農協と土建業者の間で、作業日程の調整が行われ

図1　飼料作の作業受委託関係

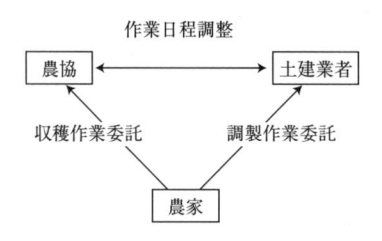

```
              作業日程調整
       農協 ←――――――――→ 土建業者
         ↖               ↗
     収穫作業委託    調製作業委託
             ↖      ↗
              農家
```

る。土建業者への支払いについては、農家が直接精算する場合と、農協を通して精算する場合がある（**図1**）。

　農協管内の飼料作付け体系は、トウモロコシとソルゴーの混播で2番草まで収穫する方式が一般的である。ただし、年によっては2番草まで収穫できない場合もある。なお、混播の場合、収穫量に占めるソルゴーの割合は非常に少なく、ほぼトウモロコシと考えてよく、以下の試算でも比較対象とする都府県平均にはトウモロコシのみの数値を用いている。

（3）調査農家の経営概況

　調査農家の経営概況の把握には、2005年の経営調査データを用いている。調査農家は、フリーストール牛舎にて、経産牛115頭（うち搾乳牛100頭、乾乳牛15頭）を飼育している。労働力は、経営主、その妻、息子、及び通年雇用者2名（18歳の従業員、酪農をリタイアした58歳の従業員の2名）である。経営耕地面積は13ha（うち借地10ha）あり、すべて飼料作に用いられている。なお、2007年現在で経営耕地面積は17ha（うち借地14ha）と飼料作が拡大している。

　当経営は、1935年以降、規模拡大を続けている。それに伴い飼料畑も借地ないし購入して増加させている。これにより、搾乳牛1頭当たりの自給飼料供給量は、6,729kg/年と、都府県平均に比べると非常に高い水準にある。粗飼料自給率はDM換算で36.3％であり、購入乾草としてチモシーとスーダンを利用している。なお、近年、輸入粗飼料の価格が著しく上昇しているが、調査農家では、乳量維持のためにも、粗飼料の構成割合は当面現状維持の意向である。

　また、**図2**に示すように平均乳量は1994年以降、一貫して増加傾向にあり、増

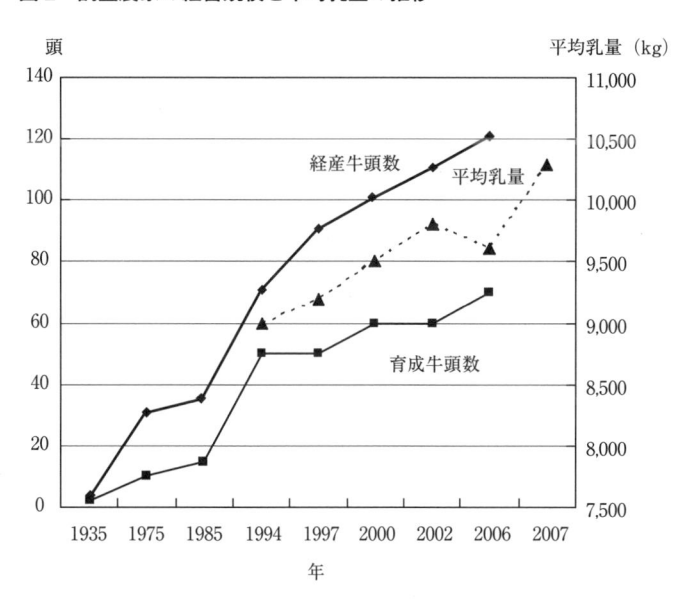

第13章　酪農経営におけるコントラクター利用の経済性と今後の展望　　163

図2　調査農家の経営規模と平均乳量の推移

頭を行いながら平均乳量を増加させてきた。この要因の一つにコントラクターの存在があり、後ほど詳しく検討する。

（4）飼料作とコントラクター利用状況

　調査農家の飼料作付け状況は、トウモロコシとソルゴーの混播で、可能な限り2番草まで収穫を行っている。飼料作のうち、当経営が行う作業は5月の播種のみであり、これに年間約250時間の労働を要している（表2）。除草剤散布、収穫・運搬はコントラクターに委託しており、スタックサイロの積み上げ、鎮圧、ビニールかけを土建業者に委託している。このため、年間の飼料作労働時間は同規模の都府県平均に比べて約4分の1と、非常に少なくなっている。

　なお、当経営はバンカーサイロの利用を1997年と1998年に試みているが、当経営にとって作業負担が大きかったこと、また、品質の維持が難しかったことから、作業委託でき、良質なサイレージを得られるスタックサイロ方式に戻した経緯がある。

　粗飼料の生産費は表3に示す通りである。労働費は大きく削減されているもの

表2　飼料生産に伴う労働時間

単位：時間

飼料関連労働	調査農家	都府県平均
耕起・播種	250	291
肥培管理	0	116
収穫・運搬	0	291
サイレージ・乾草調整	0	291
労働時間合計	250	988

注：実態調査より作成。

表3　粗飼料生産に関わる費用

（単位：円）

項目		調査農家	都府県平均
草地費		0	23,244
資材費	種子・種苗	640,800	395,148
	肥料・土壌改良剤	352,367	1,086,657
	農薬	0	―
	その他資材	171,650	1,417,884
労働費		398,477	1,574,781
固定財費		2,817,731	912,327
コントラクター委託料		1,357,048	―
生産費合計		5,738,073	5,410,041

注：いずれも、農家調査から算出。調査農家の労働費は、簡便に、「都府県平均の労働費」×「調査農家の労働時間」／「都府県平均の労働時間」によって試算している。

の、コントラクター委託費でほぼ相殺されていることがわかる。また、コントラクターを利用することで、自経営で所持する機械装備を大幅に削減できるはずであるが、調査農家の減価償却費は都府県に比べてむしろ3倍と大きな負担となっている。以上の結果、同規模の飼料作を行った場合の都府県平均と比べても、同程度の粗飼料生産費となっている。

　調査農家の減価償却費が大きくなった理由として、第1に、水田作にも利用しているトラクター等について、按分をせず100％を飼料作に計上していること。第2に、償却が終わっていない所有機械が非常に多く、それが減価償却費を押し上げていることが指摘できる。ただ、当該経営は2005年から2007年までに更に4haを拡大しており、現在もなお、リタイア農家からの借地、購入などで積極的に耕地を拡大する意識は強いため、面積当たり減価償却費は相対的に小さくなることが期待できる。

ただし、飼料作のための農地の多くを借地に頼っている状況であり、10a当たり1～2万で借地しており、10haの借地の場合、100～200万の地代負担が必要となる。

このように、調査農家は、コントラクターを利用しているために、飼養頭数規模を拡大するなかで、飼養管理労働に多くの時間を割くことが可能となっている。また、農家自身による大型機械等の投資が必要なく、飼料作面積の拡大も比較的容易であるが、コントラクターへの委託費用、地代などの金銭的負担を伴ったものとなっている。

なお、先に述べたように、当経営は、一貫して飼養規模を拡大しながら、平均乳量は増加傾向で推移してきている。この要因としても飼料作コントラクターの存在が大きいと考えられる。その理由としてまず第1に、飼養規模に見合った自給飼料基盤確保がある。飼料給与体系を変えないためにも、頭数規模が拡大するとともに粗飼料生産も拡大させることが理想的であるが、一般には土地や労働力の制約のため困難である。しかし、当経営は飼料作も同時に規模拡大することができ、粗飼料の多給とその給与体系を継続している。

第2に、作業委託先が大型機械化体系に移行することで、良質なサイレージを給餌できるようになったこと、また、それにも関わらず、飼料作に関わる労働時間が少なく、乳牛の飼養に集中できる環境が整ったことが要因と考えられる。

（5）コントラクター利用による飼料作付規模の拡大可能性

前節までに確認したように、調査農家は飼養頭数規模を拡大しながら、平均乳量も増加している。その一因として、コントラクターを利用して飼料生産労働時間を増やすことなく、飼料作面積を拡大していることを指摘した。本節では、これが当該農家だけではなく、A酪農協の農家に一般的に当てはまること、また、平均的な都府県の大規模経営とは大きく異なることを確認する。

図3は農家別の搾乳牛頭数と飼料作付面積の関係を、A酪農協の農家と、畜産物生産費における都府県平均のそれぞれについてプロットしたものである。

80頭規模を超えてくると、都府県では一般的に、飼料作付面積を拡大できなくなっており、飼養頭数規模が大きくなっても耕地面積は伸びないことが図から確認できる。これに対して、A酪農協農家の経営状況を農家別にプロットしたもの

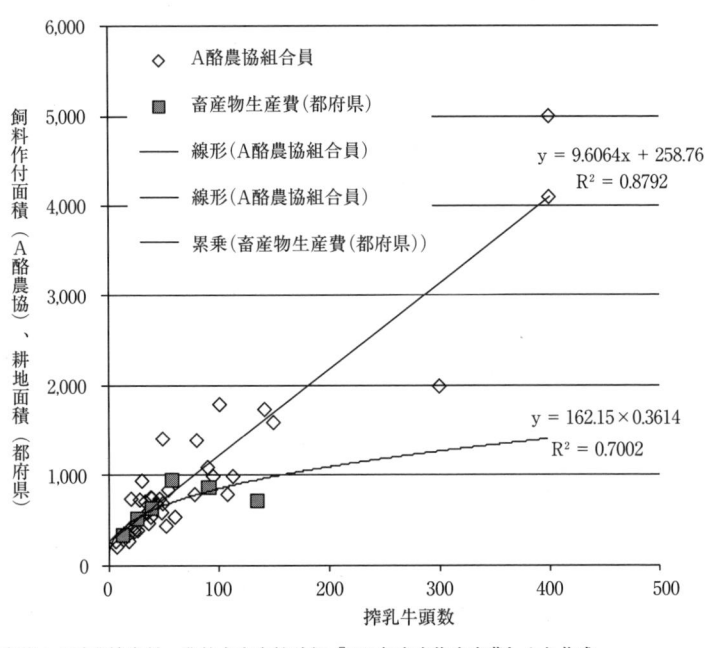

図3 農家別にみた搾乳牛頭数と飼料作付面積の関係

縦軸：飼料作付面積（A酪農協）、耕地面積（都府県）
横軸：搾乳牛頭数

凡例：
◇ A酪農協組合員
■ 畜産物生産費（都府県）
― 線形（A酪農協組合員）
― 線形（A酪農協組合員）
― 累乗（畜産物生産費（都府県））

$y = 9.6064x + 258.76$
$R^2 = 0.8792$

$y = 162.15 \times 0.3614$
$R^2 = 0.7002$

資料：A酪農協資料、農林水産省統計部『H18年畜産物生産費』より作成。

を見ると、A酪農協の農家は、整備されたコントラクター組織を利用することで、飼養頭数に比例して飼料作付規模の拡大を図っていることがわかる。これは、粗飼料給与体系を変更することなく良質粗飼料を確保しながら飼養頭数を拡大できるということであり、乳量・乳質を維持・向上させる上で重要な要素となると考えられる。

4．営農集団型コントラクターと利用農家の経済性

（1）地域概況

　分析の対象となる農家が位置する熊本県K市は、2005年の農業粗生産額863千万円のうち、生乳32.2％、野菜19.7％、鶏14.3％となっており、酪農とともに野菜生産の盛んな地域である。この地域内にはコントラクター組織が多数存在している。コントラクターの組織形態は、JAに事務局を置く利用組合型のコント

ラクターの他、営農集団による利用者組織型のコントラクターもある。

（2）調査農家の経営概況

調査農家は、経産牛54.6頭（うち搾乳牛46.7頭）、育成・肥育牛39.7頭の酪農経営を行っており、労働力は経営主、経営主の妻、経営主の父の家族3人で、雇用労働はサイロ詰めの際の臨時雇用のみである。経営耕地面積は畑8.5haで、うち3haを借地している（2006年）。調査農家は、同規模の経営頭数においては、家族労働力、経営耕地ともに都府県平均とほぼ同等の状況にある。

調査農家の搾乳牛1頭当たりの直接労働時間は131時間と、都府県平均と大きく異なっていない。しかし、搾乳牛1頭当たりの粗飼料給与量は、8,680kgと都府県平均の約2.5倍と非常に大きな値を示している。

（3）Hハーベスター組合

Hハーベスター組合（以下、コントラクター）は1999年に設立された3戸の酪農家による営農集団で、牧草の植え付け作業と収穫作業の受託を行っている。組合員の3戸は作業を委託する傍らオペレーターとしての出役も行っており、組合員外で作業を委託する農家は4戸である。作業料金は表4、組合で所有する機械装備は表5のとおりであり、ダンプ等は作業時に組合農家等からリースにて借り上げる方式をとっている。

設立以降の受託実績は図4のとおりである。組合員のうち、大規模酪農家が1戸あり、その他の組合員及び利用農家は中小規模酪農家である。調査農家は後者に該当する。組合が受託する作付け面積および収穫面積のうち、この大規模農家からの受託がそれぞれ約75％および約50％を占めている。コントラクターは、大

表4　作業委託料金

（円/10a）

	刈取	植付
構成員	5,000	1,500
員外委託者	7,000	2,500

表5　コントラクターの機械装備

機械名称	型式
コーンハーベスター	JAG840
不耕起更新機	9500型
マニアスプレッダー	JD455
バキュームカー	DV4560
ボブローダー	TCM610

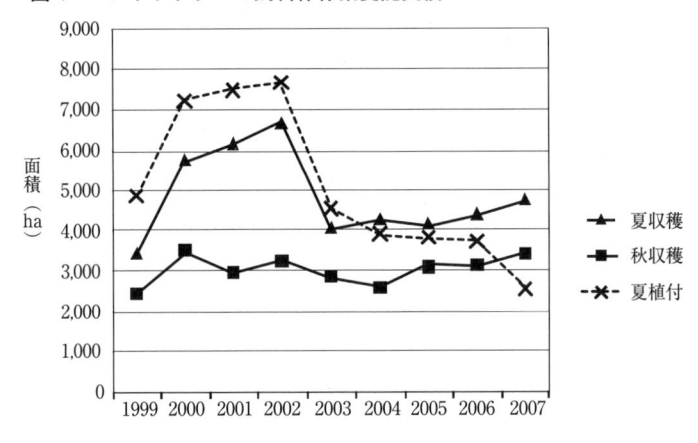

図4　コントラクターの飼料作作業受託実績

規模酪農家にとって、飼料作作業負担の軽減と労働力の確保というメリットがあり、その他組合員にとっては大型機械体系に移行することによる作業効率の上昇、オペレーター賃金収入の確保というメリットが見込まれる。そのため、営農集団型のコントラクター設立に至ったものと推察される。

(4) 飼料作とコントラクター利用状況

調査農家の自給飼料はすべて先の8.5haに作付しており、トウモロコシ11.6ha、イタリアン4.8ha、麦2.1haを作付けしている（表6）。作付体系はトウモロコシの二期作、トウモロコシ－イタリアン、トウモロコシ－麦である。23か所ある圃場の1枚の面積は22～60aであるが、比較的、近隣に集められており、収穫後はすべてバンカーサイロに詰め込み、サイレージとして経営内で使用している。

コントラクターを利用していなかった当初は、すべての作業機械をそろえ、自家労働によって粗飼料の栽培とサイレージ生産を行っていた。コントラクターが設立されて以降は、収穫作業は組合に委託し、ハーベスターが大型化しているので利用農家の作業効率は上昇している。

また、同時に経営主は同組合のオペレーターとしても出役している。自作地の収穫作業

表6　調査農家の作付面積
(単位：a)

飼料作物	延作付面積
イタリアンライグラス	483
トウモロコシ	1,161
麦	212
イナワラ	500
計	2,356

第13章　酪農経営におけるコントラクター利用の経済性と今後の展望

図5　調査農家とコントラクターの取引関係

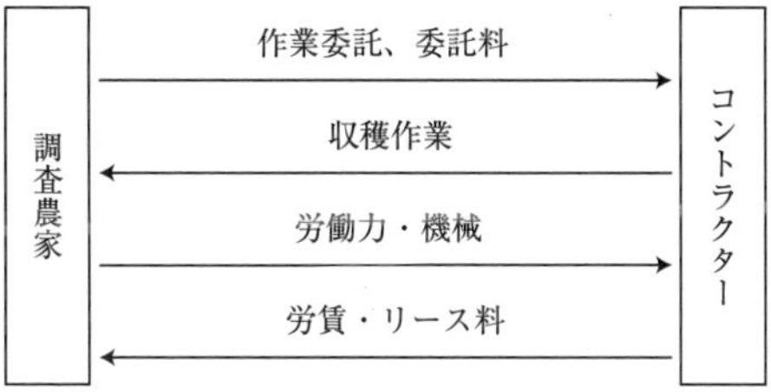

調査農家 → コントラクター：作業委託、委託料
調査農家 ← コントラクター：収穫作業
調査農家 ← コントラクター：労働力・機械
調査農家 → コントラクター：労賃・リース料

表7　粗飼料生産に関わる費用

(単位：円)

項目		調査農家	都府県平均
草地費		0	32,129
資材費	種子・種苗	362,146	432,533
	肥料・土壌改良剤	792,089	1,244,715
	農薬	274,485	—
	その他資材	67,195	1,608,784
労働費		726,568	1,804,500
機械減価償却費		736,474	1,134,454
コントラクター委託料		806,697	—
生産費合計		3,765,654	6,257,116

注：農家実態調査による結果。調査農家の労働費は、簡便に、「都府県平均の労働費」×「調査農家の労働時間」/「都府県平均の労働時間」によって試算している。

については、図5のように、農家からコントラクターに委託料を払い、コントラクターは調査農家の経営主を臨時雇用し、トラクターやダンプ等を賃借する形で受委託が行われている。

調査農家の経営主はこの他にも、コントラクターの受託作業にオペレーターとして出役しており、収穫時期は、自作地の収穫作業に出役する2日以外に、2週間ほど他の委託農家の収穫作業に出役している。

粗飼料生産費は、表7に示すとおりである。調査農家の機械減価償却費は、736千円であるが、このほとんどを占めるトラクターの減価償却費はかなり大きく見積もられている。さらに、自経営の飼料作作業時間は表8で確認されるように大幅に減少している。その一方で、調査農家にはコントラクター委託料約81万円が発生している。以上から、調査農家の労働費、減価償却費、コントラクター

表8　飼料生産に伴う労働時間

（単位：時間）

飼料関連労働	調査農家	都府県平均
耕起・播種	205	361
肥培管理	72	116
収穫・運搬	30	323
サイレージ・乾草調整	150	335
労働時間合計	457	1,135

注：農家実態調査による。

委託料の合計は約227万円となり、都府県平均の約294万円に比べても、約67万円の費用削減が可能となっている。

　また、コントラクターの利用によって発生した労働時間の節減をコントラクターの出役にあて、機械リース料67万円も追加的な収入として発生している。このオペレーター出役時間340時間と表8に示す自作地の飼料生産に伴う労働時間457時間とを合計しても、都府県平均の飼料生産労働時間1,135時間（表8）よりも労働時間が338時間少なくなっている。

　飼料作における草地費、資材費は飼料作の機械化体系に影響を受けないと考えられるので、この点を無視して、以上の試算結果を比較する。まず、飼料作に伴う労働費、減価償却費、コントラクターの委託料における67万円の費用削減、オペレーター出役による収入約67万円の合計約134万円がコントラクターを利用することによる金銭的なメリットと考えられる。更に、オペレーター出役時間も含めた飼料作に伴う労働時間の338時間の削減が労働面のメリットと考えられよう。この他、大型機械体系に移行したことで、短期間で集中的な収穫・調整作業が可能となり、サイレージの品質向上等のメリットが期待される。

　なお、当該コントラクターの組合員及び利用農家の7戸による飼料作体系において、出役側の調査農家においても、労働量の削減が実現している事実は、コントラクターによる大規模飼料作体系に移行したことによる規模の経済性が発生していることを示しているといえる。

5．むすびにかえて

　以上、都府県に典型的に見られる農協直営型と営農集団型という2つのタイプの異なるコントラクターを利用している酪農家の経済性について検討してきた。前者では、現金の出入りではほとんどメリットはないものの、飼養頭数規模の拡大とともに飼料作を拡大し、乳量増大に成功している。後者は、コスト的にみても大幅な削減がみられ、自らオペレータとして出役することで、更なる経済的メリットも生まれている。

　以上の2つの事例でもわかるように、個別経営の飼料生産で採用されない大型機械をコントラクター組織が備えることで、大幅な作業効率の上昇が見られる。コントラクターが規模の経済性を実現することができるか否かは、この大型機械の装備とともに、まとまった農地での作業ができるかということに拠る。それには委託農家の農地の集積と作業委託の工夫も欠かせない。コントラクターと利用農家との常日頃の情報交換は極めて重要となる。

　さらに、今後コントラクター活用に当たって、注目しておくべき視点を挙げておく。まず第1に、コントラクターが飼料生産新技術の担い手になりうるか否かということである。

　例えば、都府県でも作付けが減少してきたとうもろこしの拡大について、裁断型ロールベーラの導入が大きな鍵を握っている。これにより、とうもろこしの近距離での流通も可能となる。裁断型ロールベーラを利用した利用体系の地域酪農家への動機付けを促進するとともに、そのような機械体系を持つコントラクターの拡大が今後望まれる。

　第2に、以上のこととも関わるが、コントラクターは今後単なる作業受託組織ではなく、飼料生産基盤の土づくり、餌つくりについてアドバイスできるような組織へとステップアップすべきである。そのことにより、地域の飼料生産水準も向上するとともに、畜産経営の信頼も増してくる。TMRセンターなどとの連携は、その点でも重要である。

　第3に、冒頭に見たように、都府県でコントラクターが増えた背景に、稲WCSの拡大がある。今後の水田農業の再構築を展望しても、稲WCSは重要な作

目だと言える。そして、その生産コストを下げるためにもコントラクターが生産段階で機能を発揮することが一層求められてくる。稲WCSに加えて飼料米の話題も出てきている。飼料米の普及可能性については課題の多いところであるが、都府県の水田農業の担い手として、一層コントラクターがクローズアップされ、耕畜連携の担い手として期待されるといえよう。

　最後に、単なる作業受託ではなく、飼料を生産して販売する経営体が現れてきたことに注目しておかなければならない。このような取り組みは、畑作地帯におけるコーンサイレージや水田地帯における稲WCSの生産販売にみることができる。自ら経営する農地で一貫してサイレージまで生産することで作業効率は一層上がり、低コスト供給が可能となっている。地域資源を利用した国内産飼料が流通する新たなステージに到達したとも言える。

参考文献
[1] 福田晋編著『コントラクター』中央畜産会、2008年。

第14章

エコフイードの利用と飼料ベストミックス

阿部 亮

1. 都府県酪農における飼料構造の特徴

　表1には近年の主要な乳牛用飼料の種類と量の概要を示した。配合飼料、ビートパルプ、輸入乾草（ヘイキューブと長もの乾草）、自給飼料を併せると、約1,483万 t であるが、この他にもワラ類、食品製造副産物類、国内産ビートパルプ、綿実等が加わるので、おおまかに言って1,600〜1,700万 t 前後の飼料（風乾物）が日本の乳牛に給与されていると考えてよいであろう。

　2006年後半からのトウモロコシ価格の上昇と原油価格の高騰は配合飼料と輸入乾草の国内価格を押し上げた。2004年8月と2008年6月の飼料価格を比較するとチモシー乾草が39円から52円に、配合飼料は43円から60円に、ビートパルプは37円から48円と大きく上昇している。その結果、これらの飼料への依存度が高い都府県酪農家の乳飼比は33〜35％であったものが45％前後となり、可処分所得を引き下げ、経営危機を招来した。平均的な乳牛（乳量26kg前後/日、給与乾物量21kg前後/日）の乳牛に対する飼料給与内容（乾物）を都府県酪農にみると、輸入乾草が6〜9kg、配合飼料が6〜8kg、ビートパルプが2〜4kgと、これら三つの飼料が骨格を形成し、自給粗飼料や食品製造副産物の使用比率が小さな所が多く、均質化（ホモ化）、金太郎飴的な飼料構造となっている（種村高一ら「都府県酪農の経営と技術を考える、3．搾乳牛の栄養・飼養管理の課題」『畜産の研究』62巻7号、761-765、2008年）。1980年以降の高泌乳・規模拡大路線が緩衝能の小さな酪農飼料構造を作り、それが2006年以降の飼料高の影響を都府県を中心に全国的にもたらす結果となっている。

表1 近年の主要な乳牛用飼料の種類と量の概要

配合飼料（2006年度　3,307千トン）

使用原料	使用量（千トン）	配合率（％）
トウモロコシ	1,372	41.5
マイロ	44	1.3
小麦	27	0.8
大裸麦	65	2.0
その他穀類	223	6.8
ふすま	145	4.4
米ヌカ	19	0.6
脱脂米ヌカ	13	0.4
その他糟糠類	390	11.8
アルファルファミールペレット	134	4.1
大豆粕	411	12.4

ビートパルプ（輸入量）　522千トン
輸入乾草（キューブ）　423千トン　飼料用乾草（長もの）　2,292千トン
自給飼料（2006年度）現物：35,232千トン　風乾物推定量：8,289千トン
その他（ワラ類、食品製造副産物、国内産ビートパルプ、綿実等）

資料：農林水産省監修『流通飼料便覧2004年度』。
注：数値は2003年度のデータ。

2．飼料構造の改変

　日本の酪農が世界の社会経済的な変化に直面した時に、その影響を受ける程度がより少ない、緩衝能の高い飼料構造を創る作業（構造の形と目標の設定、計画、実践）が今回（2006年以降の飼料高）の受難・経験を踏まえて行われなければならない。飼料構造の改変である。
　その視点は「原点としてのライブストックアニマルの再認識」、「飼料構造のベストミックス化」、「地域産業コンプレックス」である。ライブストックアニマルとは、「通常は人間の食と競合しない、あるいは人間の食の残さを食する形で人間と共生し、いざの時に、人間に高品質の蛋白質あるいは脂肪を提供してくれる存在」という意味である。その観点からは食品製造副産物・食品残さ（食品循環資源）を飼料の基幹の一つに位置させることが考えられなければならない。
　飼料構造のベストミックス化とは、輸入トウモロコシ・大豆への過度の依存体質からの脱却手法であり、具体的には、「自給粗飼料」、「食品循環資源」、「輸入

飼料」の適切な組み合わせの工夫である。工夫は地域の特性を反映した形としてなされねばならないが、それは以前の日本酪農の形、すなわち、草地型酪農、畑地型酪農、水田酪農、都市周辺型酪農を温故知新とすべきであろう。

　地域産業コンプレックス（複合体）は地域の異業者のネットワークの形成を意味するが、これについては、二つのことが考えられる。一つは、「耕畜連携による耕地の有効な利用」であり、もう一つは「畜産業と食品製造業および食品流通業との連携の推進」である。耕畜連携では、堆肥の循環的な利用を土地の集積を行いながら推進し、自給粗飼料の生産をコントラクター組織の力を借りながら拡大することが期待される。また、畜産業と食品製造業・食品流通業との連携からは、食品循環資源のリサイクル率（飼料化率）を高めながらの循環型社会の構築と飼料自給率の向上が期待されるが、その実現のためにはTMR（混合飼料）センターを始めとする新しい飼料産業やリサイクルループを完結するビジネスモデルが必要となる。

3．エコフィード

　食品循環資源はエコフィードと呼称される。ecoにはEcology（環境負荷低減への寄与）とEconomy（経済的に安価な飼料の生産）の期待が込められている。どのような食品循環資源がエコフィードとして国内に存在するか。表2には乳牛のみならず全ての家畜を対象として、飼料資源をリストアップした。

　食品循環資源の中から飼料として利用されている量を2007年度についてみると、食品製造業からの排出量500万tの中から190万t（飼料化率38％）、食品流通業からの排出量340万tの中から44万t（飼料化率13％）、外食産業からの排出量300万tの中から12万t（飼料化率4％）となる（農林水産省調べ）。乳牛用の飼料としては牛海綿状脳症（BSE）予防の観点から植物性の材料・牛乳乳製品のみがエコフィード利用対象になる。

4．ベストミックスの例

　国内のTMRセンターで調製され、酪農家に供給されている3つの飼料ベスト

表2　可能性（潜在性）をも含めた国内で利用できる飼料素材

〈牧草・飼料作物〉
　ホールクロップサイレージ：トウモロコシ、ソルガム、稲、麦・エンバク類
　牧草サイレージ：チモシー、イタリアンライグラス、ペレニアルライグラス等
〈農産物〉
　穀物：米、大麦・小麦（裏作を含む）
　一般農産物：イモ（ジャガイモ・サツマイモ）、大豆、カブ類、甜菜、ヒマワリ、ナタネ等
　規格外農産物：小麦、大豆、米、大麦、ニンジン、ナガイモ、葉物野菜等
　農産残さ：稲ワラ、小麦ワラ、大麦ワラ、マメ桿、スイートコーン残さ等
〈エコフイード〉
　食品製造副産物：デンプン粕、ヌカ類（生米ヌカ等）、トウフ粕、ビール粕、ウイスキー粕、酒
　　　　　　　　粕、ワイン醸造粕、焼酎粕、生ビートパルプ、醤油粕、果実ジュース粕、あ
　　　　　　　　ん粕、緑茶粕、麦茶粕等
　食品残さ
　　①外食産業、中食産業、コンビニエンスストアー、スーパーマーケット、学校給食、社員食
　　　堂、ホテル等のセントラルキッチンからの多様な調理残さ
　　②野菜カットセンターからの大量の野菜クズ
　　③食品流通業からの売れ残り・期限切れ商品
　　④品切れ・欠品を予測して過剰に生産される麺類等食品
　　⑤製パン工場・菓子工場からのパンクズ、菓子クズ、あん粕、規格外品
　　⑥牛乳・乳製品工場からの余剰乳・廃棄乳・乳製品

ミックスの例を表3に示した。北海道D牧場の製品は自給粗飼料とエコフイードと輸入穀類を組み合わせた畑作地帯のTMR製品であり、JAらくのう青森の製品は地産のリンゴジュース粕を利用したセミTMR製品である。このセミTMRは自家産の乾草との併用を前提として製造されている。また、鳥取県畜産農協ではこの表に示す以外に、稲発酵飼料（稲ホールクロップサイレージ）を自給粗飼料として利用する水田型ベストミックスをも検討している。自給飼料とエコフイードを多用したTMRについては、イスラエルが先進国として知られているが、表にはそこでの筆者の調査事例をも示した。このケファービットキンTMRセンターは50戸の酪農家の出資で運営されているが、使用されている粗飼料（小麦サイレージ、トウモロコシサイレージ、小麦乾草）の生産はコントラクターに委託されている。

5．エコフイードの利用手順

　表2に示したように国内には多くの飼料資源が存在するが、低未利用の資源を

表3　乳牛用ベストミックスの例

北海道D牧場（素材混合→フレコンバック貯蔵→4週間発酵→水分47％、pH3.9、乾物中TDN含量78％、乾物中粗蛋白質含量17.4％）
〈トウモロコシサイレージ〉〈デンプン粕サイレージ、トウフ粕、酒粕、コーンコブ、リンゴジュース粕、パイン粕〉〈長イモカット片〉〈粉砕トウモロコシ、大豆粕、エン麦〉

JAらくのう青森TMRセンター（青森セミTMR、水分40％、乾物中TDN含量75％）
〈配合飼料31％〉〈リンゴジュース粕26％、ビール粕11％、醤油粕7％、ビートパルプ9％、トウフ粕サイレージ5％〉

鳥取県畜産農協　TMR　H飼料
〈配合飼料＋ミネラル21.0％〉〈アルファルファ乾草18.8％〉
〈脱水ビール粕15.0％、トウフ粕30.1％、ミカンジュース粕2.6％、パンクズ2.5％、醤油粕1.5％、酒粕4.5％〉

イスラエル・ケファービットキン飼料センター　TMR〈素材混合量kg〉
〈小麦乾草180kg、小麦サイレージ1,525kg、トウモロコシサイレージ900kg〉
〈コーンスターチ粕540kg、ミカンジュース粕1,440kg、ヒマワリ脱脂粕64kg、クエン酸製造粕11kg、ビール粕180kg〉〈大麦666kg、粉砕トウモロコシ360kg、圧ぺん小麦234kg、大豆粕180kg、ふすま225kg、グルテン60％54kg、脂肪6kg、酵素5kg、グルテンフィード180kg、綿実252kg、尿素糖蜜液72kg、炭酸カルシウム53kg、食塩17kg、ビタミン類3kg〉

有効に利用するためには、しっかりとした手順を踏むことが大切である。以下にその手順を示す。

〈手順1〉利用できる量の評価

規格外農産物ならば地域に於ける作付け面積と廃棄量を、食品循環資源（エコフイード）ならば工場からの排泄量とともに、定時定量供給（荷受け）が可能か、あるいは季節性を持つものか、あるいはスポット的な排出・供給かを評価し、貯蔵方法、貯蔵施設、給与方法の計画を立てることが先ず大切である。

〈手順2〉品質の精査と運送・貯蔵方法の計画

規格外農産物やエコフイードの異物が分別されているか否かの精査が必要である。また、エコフイードは一般的に水分含量の高いものが多いところから、好気的な条件に放置すると好気性細菌が増殖し、発熱・変敗が進行する。それを防ぐために、密封貯蔵し嫌気的に乳酸発酵を促進させ、pHを低下させて保存性を高めることが推奨されている（表4）。密封貯蔵するための施設整備（ドラム缶、フレコンバック、バンカーサイロ、ロールベーラ等）が考えられなければならない。

〈手順3〉栄養素含量の調査

表4　トウフ粕の密封貯蔵による好気性細菌の減少と乳酸発酵の促進

区分	好気性細菌	酵母	乳酸菌	ph
工場1時間後	6×10万	5×100	測定不能	6.7
4時間後	1.9×1億	7×1000	測定不能	5.7
密封2日後	1.5×10万	1000以下	3.5×1000万	4.0
4日後	8.4×1万	1000以下	1.5×1000万	4.1
6日後	5×1000			4.0

資料：新潟県畜産研究センター、今井ら「食品製造副産物の飼料特性を活用した乳用種肥育の良質コスト生産技術、北陸地域重要新技術開発促進事業報告書」1994年。

　対象とする素材の飼料価値を評価するために、先ず一般分析項目として水分、粗蛋白質、粗脂肪、炭水化物の含量を知る必要がある。また、実際に乳牛に給与する場合には素材の配合量を決めるために飼料設計が行われなければならない。その段階では一般分析項目に加えて栄養価（可消化養分含量、TDN）、繊維含量、繊維消化率、ミネラル含量等の情報が添えられるとよい。これらの分析数値は飼料成分表、研究報告・学術雑誌、畜産雑誌の検索によっても得られるが、書誌情報として掲載のない素材については、国内外の飼料分析センターへ分析依頼をすることによって比較的短時間で安価に情報が得られる。

〈手順4〉乳牛による給与・飼養試験

　栄養素含量の調査によって乳牛の飼料原料として利用できることが確認された後には、嗜好性試験、飼養試験が行われ、乳牛の生産性が評価される段階となる。この段階では、飼料摂取量、乳量、乳質等が測定・評価される。試験は酪農家の乳牛が用いられ、飼養効果が検証されることが理想的ではあるが、測定項目が多く、手法についても専門性が必要とされるところから、この仕事は試験研究機関や大学で実施されることが望ましい。トウフ粕、ビール粕を始めとして種々のエコフィードの飼養価値に関する知見は〈手順3〉の項で述べた国内の書誌情報の中にも多く蓄積されている。また、現在は精緻な内容を持つ飼料設計のソフトウエアーが種々あるところから、栄養素含量とソフトウエアーの利用によって、飼養成績もある程度、推定することが可能である。

〈手順5〉農場での総合的な評価

　〈手順1〉から〈手順4〉を踏まえて、農場がエコフィードを利用した場合の

飼料価格低減や畜産物価格への影響等の経済性評価が作業時間・作業動線の評価と併せて総合的に吟味される必要がある。

6．エコフイードの有効利用のための要件

　食品循環資源がエコフイードとして有効に利用されるための要件を以下に整理する。
① エコフイードとして利用出来る資源の探索が地域内で行われ、量と質など、前項の〈手順1〉に記した情報がデータベース化され、地域の畜産農家にその情報が提供されるシステムの構築が望まれる。これは行政のネットワーク（地方農政局、都道府県、自治体）下に行われることが理想である。
② データベースを基盤として畜産農家、食品関連事業者、廃棄物処理業者が連携し、エコフイードが個人の農家あるいは地域のTMRセンターへ供給されるとよい。
③ 自給飼料とエコフイード多用の飼料ベストミックス化を図るために、飼料生産コントラクターとTMRセンターの構築、連携が構想され、計画、推進されるとよい。
④ 前項の手順の的確な実施のためには畜産農家と食品循環資源の排出業者を囲む形での地域の諸機関（農業改良普及センター、公立試験研究機関、大学、農業団体、共済組合家畜診療所、飼料メーカー）の連携（地域産業コンプレックスの拡大）が必要である。
⑤ 地域資源としての食品循環資源を含む各種バイオマスの利用途（飼料化、エネルギー化、堆肥化、炭化等）と配分方針について、各地域毎の計画の策定が今後、必要となるであろう。

第15章

牛乳プラントを核とした地域の共生
―持続的生産体制の確立―

淡路　和則・山内　季之

1．はじめに

　木次乳業有限会社[1]は、島根県雲南市（旧大原郡木次町）にある乳業会社で、31戸の生産者から日量15ｔを集乳している。中国中山間にあり、決して大きくはない乳業会社であるが、全国に購入者が広がっており、高い知名度を誇る。同社は、旧木次町内に豊富にある畦草や下草を利用できる小規模な酪農に活路を見いだしていこうとする生産者によって1962年に設立され、地域酪農家の経済的な支柱となってきた。当初は酪農組合として設立を計画されたが、牛乳の処理まで自ら行う必要に迫られ、会社形態でスタートした。そのため、同社の定款は農協のそれに近い内容となっており、『酪農家の共同体』としての内実を持った会社である。従って、同社の活動等には、一般的な「乳業会社」とは趣を異にする点がみられる。

　本章では、このような基本的性格をもった木次乳業が地域の核となり共生の姿を形成してきた取り組みに着目したい。「地域の農業従事者に対して独立自営の自覚を持たせ『個の確立』を図り、それぞれが自立することを重視し、その中で必要なところだけ『ふところに入り込まない程度』に協同し、助け合いながらも『自分のため』という意識を守りながら行っていくことが、結果的には『他利が自利』につながる」[2]との考えのもとに、牛乳・乳製品加工を展開し、耕種農家と畜産経営の補完・補合的関係を構築している。以下、木次乳業有限会社（以下「木次乳業」）を中心とした活動を、共生という視点から捉え、持続的生産体制の確立について考察を行う。

2．共生と持続的生産の関係

　木次乳業を紹介する前に、共生の意味と持続的生産の意味、そして関係について整理することにする。

　共生（symbiosis）とはもともとは生物学の用語であり、生物学では、①双方の生物種がこの関係で利益を得る場合（相利共生）、②片方のみが利益を得る場合（片利共生）、③片方のみが不利益を被る場合（片害共生）、④片方のみが利益を得て相手方が不利益を被る場合（寄生）があり、相互のバランスにより①～④の関係が変わりうる。複数種の生物が相互関係を持ちつつ同所的に生活している状態をすべて共生と呼ぶ。この考え方を経営学に援用すると、個別経営を越え同所的に活動している状態を共生と呼ぶことができる。

　持続可能という用語は、「環境と開発に関する世界委員会」から生まれた用語といえよう。1992年のブラジルのリオ・デ・ジャネイロで開催された「環境と開発に関する国連会議国連環境開発会議（地球サミット）」において、持続可能な開発の理念が公に合意され、具体的な行動計画として「アジェンダ21」が採択され、以降、国連の会議、国際会議において、持続可能な開発は中心的なテーマとなっている。ここで用いられている「持続可能な（sustainable）」という用語の意味は、①Social Equity、②Ecological Prudence、③Economic Efficiencyという3つの基準を包含したものである。

　持続可能な酪農は、地域内で「片害共生」や「寄生」の関係では、存立しえない。片利共生の関係でも存立しえるが、理想形は相利共生である[3]。

（1）木次乳業と木次有機農業研究会の歩み

　木次乳業設立前から、木次乳業出資者たちは地域に豊富にある畦草や下草を利用した酪農に取り組んだ。その後の経緯は表1に示した通りである。会社を設立して10年後、地域の耕種農家と連携して「木次有機農業研究会」を設立し、堆肥の還元等による、「有機農法」を実践している。木次乳業の取り組みは、地域の資源を利用するところから出発し、耕畜連携による資源循環の形成に発展したのである。

表1　木次乳業有限会社と木次有機農業研究会の歩み

年次	概要
1953（昭和28）年	木次町の有志が酪農開始
1955（昭和30）年	同志5名で「木次牛乳」として販売開始
1962（昭和37）年	木次乳業（有）設立（出資者6名）
1972（昭和47）年	「木次有機農業研究会」発足
1975（昭和50）年	パスチャライズ牛乳（低温殺菌牛乳）の開発に着手[1]、平飼い養鶏（採卵）開始
1978（昭和53）年	日本で初めて「パスチャライズ牛乳」の名称で販売、山地酪農の開始
1979（昭和54）年	吉田村野菜グループ有機農業を実践、吉田村で養豚の放牧・草多給飼育開始、ナチュラルチーズの開発に取組む
1982（昭和57）年	ナチュラルチーズの販売開始
1983（昭和58）年	無農薬葡萄の栽培に挑戦
1985（昭和60）年	山羊20頭導入
1988（昭和63）年	木次町酪農生産組合を設立し乳製品の加工場を設置
1989（平成元）年	やぎ乳販売開始、脱穀物型の畜産を目指しブラウンスイス種を導入
1991（平成3）年	日本で初めてエメンタールチーズ[2]の製造に成功
1992（平成4）年	卵油の加工場を設立
1995（平成7）年	アイスクリームの製造開始

注：1）欧州で、生乳をできるだけ変性させないということから、パスツールが考案した「半熟煮」と呼ばれる殺菌方法を牛乳に適用したのが、牛乳殺菌の始まりである。このような殺菌方法を「パスチャライゼーション」と呼び、処理された牛乳を「パスチャライズ牛乳」と呼んでいる。殺菌方法は、「63℃で30分間の保持式」と、「72℃で15秒間の連続式」の2つの方式が、パスチャライゼーションの標準とされている。乳等省令での低温殺菌の基準はあいまいであり、厳密な意味でパスチャライゼーションとは呼ばれない。
　木次乳業有限会社では、パスチャライズ牛乳は「65℃で30分間の保持式」で、パスチャライズ・ノンホモ牛乳は「72℃で15秒の連続式」で処理している。
　　2）このチーズは衛生管理面での乳質を測るために生産しており、販売等は行っていない。

　さらに地域ぐるみの有機農業への取り組みから1993年、木次乳業は、「食の杜」を開設した。近辺には、チーズ・ヨーグルトの加工場、「日登牧場」、地域産のぶどうでワイン作りを営む「奥出雲葡萄園」、地域産有機農産物やそれらを原料とする地場加工業者が製造した製品の流通・販売を担当する「風土プラン」、共同農場「室山農園」、平飼養鶏農家による有精卵、卵油の加工・販売を行う「コロコロの舎（いえ）」等がある。

　木次乳業と言えば、「日登牧場」でのブラウンスイスによる山地酪農が有名であるが、この点ばかりに目を奪われると、地域で担っている木次乳業の役割を見失う。木次乳業を中心としたこの地域の農家は、小さな集落での相互扶助的な生活、教育も福祉も遊びすら含めた生活・生産のすべてを共有していた社会といっ

た、かつての日本にあった「地域自給に基づいた集落共同体」を目指している。
　次項では、木次乳業が中心となり活動している内容について取りまとめる。

（2）地域の核としての取り組み

　木次乳業は、当初は酪農組合として計画され、牛乳の処理を地元の雲南農業協同組合に打診したが、同意が得られなかったため、自ら行うことを目的に会社形態でスタートした。現在、集乳対象生産者数は31戸、集乳量は15t/日となっている。
　木次乳業が核となる取り組みによる地域に対する貢献は数多くあるが、主な活動を以下で整理する。

1）酪農家に対する貢献

　木次乳業では、比較的高い乳価、充実したヘルパー制度、高品質の原料乳生産のための営農指導を行っている。飲用乳だけでなくチーズやヨーグルト生産も取り入れることによって原料乳の需要量を増やすとともに付加価値を高め、多くの酪農家の経営を支援している。経済面での支援体制はもちろんのこと、ヘルパー派遣によって高齢者の酪農業を支え、ゆとりある経営を支援した。また、酪農女性グループを再編成し、活動を活発に行っている。具体的な的な活動は次の通りである。

①酪農ヘルパー制度の充実
　木次乳業では家族的酪農を推奨している。これは、乳質の向上には乳牛の健康管理が不可欠であるが、飼育者の目が行き届く規模での酪農が重要であるとの考えからである。そのためには、酪農家が心身ともに健康でなくてはならないと考えており、酪農家がリフレッシュする時間をとれるように酪農ヘルパー制度を重視している。
　同地域の酪農ヘルパーについては、1993年に農協が広域合併したのを機に、サービスの低下が懸念された。そこで、木次乳業が自らヘルパー制度を開始した。現在、3名の酪農ヘルパーが同社に在籍しているが、木次乳業の社員として雇用し、ヘルパー利用組合に派遣するという体制をとっている。また、木次乳業では、

ヘルパーの利用をより促進するため、牛乳の売り上げの一部を補助金として支給している。

②衛生指導の実施
　木次乳業は酪農家に対して、生産方法等について特に細かい条件等を設定していないが、非遺伝子組み換え飼料の利用を勧めている。特に低温殺菌牛乳に供する生乳は、衛生的面の基準を厳しくする必要があるが、木次乳業では酪農家に対して、搾乳の仕方、牛舎の管理方法まで徹底し、細菌数を細かく調べるなど、衛生に関する指導を重点的に実施してきた。あわせて、抗生物質、体細胞、細菌数、脂肪、無脂固形および非遺伝子組み換え体飼料について、農協の研修会の場を借り、乳業メーカとして考え方を伝えている。

③稲ワラと堆肥の交換システムを早くから確立
　地域内自給を提唱する木次乳業では、管内の稲ワラと堆肥の交換システムについても中心となって支援してきた。
　雲南市では、旧市町村単位で堆肥センターが整備されているが、専門職員が堆肥の管理等を地域酪農家の協力を得て行い耕畜連携を実施している。また、木次乳業ではマニュアスプレッダーを導入し、必要に応じて貸し出しを行っている。

④農事組合法人日登牧場
　中山間地でできる畜産、10〜20年先の畜産を一般農家に提示し、それを地域の中でどう取り組むかを検討する必要性を感じ、輸入飼料に依存しない山間酪農を模索するために地域の生産者が出資し設立した。
　山間酪農に適した品種を探し求めた結果、ブラウンスイスに行き着き、乳牛としての輸入を実現させ、当牧場に導入した。現在の飼養頭数は約40頭であり、山間酪農のさらなる発展を模索している。

⑤生乳加工
　木次乳業では、将来的には原料乳になる全ての酪農家に、非遺伝子組換え飼料と有機の飼料を使ってもらい、本格的な有機牛乳づくりに取り組む計画である。

しかし、これは強制ではなくあくまでも理解してもらって自ら生産者に生産してもらうというスタンスを貫いている。よって、集乳している生乳すべてが非遺伝子組換え飼料を給与した牛由来の生乳というわけではない。

製品のラインナップは、
・牛乳：パスチャライズ牛乳
　　　　山のお乳（パスチャライズ・ノンホモ牛乳）
　　　　日登牧場の山地酪農　ブラウンスイス（パスチャライズ・ノンホモ牛乳）
・アイスクリーム：牛乳マリアージュ（プレミアムアイスクリーム）
・ヨーグルト
・ナチュラルチーズ
がメインである。木次乳業といえばパスチャライズ牛乳というイメージであるが、3割強の生乳は需要に応じてUHT処理で牛乳に加工している。

⑥チーズの生産

生産者自らが「木次町酪農生産組合」を設立し、製造機械を試行錯誤で開発しながらチーズの試作を繰り返し1982年から生産販売している。当時、日本でのナチュラルチーズの生産はほとんど行われていなかった。施設は木次乳業の敷地内にあり、製造は同組合で行い、販売は木次乳業が行っている。利益は組合員である生産者に分配している。木次の町のシンボルである桜で燻製しており、町の振興に一役買っている。従業員は6～7名であり、山間の町の貴重な雇用の場となっている。

2）地域全体に対する貢献

木次乳業は、自らが開拓した消費者や販路を活用して、地域の活性化につなげる活動にも取り組んでいる。自社のネットワークをもとに、鶏卵価格の変動による影響を抑えるため、卵の加工場（有限会社コロコロ舎）を設置したり、有機野菜を集荷し消費者グループに送り届けるための組織（有限会社風土プランとして組織化）を形成する他、次のような地域おこし活動にも取り組んでいる。

①消費者と交流する機会の創出
　消費者と交流する機会を創出し、生産者の意識啓発につなげている。またそれは、消費者側からの交流活動施設整備等への資金提供などの動きにつながっている。

②奥出雲ほっとミルク
　木次乳業が既存の組織を再編して立ち上げた酪農に従事する女性の組織である。安全で高品質な生乳生産を目的に、①視察研修、②料理教室、③消費者との交流会、④生産者、消費者相互訪問、⑤都市部の消費者意見交流、⑥都市部での牛乳配達体験等の研修、視察、意見交換会などを実施している。

③社内自給の取り組み
　「自らが健康でないと、まともな食べ物を供給することはできない」という理念の木次乳業では、1983年から周辺の田畑で従業員がコメや野菜、茶を作り、工場内の社員食堂で利用している。この活動のノウハウもまた、地域の農業の支援に応用している。

④学校給食への取り組み
　木次乳業は全国で初めてパスチャライズ牛乳を市販したことで有名であるが、学乳として供給したのも全国初である。学乳は入札により決定され、販売価格が低く赤字であるが、いいものを子供達に提供したいという考えから利益を度外視して実施している。
　また、野菜の生産が少ない地域であるが、1993年に中山間地の農業振興と健康な子供の体づくりを目的に生産者と学校給食関係者により木次町に「学校給食野菜生産グループ」を組織化し、学校給食へ地元の「有機食材」を供給できるようにした。2005年度の実績は、42品目で13.8ｔ、供給率62.3％であった。今後は他の地域にも同様の取り組みを広めたいと考えている。

⑤その他
　雲南市には農産物の無人市が広まっていたが、木次乳業が中心になり無人市制

度を廃止した。それは、収支を明確にすることで生産者にやる気を起こさせる為であって、木次乳業の考えに賛同した農家は、県内のスーパーに設けられたブースで自らの農産物を販売することが可能となっている。2005年の売り上げは、約7,000万円に達した。

3）消費者とのつながり

　木次乳業が現在のような形態で経営を行えるようになったのは、消費者の理解があったからである。特徴的なのは、消費者に自ら積極的な販促活動は行わず、徐々に理解者を増やしていったという点である。例えると、アメーバー式に消費者が広がり、現在の形になったといえる。木次乳業に対する消費者のロイヤルティ（忠誠心）は高い。
　消費者の木次乳業に対する消費者のロイヤルティが、木次乳業と関係する耕種農家の農産物の販売へとつながっている。

3．木次乳業に出荷している酪農家の状況

　現在、木次乳業に生乳を出荷している酪農家は、ほとんどが雲南市（大東町、加茂町、吉田村、木次町）、松江市（宍道町）、奥出雲町（横田町）の2市1町に存在している。
　このうち、大東町の酪農家は、大型畜産を推進していたために別の乳業会社と契約してきた。
　「木次町」と「加茂町、吉田町、横田町、木次町」（ここでは便宜的に木次乳業管内と呼ぶ）、および「大東町」、そして「島根県全体」の酪農家の飼養戸数、飼養頭数は1980年以降の動きを、図1～図3に示す。
　図1で1980年からの飼養戸数の推移をみると、木次乳業の管内は他に比べて生産者の減少率が少ない。特に木次乳業の活動と密接な関わりを持つ木次町の酪農家の減少率が小さいことがわかる。
　図2で示すとおり、1戸当たりの飼養頭数から、木次乳業管内は他地域に比べ規模の拡大へ進む傾向が緩やかであり、傾きが小さい直線に近い形を示している。これは、自家労働力等に見合った増頭（無理をしない増頭）を図ってきた結果と

図1　木次乳業管内の酪農家戸数

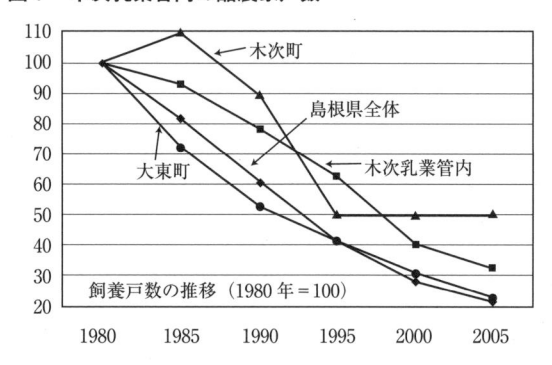

飼養戸数の推移（1980年＝100）

注：農業センサスによる。

図2　木次乳業管内の1戸当たり飼養頭数の推移

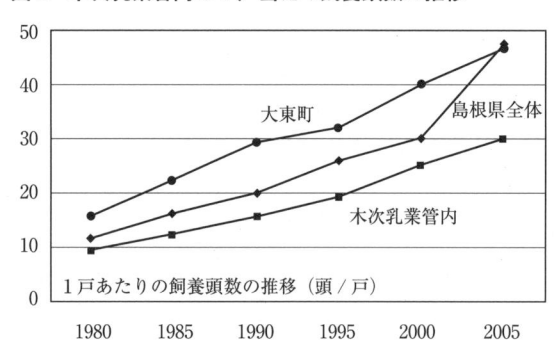

1戸あたりの飼養頭数の推移（頭／戸）

注：図1に同じ。

図3　木次乳業管内の飼養頭数の推移

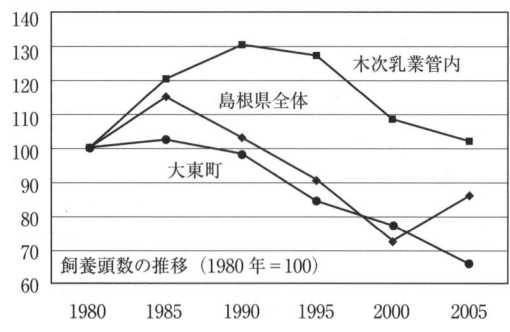

飼養頭数の推移（1980年＝100）

注：図1に同じ。

捉えることができる。

　図3は飼養頭数の推移である。木次乳業管内の酪農家1戸当たりの飼養頭数は図2のとおり少ないものの、図1に示すとおり戸数の減少が少ないことから、木次乳業管内の飼養頭数は、1990年をピークに減少しているものの、その減少は相対的に緩やかである。

4．木次乳業を中心とした地域の共生の源泉―結びにかえて―

　木次乳業を中心とする営農システムは、「木次乳業は酪農家がなければ存在しえない」「酪農家は耕種農家が存在しなければ現状の経営維持は難しい」「耕種農家は木次乳業にロイヤルティを持つ消費者とのつながりが絶たれれば現在の経営は難しい」という関係が構築されている。畜産（酪農）が、地域で突出した存在とならないように、あくまで地域に相利共生をもたらすように発展を遂げてきたことは、ここまでの紹介で理解できよう。図4はその概念図である。いまや、木次乳業を中心とする営農システムは地域の共生の歯車として、雇用の創出という

図4　木次乳業を中心とする営農システムの概念図

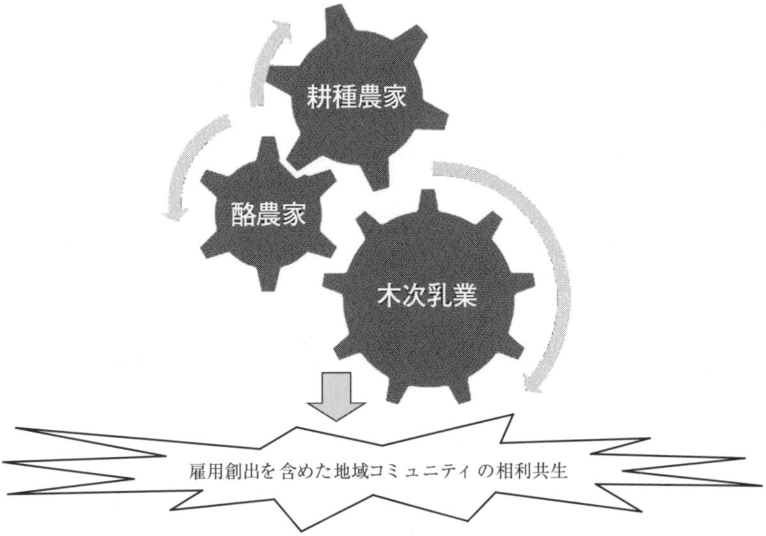

（耕種農家／酪農家／木次乳業）

雇用創出を含めた地域コミュニティの相利共生

点を含め、1つも欠くことができないものとなっている。

　木次乳業を中心とする営農システムは、酪農だけを対象とした持続的生産を目指しているのではなく、地域コミュニティによる持続的生産を共生の概念のもと目指しているのである。

　その発想の根源は、木次乳業相談役の佐藤忠吉氏の次の言葉に集約される。氏は、木次乳業の起業者であり現在は相談役として、地域コミュニティによる持続的生産の推進役となっている。特に、下線部は地域共生システムの源泉である。

　　めざすは<u>小規模多品目複合経営</u>です。酪農と乳業だけではなく、農家と加工営農を含めたネットワークを作り、地域的広がりのなかで多面的な生産をしていきたい。そうしたうえで消費者と直結した流通、生産活動ができればとても幸せだと思います。いま『食の杜』のゲストハウスには、農業に関心のある青年や大学生だけではなく、社会学や経済学を学ぶ人たちも集まってきて、汗を流しています。土に親しむ人が増え、それぞれの地域で新しい核になってもらえたら、と試行錯誤の日々でございます[(4)]。

　営農のほか雇用労働力の創出という地域コミュニティの共生ネットワーク形成への思いが伝わってくる。この思いが今日の木次の地域共生の実像を結んでいる。

注
（1）事業内容は「乳製品の製造・加工販売・酪農・その他」、所在地は「島根県雲南市木次町東日登228-2」、資本金は「1,000万円」、代表者は「佐藤貞之」、設立は「1962年8月」、従業員数は「60名」、関連会社は「室山農園、風土プラン、奥出雲葡萄園、木次町酪農生産組合、コロコロの舎、日登牧場」。いわゆるインサイダーの加工場である。
　　定款の内容は、
　　・乳牛の共同購入及び資金の共同借り入れ
　　・乳牛及び育成乳牛の飼育管理及び疾病防止
　　・飼料の共同購入及び自給飼料作物の増産並びに共同牧野経営
　　・施設並びに機材の共同利用又は共同購入
　　・生産牛乳の共同加工処理並びに販売

・有機農業実験農場を経営する
・以上に附帯する一切の業務

と、牛乳プラントの定款というよりは、農協に近い。
（2）社団法人中央畜産会［3］から引用。なお当資料の草稿は、山内季之によるものである。
（3）共生の概念はマルコ・イアンシティ、ロイ・レビーン［1］より、持続可能な生産（持続可能）については寺西俊一編［2］を参考に整理した。
（4）木次乳業のパンフレットから引用。

参考文献
［1］マルコ・イアンシティ、ロイ・レビーン著、杉本幸太郎訳『キーストーン戦略 イノベーションを持続させるビジネス・エコシステム』株式会社翔泳社（米国ではHarvard Business School Press）、2007年。
［2］寺西俊一編『新しい環境経済政策 サスティナブル・エコノミーへの道』東洋経済新報社、2003年。
［3］社団法人中央畜産会『平成18年度畜産大賞資料』2007年。

第16章

酪農経営の持続的な発展を支える酪農ヘルパー制度 ―その現状と課題―

小林　信一

1．酪農ヘルパー制度の現状と傷病時互助制度

　酪農ヘルパーは、休みのとれない酪農家に休みを確保するために酪農家の自主的な組織として各地で生み出された。全国協会が設立され、各県ごとの組織整備と助成制度が作られてからでも、すでに20年近くが経過した。2008年現在全国で350の酪農ヘルパー組織（うち北海道100組織、都府県250組織）が作られ、酪農家の9割以上が酪農ヘルパーを利用できる体制になっている。1戸当たり利用日数も17.5日と、週休2日は望むべくもないが月に1.5日の休みは取れる状況で、月2日以上利用者も全体の1/4となっている（図1）。

　ヘルパーの利用目的は、冠婚葬祭や休日の確保が多いが、家族揃って旅行に出かけたり、子どもの学校行事に参加したりするためなど家族団らんのためということもある。こうしたことが可能になったことは、酪農家に最低限の休養を確保するとともに、長い目で見れば後継者の確保につながることにもなるだろう。

　また、近年増加している利用目的に、入院などの傷病のためということがある。事故や病気のために作業ができない時に、ヘルパーを依頼するケースである。特に、傷病が重篤で入院が長期にわたる場合は、これまでならば離農をせざるを得ない場合も、ヘルパーによって経営存続が可能になった例が実際に各地で見られる。こうした傷病時の長期的なヘルパー利用を念頭に置いて作られたのが、傷病時互助制度である。この制度では、長期間のヘルパー利用による多額の支払いを軽減するために、予め組合員が基金を積んで、もしもの際には割安料金で利用できるようになっている。

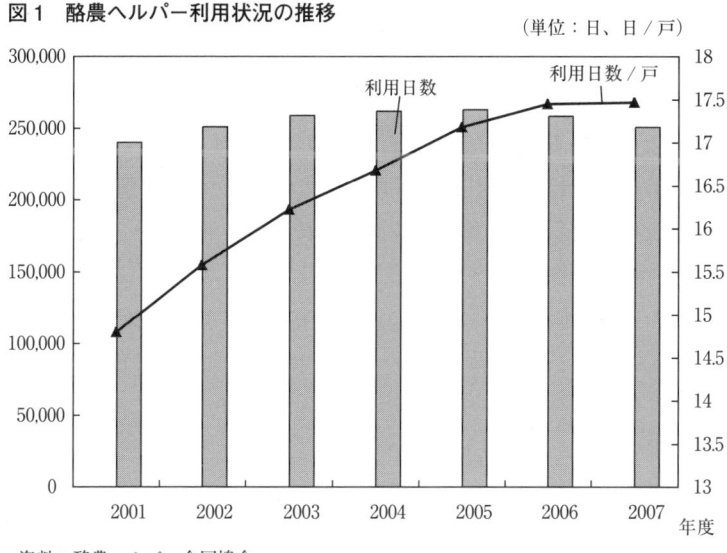

図1　酪農ヘルパー利用状況の推移
（単位：日、日／戸）

　こうした、傷病時互助制度は、各地で自主的に生まれたが、1997年からは国がパイロット事業として、この制度の普及定着のために助成事業に乗り出してから急速に拡大した。2008年12月現在では、35都道府県の203利用組合（全国の57.3％）が134の互助組織を作り、10,944戸（利用組合参加農家の66.1％）の酪農家が参加している。互助制度は経営主のみではなく、家族酪農従事者などにも参加資格があるので、制度に参加している就業者数は27,327人（1戸当たり2.5人）に達している。これ以外にも国の助成事業の対象になっていない互助組織もあるので、実際はさらに普及していると見られている。

　互助制度の仕組みは組織によってそれぞれ少しずつ異なり、ヘルパー料金の負担軽減期間は14日から傷病による利用全期間まで（国による助成要件は、連続して5日以上利用としている）、また利用負担軽減割合も20～70％と幅が広い（2004年の実態、以下同じ）。生産者による拠出金は、1戸当たり26,922円（1人当たりでは10,782円）だが、組織によっては市町村や農協などの助成を受けているケースも見られる。

　2007年度1年間に傷病時互助制度を利用したのは、32都道府県100組織の997人で、1人平均22日間のヘルパー利用が負担軽減対象となっている。22日間のヘル

パー利用料金総額は339,496円（1日当たり15,558円）だが、このうち174,124円が補助の対象として減額され、農家が実際に負担したのは半額以下の165,372円であった。補助額のほぼ半分は互助組織の積立金からの拠出であり、残りは国からの助成によっている。1997年度からの累積では、補助対象者は7,370人、補助対象利用日数は166,713日、利用金額約26億円で割引額は13.5億円に達している。こうした互助制度によって、廃業の危機を免れた酪農家のケースは数多くあり、酪農ヘルパー制度が酪農経営の存続に大きな役割を果たしていることがわかる。

酪農経営主の平均年齢は、中央酪農会議の全国基礎調査によると毎年徐々に上昇しており、2008年度では54.6歳となっており、60歳以上が約3割を占める状況である。経営主の高年齢化の中で、傷病による入院は増加傾向にあり、高齢化・後継者不足を理由とした酪農中止が増加している現状を考えると、酪農ヘルパー制度の果たす役割は益々重要となると見られる。

2．酪農ヘルパーと新規就農

　酪農ヘルパーが酪農経営の持続的な発展に果たす役割で、もう1つ重要であり、また今後期待されるものとして、酪農ヘルパーの酪農への新規参入ということがある。

　酪農ヘルパー制度が酪農経営にとって欠かせない存在となる中で、職業としての酪農ヘルパーも定着してきた。酪農ヘルパー全国協会の調べによると、専任酪農ヘルパーは、2008年8月現在1,200人（うち北海道488人、都府県712人）で、1991年の494人のほぼ2.4倍に達している。農家後継者などが主体である臨時ヘルパーの1,181人とほぼ同数になっている。また、専任ヘルパーのほぼ半数は非農家出身者であり、女性も156名と1割強を占めている。

　こうした専任ヘルパーが、酪農家として新規に就農するケースが北海道を中心にコンスタントに見られるようになっている。ヘルパー経験者の新規参入者数は、酪農ヘルパー全国協会の調べによると、1989年以降でも70名以上に達している。その8割以上は北海道、特に公社営農場リース事業によるものである。逆に言うと、四半世紀に300名以上の新規参入者を生み出し、酪農への新規参入のほとんどを担っているリース牧場制度は、酪農ヘルパーからの人材を大きなよりどころ

にしているとも言える。

　一方、都府県における酪農への新規参入は数えるほどでしかない。しかし、日本型畜産経営継承システム検討委員会（1999年）の答申を受け、酪農ヘルパー全国協会が主体となって、新規就農希望者と第三者への移譲を希望する経営主の登録制度であるマッチング制度も開始された。この制度によって2006年から現在までに4名の新規参入者が岩手県、栃木県、熊本県、長野県でそれぞれ1名ずつ生み出され、うち3名までは酪農ヘルパー経験者である。

　ヘルパー経験者の酪農への新規参入という道は、欧州にも見られない日本独特のもので、酪農の後継者を作りだすという面からも、酪農ヘルパーの意義と役割を評価することも重要である。

3．酪農ヘルパー制度の課題

（1）ヘルパー組合の「経営問題」

　順調に利用日数を伸ばしてきた酪農ヘルパーも、2005年度の262,935日をピークに減少に転じた。1戸当たり利用日数は2005年度以降もわずかずつではあるが増加しているので、利用日数減は酪農家戸数の減少が主因と言えるが、昨今の酪農経営の収益性悪化も背景にあると思われる。ヘルパー組合（会社）の経営問題は、避けて通れない課題となっている。

　表1は酪農ヘルパー組合の経営収支（平均）を示したものだが、利用料金によっては、かろうじて人件費をカバーできているに過ぎない。その他の事務経費など全体の2割に当たる部分は、町村や農協からの助成金や基金の取り崩しによって収支のバランスが図られている。今後、市町村からの助成金や基金の枯渇も考えられる。さらに、上述したような酪農家の収益性が厳しくなっている現状で、如何にヘルパー組織の収益性を確保するのか、各組織の経営力が問われる段階に入ったと言えよう。

　表2は利用組合の組織形態だが、任意組合が全体の9割を占め、この5年間にほとんど変化は見られない。北海道では農協法人が減り、その一方、有限責任事業組合（LLP）が増加したことから、法人は若干減少している。法人化するだけでは経営を強化することにはならないが、やはり経営の安定性や責任体制という

表1　酪農ヘルパー組合の収支状況（組合当たり平均：2005年度）

収入			支出		
項目	金額（円）	割合（％）	項目	金額（円）	割合（％）
利用料金等	15,229,070	78.8	人件費	14,966,260	78.2
補助金等	3,657,292	18.9	その他	4,182,635	21.8
その他	450,615	2.3			
収入計	19,336,976	100.0	支出計	19,148,896	100.0

資料：酪農ヘルパー全国協会。

表2　利用組合の組織形態

(単位：％)

全国	任意組合	農協法人	その他法人	合計
2001年	89.9	8.6	1.6	100.0
2006年	90.0	7.5	2.5	100.0

北海道	任意組合	農協法人	その他法人	合計
2001年	92.8	4.1	3.1	100.0
2006年	93.1	1.0	5.9	100.0

都府県	任意組合	農協法人	その他法人	合計
2001年	88.9	10.1	1.0	100.0
2006年	88.8	10.0	1.2	100.0

資料：酪農ヘルパー全国協会。

意味で、またヘルパー希望者の視点からも法人は望ましい組織形態だろう。

(2) 傷病時互助制度の課題と今後

　ヘルパー制度自体が、酪農家の休みを保障することで、過重労働による事故や病気を防止しているという面も指摘されるが、傷病時互助制度はより直接的に傷病のため離農の危機に直面する農家を支援する点で大きな役割を果たしている。しかし、この制度の維持・発展には課題も多い。
　まず、傷病時のヘルパー要員の確保は、どの組合も苦労している点である。傷病利用は突然に、しかも長期対応が必要とされる。すでに予約が入っている中で、タイトな要員をやりくりして傷病対応を行うのは容易いことではない。いざという時のために傷病ヘルパーを確保している組合もあるが、傷病利用は常にあるわ

けではなく、経営的にもそのためだけの雇用は厳しい。また、後継者などの臨時ヘルパーで傷病時に対応する組合も多いが、後継者がほとんどいない地域や、他の農家のヘルパーを行う労力的な余裕がある農家がいないケースも増えている。

　福祉の国、北欧のノルウェーは、農家の休みを保障するのは国の役割との考えから、ヘルパー利用に対し、国から7割程度の補助があるが、さらに傷病時のために公務員ヘルパーを地方自治体が雇用している。傷病利用がない場合は通常利用も出来るが、傷病時利用を優先するという約束で行っている。日本のヘルパー関係者にとっては、夢のような話だろう。また、単にヘルパーの人員確保の問題に止まらず、ヘルパーに対し搾乳・給餌などの作業のみではなく、経営感覚をも要求される場合もある。ヘルパー個人に経営管理のすべてを要求することは難しいことから、農協などが経営全体に目配りするバックアップ体制を作る必要がある。地域によっては、新規就農希望者などとの連携も考えられるだろう。

　また、利用酪農家側からの要望も多い。通常3ヶ月程度が多い負担軽減限度日数の延長や連続5日以内の利用といった日数の問題、あるいは子どもや老人の入院等の際の看病も対象とするといった対象内容の拡大などである。これらは傷病時互助制度先進国であるオランダなどではすでに行われている。したがって工夫次第では実現の可能性はあるが、問題はやはり組合の経営収支だろう。オランダの傷病時互助制度の負担軽減最高日数は2年間に及ぶ。しかし、同時に農家の負担額も多い。農家負担のあり方を含めた利用組合の収支改善の方向、および公的助成の今後を見据えつつ、傷病時互助制度の一層の充実が求められている。

(3) ヘルパー員の労働条件整備と将来展望

　ヘルパー利用の需要が停滞する中、ここ数年専任ヘルパー員数も横ばいで推移しているが、それにもかかわらずヘルパーの確保が難しくなっているという声も聞かれる。こうした酪農ヘルパーを取り巻く外部環境の変化に、ヘルパー組織としてどのように対応していくのか、優秀なヘルパー員の確保の観点からも、将来のヘルパー制度の発展を考えるときに避けて通れない課題となっている。

　農業大学校や大学などの新卒者が他の企業などと同じ就職先の一つとして就業する形態も増えており、こうした面から見ても、酪農ヘルパーの社会的認知は、かなり進んできたと言える。1996年に筆者の研究室で行った「酪農ヘルパーに関

する調査」（畜産経営研究調査資料No801）によれば、ヘルパーの仕事や待遇についてのヘルパー自身の評価は、作業内容（5段階評価で3.5±0.9）や業務形態（出役日数、作業時間等、3.2±1.0）についてはまずまずであったが、給与（3.0±1.2）、休日（3.0±1.2）、特に労働環境（酪農家でのトイレや更衣室の設置等、2.8±1.0）については低いものであった。また、労働条件面では、身分・待遇、給与、社会保険制度への加入、労働時間などで利用組合ごとに格差が見られ、働く側にとって魅力的な職場とは言い難い例も見られた。しかし、組合側も将来の経営収支状況に全体の83％が不安をもっており、しかもその打開策としては、「補助金の活用」（64％）、「利用料金の値上げ」（52％）などが主として上げられ、「職域（事業内容）の拡大」は11％に留まっていた。一方、ヘルパー側も59％がヘルパーとしての将来に不安を抱いており、その内容は、「給与が上らない、不十分」（55％）、「体力の衰え」（54％）、「組合の倒産」（32％）などであった。ヘルパー組合の収支改善の他に、ヘルパーのキャリアアップにもつながると思われる職域拡大については、ヘルパー自身は、「賛成」、「反対」、「どちらとも言えない」がほぼ1/3ずつを占め、新規就農については、約2割のヘルパーが希望していたが、「資金不足」（71％）、「技術不足」（36％）などの障害を抱えていた。

　以上のような結果からは、ヘルパーが仕事の内容にはそれなりに満足してはいるが、労働面の待遇や将来について不満、不安を持ちつつ働いている状況が明らかになった。また利用組合側も、経営の先行きに不安を持ちつつも補助金に期待する以外に有効な打開策を持っていないことも浮き彫りにされた。この状況は、現在でも後述するように若干の改善は見られるものの、基本的には変わらない。

　労働条件は前述のように、給与のみならず、各種手当て、社会保険、休日・休暇、労働時間などが含まれている。このうち酪農ヘルパー全国協会の調査結果で明らかにされている社会保険について見ると、この面の整備はかなり進んできていることがわかる（表3）。1993年にはすでに8割を超えていた労災保険を除いて雇用保険、健康保険、年金とも6割台であったが、2008年現在すべて8割以上に達し、労災と雇用保険は全国平均では9割以上となっている。特に北海道ではほぼ100％の組合で社会保険の整備が行なわれてきている。府県でもかなり整備され、年金を除きやはり8割以上になったが、北海道に比べるとやや見劣りがする。

表3 酪農ヘルパー要員（専任）のための保険加入状況

(単位：％)

全国	組合数	労災保険	雇用保険	健康保険	年金
1993年	303	83.2	67.0	67.0	61.1
2008年	319	94.7	91.5	87.1	86.2

北海道	組合数	労災保険	雇用保険	健康保険	年金
1993年	96	91.7	89.6	89.6	79.2
2008年	100	100.0	99.0	99.0	99.0

都府県	組合数	労災保険	雇用保険	健康保険	年金
1993年	207	79.2	56.5	56.5	52.7
2008年	219	92.2	88.1	81.7	80.4

資料：酪農ヘルパー全国協会。

　かつて、農家の後継者がヘルパー要員の中心となっていた頃には、親がかりになることを前提として保険などに加入せず、むしろ賃金を高くするといったことも行なわれていた。しかし、非農家出身者がフルタイムの職業としてヘルパーの仕事に就く形態が一般的になった今では、社会保険・労働保険の未整備は雇用者責任が問われる状態といっても過言ではない。確かに健康保険と厚生年金保険については、非法人では常時5人未満を使用する事業所の場合は、強制適用ではない。また、労働時間についても、統計的には明確ではないが、早出手当なしに朝3時や4時から搾乳が開始され、朝2戸の掛け持ちを強いられるなどのケースもいまだに見受けられる。こうした労働条件や将来展望が見えにくいことが、「ヘルパーが定着せず数年で辞めてしまう」一因になっているとも考えられる。

　ヨーロッパのオランダやデンマークなどでは、賃金や労働時間、休暇を始めとしてヘルパーの労働条件についての細かい取り決めが、農業団体や農業ヘルパー団体と、労働組合連合との間の労働協約によって決められており、社会保険などに未加入という状況は考えられない。もちろん労働制度や労使慣行の違いから、直接このことを当てはめることはできないが、ヘルパーの社会的認知を高め、優秀な人材をヘルパーとして集めるためにも、こうした労働条件面の整備は不可欠なこととしてある。

4.「経営問題」解決の方向──組織統合と業務範囲の拡大──

　前述したような酪農ヘルパー制度をめぐる課題を解決するには、ヘルパー組織の経営的基盤の強化が必要不可欠であろう。そのためには組織統合や業務範囲の拡大が考えられる。

　組織統合は、各地で徐々に進んでおり、ヘルパー組織数は1997年の392組織をピークに減少を続けており、熊本県、栃木県や鹿児島県などのように1県1組織にまで統合されたケースも見られるようになっている。

　一方、業務範囲拡大は、ヘルパー組織の経営改善のためだけでなく、ヘルパー員の将来展望という視点でも重要であろう。しかし、実際にはあまり進んでいるとは言えない。ある酪農ヘルパー会社のように飼料生産などの受託作業を手がける組織もあるが、逆に削蹄作業を行っていたがヘルパーの負担が大きいことから中止した組合もある。現在でも肉牛・養豚部門のヘルパー作業や、牛群検定事業をカバーするヘルパー組織が若干見られる程度で、全体としては搾乳と給餌が業務のほとんどを占めている。

　しかし、酪農経営が厳しい環境に置かれる中、搾乳・給餌作業のみでは現在の利用料引き上げはおろか、現行料金の維持さえ難しくなるのではないだろうか。国からの補助金も削減される方向の中で、利用組合としてどう経営収支の改善を図るのかということは、専任ヘルパーの年齢が徐々に高くなっていく中、今後ベテランヘルパーの処遇をどうするのかという点と併せて、大きな課題である。筆者は、農協が総合的な経営支援組織を志向することが、課題解決の一つの方向であると期待している。

　つまり搾乳・給餌以外にも飼料生産・調整、糞尿処理・利用、人工授精・受精卵移植、あるいは牛群検定などの作業受委託や経営・衛生関係のコンサルティング業務、さらには農場雇用労働者の派遣やマネジメント業務を農協が主体的に担っていくことが、農協自体にとってもこれからますます必要とされるのではないか。購販事業や信用・共済などが落込みを見せる中、農家経営をサポートする組織としての今後のあり方を考えると、上記のような人材そのものを扱う事業展開が重要な柱となるべきだろう。従来のように流通段階のみでなく、生産段階での

支援を、より重視した組織への脱皮が農協の生き残りにも不可欠になってくるのではないか。

　総合支援組織への転換は一朝一夕にはできないだろうが、例えば、農協が新規に人材を採用する際には、少なくとも数年間はヘルパー業務に従事させるようにすることは可能だろう。農協としても、若い職員が農家の仕事をサポートすることは、合併などによって希薄になったといわれる組合員との濃密な関係を取り戻し、その他の関連事業の展開にも繋がるだろう。また職員自身にとっても、大きな財産となるにちがいない。

参考文献
［１］小林ら『経営支援』―酪農の強力なアドバイザー―、酪農総合研究所、2001年。
［２］小林信一「オランダ、イギリスの農業ヘルパー」1996年、「オセアニアにおけるヘルパー」1998年、「デンマーク、スウェーデン、ノルウェーの農業ヘルパー」2000年、『新農政推進等調査研究事業報告書』、㈶農政調査委員会。

第17章

経営技術支援体制の構築

阿部　亮

1．酪農の勢力分布と酪農の経営類型

　都府県酪農について、2007年度の飼養頭数の規模別分布をみると、成畜30頭未満の酪農家が9,020戸（全体の55％）、30頭以上50頭未満の酪農家が4,680戸（全体の28％）、50頭以上の酪農家が2,830戸（全体の17％）という構成になる。また、頭数と頭数シェアーでみると、30頭未満の酪農家では18万3,000頭（頭数シェアーで25％）、30頭以上50頭未満の酪農家では23万2,000頭（頭数シェアーで31％）、50頭以上の酪農家では32万5,000頭（頭数シェアーで44％）という構成である。

　過去6年間のトレンドから2013年の姿を予測すると、規模別の乳牛飼養頭数シェアーでは、50頭規模以上、100頭規模以上の酪農家のシェアーが現在よりも9％と8％上昇し、規模拡大は継続することが予測される。しかし、その時代（2013年予測）にあっても、成畜頭数が20～29頭規模層が18％、30～49頭規模層が24％と、小・中規模酪農家が今後も一定の地歩を占め、酪農の基盤を維持する重要な存在となり続けよう。

　予測される今後の勢力構成の中で、酪農家の経営形態としてどのような類型に分化してゆくかを考えると、それは、(1)経営基盤が強固な家族経営：経営感覚に優れ、地域のリーダー的な役割を果たし、耕畜連携の推進や、農協・酪農協の活動の推進者としての経営体、(2)農業生産法人：共通の目標と目的を持つ酪農家同志の組織で、TMRセンターの設立などで、その萌芽がみられる。稲作集団や畑作集団との直接的な交流の中で耕畜連携や資源循環型農業の構築を果たす役割が期待される、(3)ビッグ・メガファーム：雇用労働力を前提とした大規模農場が増

加してきている。頭数シェアー、牛乳生産量の面では大きな地位を占め続け、資本力の大きさを生かした食品産業との連携を拡大するであろうが、課題は粗飼料生産にあり、その帰趨は大規模な地域協業の推進、あるいは農地の集積が出来るか否かにかかってこよう、(4)ゆとり経営・有機酪農：高乳量や高い生産効率を追求するのではなく、独自の考え方に基づいた生産様式を実践したり、消費者の要望を重視する経営は酪農経営の多様性の中の一翼として、その存在は貴重である。

2．それぞれの経営類型の安定的な維持のために

　上記した、それぞれの類型の酪農家が種々の地帯区分、地目区分、飼料品目区分の中で、多様な飼料構造を構築し、世界の食糧情勢や社会・経済的な変動の影響に対して強い緩衝能力を持つ酪農集団を作ってゆくことが、中長期的な日本酪農の目標となる。多様な酪農家群像を醸成するためには、特に、現下の情勢の中では、以下の分析と計画の樹立と実行が先ず必要である。
　(1)世界と国内の飼料・牛乳生産需給の分析と予測
　(2)畜産経営に対する飼料・肥料・エネルギー高の影響の定量的な把握と分析
　(3)直近における緊急対策と中長期的な計画の策定
　(4)計画実施のための各種組織の役割分担と実行についての意志決定
　(5)個人の任務の確認と意識改革
　(6)実行プロセスと評価
　そして、計画の策定と実行については、
　(1)国が行うべきこと
　(2)農家自らが行うべきこと
　(3)地方自治体が行うべきこと
　(4)農業団体が行うべきこと
　(5)飼料業界・乳業界等、酪農関連企業が行うべきこと
　(6)地域のネットワークの中で行うべきこと
　(7)牛乳乳製品の流通・消費段階で行うべきこと、
等が整理され、分担されねばならない。この項では、(2)と(6)について、酪農経営の技術的な改善計画とその実践手法について述べる。

3．経営改善の視点と経営計画

　経営改善の技術的な視点として、現状を考えた場合、以下の項目が挙げられよう。
　(1)安価で良質な飼料の確保、(2)ゆとりを持った規模・生産技術体系、(3)効率的な牛乳生産、(4)高品質牛乳の生産、(5)周産期疾患の予防と繁殖成績の向上、(6)暑熱対策、(7)消化器障害等搾乳牛の疾病予防、(8)牛群の斉一化
　これらの諸課題に直接、立ち向かう前に、先に述べたそれぞれの類型の経営体が、独自に経営計画（目標）を先ず設定することが重要である。酪農家は一つの経営体であり、企業であるから、「どんぶり」的な考えを廃することが大切である。経営計画の内容は下記のとおりである。
　(1)個体と群の乳量に関する計画
　(2)頭数、更新、系統、繁殖等の生産対象の規模と質に関する計画
　(3)牛乳の成分含量と体細胞数に関する計画
　(4)自給飼料の質と量に関する計画
　(5)飼料の購入と飼料の設計・調製・給与法に関する計画
　(6)牛舎構造、暑熱対策、搾乳施設等の施設に関する計画
　(7)作業動線、作業時間に関する計画
　(8)原価目標と収益の計画

4．周産期疾病の予防と繁殖成績の向上

　「経営改善の技術的視点」の中から、「周産期疾病の予防と繁殖成績の向上」の課題を取り上げる。全国の乳牛の分娩間隔は1989年が405日であったものが、2005年には30日も延びて434日である。また、牛群検定牛の除籍の頭数比率では「繁殖障害で売却」が26.4％という高率を占める（「乳用牛群能力検定成績のまとめ　平成17年度」家畜改良事業団）。
　繁殖成績低下の下での酪農経営では、治療費や薬品代の負担の増加、精液代金の加算、産子数減少による子牛販売代金の減少と更新乳牛の購買経費の増加、発

情発見労力・時間の増大が目に見えない形で大きな負荷となる。また、別添参考資料（種村・阿部「都府県酪農の経営と技術を考える　3．搾乳牛の栄養・飼養管理の課題」『畜産の研究』62巻7号、761-765、2008年）に見られるように、搾乳日数が長期化することによって乳飼比が増大し、効率の悪い牛乳生産を行うことになる。繁殖成績の悪化による乳飼比の増加は、現在の飼料情勢の中では大きな問題である。繁殖成績の悪化に関しては、茨城県の酪農家の調査結果を別添参考資料（種村ら「都府県酪農の技術と経営を考える　4．周光期の栄養管理」『畜産の研究』：62巻8号、887-890、2008年）に示したが、要約するとそれは以下のようになる。

(1)周産期の飼料構造は輸入乾草が主体で、配合飼料の給与量は低い、(2)養分要求量に対する充足率が粗蛋白質、エネルギーともに低い例が多く、代謝プロファイルテストの結果では周産期疾患（乳熱、胎盤停滞、第四胃変位、脂肪肝等）に関して臨床的に要注意牛が多い、(3)年間の治療回数が6農家の平均で32回と多く、その中では第四胃変位、胎盤停滞、卵巣静止、排卵遅延、ケトーシス、ダウナー症候群などが多い、(4)ボデイコンデションスコア-が全体的に理想値よりも低い、(5)空胎日数が200日以上の乳牛が散見される、(6)周産期疾患が多く、繁殖成績の悪い乳牛が散見される原因の一つとして、給与量の多い輸入乾草の粗蛋白質含量とエネルギー含量の低いことと、それを補完する飼料設計・給与の不適切さがある。

5．栄養管理の徹底と技術支援組織

　泌乳期の消化器障害の防止、乳牛のライフサイクルを通しての適切なボデイコンデションの維持、周産期疾患の予防と繁殖成績の向上、計画（目標）乳量の維持と泌乳曲線の最適化、乳成分濃度の維持、暑熱対策を考える際の基本は適切な栄養管理である。

　栄養管理を適切に行うためには、乳牛、飼料、牛舎についての点検を行い、その結果を総合的に解析しながら飼養管理の改善方策が立てられなければならない。

　点検の項目としては、「乳量・乳成分」、「残食の量と盗食状況」、「ボデイコンデション」、「獣医師の診断の内容」、「横臥/起立や反芻咀嚼状況」、「乳牛の快

適性」、「蹄の状態」、「牛舎内温度と換気状態および直腸温度と呼吸数」、「飼槽・水槽・搾乳機器の衛生状態」、「牛の競合状態」、「糞の状態」、「飼料組成」、「発情発見の方法と頻度・時間」、「授精等繁殖管理の記帳と保管」、「乳牛の年齢構成」、「繁殖成績」、「飼料価格」、「乳飼比」、「乳牛の系統」、「牛乳生産コスト」、等がある。

　そして、このような点検を精度高く実施するためには、牛群検定成績、臨床カルテ、飼料分析データ、集乳時の乳量・乳質データ、代謝プロファイルテストデータ等の付備があるとよい。

　さらに、これらの点検を実施し、的確な改善計画を立てるためには、酪農家を支援するヒトあるいは組織が必要である。改良普及センター、NOSAI家畜診療所、農業団体、飼料メーカー、乳業メーカー、試験場、大学、コンサルタント、開業獣医師の地域技術集団が組織の枠を超えた連携を行い、体制を整備し、経営の点検と分析そして改善方策の立案と実行をその中で進めてゆくことが必要である。

　そのためには酪農家集団あるいは農協・酪農協が組織編成と運営のコーデネイターとして活躍することが望まれるが、そのためには意識の改革が必要であり、そのための教育・研修も必要となろう。

第18章
生活クラブにおける牛乳を作りつづける運動

加藤　好一

1．生活クラブにおける共同購入の意味

　生活クラブ生活協同組合（以下、「生活クラブ」と言う）は、1965年に東京で設立され1968年に消費生活協同組合法人になった。それ以降首都圏を中心に主に東日本で組織化をすすめて現在に至っている。

　生活クラブ事業連合生活協同組合連合会（事務所：東京都新宿区）は1990年に設立された。2008年度のグループ全体の事業実績は、組合員総数32万人弱、供給高830億円、出資金在高300億円である。

　生協としての事業の基本は共同購入である。定番の取扱いアイテムは食品が大半で2,000品目ほどある。2週間に一度組合員から注文を受け週に一回配達する。ただし牛乳は週2回配達する。生活クラブの牛乳は消費期限を7日間としているため、週1回の配達では牛乳の消費サイクルがタイトになってしまう。

　ただしこのような配達はコスト的には厳しい。しかしあとで述べるように、生活クラブにおいて牛乳は象徴材であり、共同購入運動の原点の位置にある。そのためこのように対応している。

　生活クラブでは共同購入している材を「商品」とは言わず「消費材」と言う。組合員はこれら消費材が有するその「使用価値」に絶大なる信頼を持っている。その消費材は次の6項目をその要件とする。

① 使用価値を追求したもの

② 生産者の再生産を保障する適正価格であること
③ 原材料・生産工程・流通・廃棄のすべての段階における情報の公開
④ 生活に「有用」であり、身体に「安全」であり、環境に「健全」であること
⑤ 生産者と消費者の対等互恵と相互理解と連帯の条件があること
⑥ 国内自給と自然循環の追求（奪い・奪われない、持続的な「食料の自主管理システム」づくり）

　生活クラブの共同購入は、この要件を満たす消費材を、生産者とともに「作りつづける」ことを課題とする。なかでも特に重要なのが②の「適正価格」と、③の「情報の公開」である。これらを前提に、特に昨今は改めて「自給」と「循環」の課題に挑戦している。これが生活クラブ共同購入の第１の目標である。

　第２の目標はより理念的である。一般の小売等では、「より良いものをより安く」を販売戦略とするが、生活クラブでは「素性の確かな消費材を適正な価格で」と言いつづけている。前者は販売者の論理であるのに対し、後者は組合員を主体者として生協組織の主人公とする。ここに重要な違いを見ている。

　組合員が「素性」を自ら点検し、「適正」な価格かどうかについて判断する主体となる。その主体としての組合員が、生産者とともに消費材を「つくる」運動をすすめる。生産者はこの運動をともにすすめるパートナーである。

　経済評論家の内橋克人氏が「自覚的消費者」という問題提起をされている。「商品を買うという行為の背景に、どのような社会構造があって、どのような政治的な意思というものがあるかを考え、そしていま何が必要なのかがわかる」。そういう消費者は、たとえばスーパーの店頭に並ぶ商品としての食品が、なぜそのような価格であるのかを問う「判断力」を持っていると言う。実に的確な考え方である。

　そうあるためには「主要品目」が牽引する共同購入でなければならない。生活クラブにおいて「主要品目」とは、米、鶏卵、豚肉、牛肉、鶏肉、青果物、そして牛乳のことであり、これらは国内生産に占める位置（自給・循環）、並びに食生活において占める位置（素材）の重要性から、特に徹底して材の質、生産のあり方、提携のあり方において、こだわりを持続させつづけてきた材である。

　このように重要な「主要品目」であればこそ、組合員の消費する力をここに集中し、その「購買力」によって生産に対する発言権を確保する。「主要品目」を、

品揃えられた商品群の中に埋もれさせてはならないのである。また「主要品目」の利用があってこそ、組合員の1人当たりの利用額も高まる。そうあってはじめて生活クラブの共同購入は、運動としても事業としてもその存立が可能になる。これが生活クラブ共同購入の第3の目標である。

　この結果、組合員が「主要品目」を利用する比率は、現在かなり高い実績にある。これは「利用人員率」と言って、生活クラブで重視している事業と運動の指標である。ちなみに豚肉や鶏卵は特に高く70％ほどある。

　牛乳はどうか？　牛乳も10年ほど前まではそのような水準にあった。しかし現状においては60％を切って50％台前半の数字に低迷している。そのためここ数年は毎年牛乳キャンペーン活動を展開している。なぜならば、牛乳は30年前から酪農家と協同で建設した自前の工場で生産しており、生活クラブ設立の原点だからである。

　以下ではこの牛乳の特徴について触れ、どうしてそのような特質を持つに至ったかについて整理し、いままで述べた理念を検証してみたい。

2．生活クラブ「牛乳」の到達点

　生活クラブは1965年に牛乳の集団飲用運動のための組織として設立された。釈迦に説法であるが、牛乳とは乳用牛から搾乳した生乳100％を原料とし、水や他の原料を加えず基本的には加熱殺菌しただけの食品のことである。2000年の雪印乳業集団食中毒事件などを経過しながら、今日ではそれが常識になっている。

　しかし生活クラブ設立当時の社会の常識は、白ければなんでも牛乳であるかのような実情にあった。そのようななかで街の牛乳商が生活クラブの牛乳は「ニセモノ」と宣伝する事件が起きる。こうして「牛乳とは何か」についての学習が始まる。その結果、生活クラブの牛乳こそが牛乳と呼べるものであり、牛乳商が扱っているものは牛乳と言うには問題があるものだと知る。このことが、組合員が「生産を知る」活動の重要性に気づく出発点となり、ここから生活クラブの「生産する消費者」という理念に基づく諸活動が始まったのである。

　生活クラブの牛乳は自前の工場で生産しているが、この工場建設は生協設立10周年の記念事業として取り組んだ。酪農家との協同出資で設立した株式会社の形

態をとり名称を新生酪農㈱という。87年には栃木県に別法人の工場を建設したが、96年に合併して現在は新生酪農に統一している。また同じ96年に、長野県にあった牛乳工場に資本参加して㈱横内新生ミルクとし、生活クラブの牛乳工場は現在は2社3工場の体制になっている。

新生酪農の2工場は、一部に外販もあるが大半は生活クラブ向けの牛乳を製造している。一方、横内新生ミルクでは、出荷比率は生活クラブ向けが半分で、その他は地元の量販店等に出荷している。これが長野の牛乳工場の特徴であり、量販店の取引を学べる。経営は2つの会社ともこの10年かんばしくない。ちなみに新生酪農の現在の売上高はピーク時の60％ほどである。生活クラブでも牛乳消費量の落ち込みは相当に激しい。

生活クラブの牛乳は殺菌温度を最大のこだわりとしている。日本では120～130℃で2～3秒加熱する超高温殺菌法（UHT）が一般的だ。この殺菌法は人間に有害な菌はほぼ100％に近い水準で死滅させるが、その一方で、生乳に本来含まれている有用な栄養素を破壊、あるいは変質させてしまう。だから「殺菌」ではなく正確には「滅菌」と言われるべきものである。このように日本では「殺菌」と「滅菌」の区別は曖昧である。

生活クラブでも当初はこの方法を採用していたが、1988年にパスチャリゼイションと言われる殺菌法に変更した。生乳の本質を損なわず、結核菌やチフス菌等の人間にとって有害な菌を殺せる範囲での温度で殺菌するのである。ただし生活クラブでは72℃15秒という高温短時間殺菌法（HTST）を採用している。パスチャリゼイションにはもっと低温長時間の殺菌法もあるが、バッチ式で量産に不向きだからである。

容量は900mlで容器はビンである。生活クラブの牛乳の規格はこれのみである。3工場全体の日量は現在6万本ほどである。パスチャリゼイションの牛乳を飲みつけていないと、一般の牛乳と味が異なり（高温殺菌による焦げ臭）なじめないという人もなかにいる。しかし概して美味しいという評価である。

ちなみに千葉工場を中心に、ヨーグルト、アイスクリーム、チーズなどの乳製品も製造していて、いずれも美味しいと評判がよい。アイスクリームはセブンイレブンのギフト商品に採用されているが売れ行きは悪くないようだ。チーズは国内の名高い賞を受賞している。

第18章　生活クラブにおける牛乳を作りつづける運動　211

　ところで、HTSTは「滅菌」ではないため、原乳の細菌数が多いと殺菌後の細菌の残存率が高くなってしまう。したがって、この殺菌方法の採用は、原乳の各種の細菌による汚染が極少であることを絶対の条件とする。その結果として、まずは健康に牛を育て、搾乳前に牛の乳房をタオルできれいに拭くなど、ていねいな仕事が不可欠になる。つまり一般の乳質のレベルを大幅にクリアーした良質な原乳であってこそのHTSTであり、工場の酪農生産基準とそれに付随する細菌基準は相当に厳しい。だから酪農家の努力と、消費する側の理解が欠かせない。

　このような事情により、かつまた飼料のノーマルな規格をNON-GMO（遺伝子組み換え作物不使用）としているため、提携酪農家とは乳量・乳価で他とは異なる契約関係が必要になる。つまり、神経を使う作業が増え手間もかかることを考慮し、さらに飼料代も高くなってしまうことを加味して、乳量・乳価の契約を行なうのである。

　牛乳の消費量が激減しているなか、酪農家の経営は深刻の度を増している。高齢化の進行、家畜排泄物処理法に絡んだ設備投資、規模拡大が必ずしもスケールメリットにならないなど課題は山積している。特に近年は配合飼料や粗飼料の価格が高騰している。昨年は燃油、資材、肥料価格も高騰した。牛乳に限らず畜産物全体、さらには加工食品も含めて価格改定が続いた。

　牛乳は昨年4月にまず価格を10円上げ、今年4月にさらに10円値上げした。言うまでもないが、値上げした理由はその大半が乳価改定による生乳代金の値上げである。2008年度はここ数年続いた消費低迷も緩やかになり、工場経営が久しぶりに好転して剰余を得る見通しとなった。そのため期中ではあったが、酪農家の飼料高騰にともなう緊急対策として、その一部を還元した。

　このように、提携生産者の再生産が可能な条件を、とりわけコスト面で適宜に見直すことが不可欠になる。乳業界の関係者から、生活クラブは酪農家を甘やかせすぎる、という指摘を受けることもある。しかし情報の公開を大原則に、こういう努力は今後とも必要である。もちろん、価格の引き上げは組合員の家計を圧迫することになる。しかし、そのことへの理解と消費継続への努力を繰り返し訴えることが重要だ。

　ちなみに千葉工場では数年前から地元の学校給食に供給している。容量は200mlのビン牛乳である。文字通りの地産地消で子どもたちにも評判がよい。こ

のように分かって飲んでもらえる相手との出会いも大切な課題で、こういう外部販売に努力しつつ、酪農家が心血を注いで育てた牛から絞った貴重な牛乳を守っていきたい。

3.「牛乳」を作りつづける

　消費材の要件についてふれたが、約2,000品目ある消費材の全てが、すでに完成されてこのようにあるわけではない。もちろん、生活クラブの消費材の品質・規格は、相当に高い水準にあると自負している。しかし完成はなく、大切なことは生活クラブの共同購入は消費材を生産者とともに運動であり、そう実践し続けることである。

　その時々の問題意識に基づいて、自たちが納得できる材を生産者とともに作る。そのように作った消費材ではあるが、新たな課題や問題意識をふまえ、自分たちのもてる力量（購買力の結集する力）の範囲で消費材を作りつづける。これこそが消費材の価値であり、この意味において牛乳はまさにその象徴なのであり、次に牛乳をこの角度から検証したい。

　街の牛乳商から生活クラブの牛乳を「ニセモノ」と言われ、そこから「牛乳とは何か」についての学習が始まったことはすでに述べた。その結果、当時の組合員と先住者たちは学習を積み重ねた。その結果、「成分無調整」が本物の牛乳の要件であることを学ぶ。そして牛乳商の取り扱っているものこそ、牛乳と呼ぶにふさわしくないものであることを知る。

　こうなればあとは自信を持って他者に生活クラブの牛乳をすすめればよいのであって、普通なら一件落着のはずである。しかし、当時の生活クラブの組合員と専従者たちは、そこにとどまらずにさらに牛乳の本質を究めようとした。そしてとんでもない決断をする。それが自前の牛乳工場の建設という破天荒な企てである。生活クラブでは牛乳が象徴材であると言う場合、それは生活クラブが牛乳の共同購入の組織として結成されたことに起因するというよりも、やはりこの牛乳工場を建設したことに力点を置くべきであると思っている。

　こうして建設された牛乳工場であるが、それが自分たちの工場であるからには、成分無調整は当然であり、さらにその牛乳が作られるまでの、一切の情報の公開

性が徹底されることになる。牛種から飼料や飼い方、乳質・乳成分、製造原価等々、その情報開示できるレベルは自前の工場ならではのものになる。これが生活クラブの牛乳を作りつづける運動の最初期の成果であり、これがこの運動の端緒となった。

牛乳を作りつづける運動は、工場を建設して10年が経過するなかで第2段階を迎える。殺菌温度の変更である。生活クラブも1988年の初頭までは、日本で当たり前の超高温（UHT）殺菌（例えば130℃2秒）の牛乳であった。しかし、牛乳にふさわしい殺菌温度とはという社会的論争のなかで、生活クラブはパスチャリゼイション（72℃15秒殺菌／HTST殺菌）に踏み切る。その理由はすでに述べたのでくり返さないが、これによって、共同購入は消費材を作りつづける運動であることの自覚を、さらに深めることになった。

生活クラブは昨年生協設立40周年という記念すべき年を迎えることができた。殺菌温度の変更は1988年のことなので、それは生協設立20周年の出来事であった。以降の牛乳を作りつづける運動は、それまでとは質的に異なったものになる。

それまでの運動は牛乳それ自体の再開発であった。しかし、その後の運動はその地平から離陸し、牛乳や酪農を取り巻く本質的な諸問題をもその射程とするようになる。その極めつけが飼料問題であった。

生活クラブでは、NON-GMO（遺伝子組み換え作物不使用）を飼料のノーマルな規格としている。1997年以降、共同購入で取り組んでいるあらゆる畜種において、生産者とともにこの努力を積み重ねてきた。飼料問題と言うと、いまでは多くがこのNON-GMOをイメージするはずである。しかし生活クラブではこれ以前に、ポスト・ハーベスト・フリー（PHF／収穫後農薬不使用）の考え方から、米国に依存するこの輸入トウモロコシの問題に対処していた。つまり、収穫後農薬が残留するトウモロコシでは、牛乳の食品としての安全性はもとより、なによりも乳牛の健康によくない、という問題意識である。

こういう飼料問題への対応は、IPハンドリング（区分管理）のレベルが鍵を握る。PHFの対応は現在のNON-GMOのそれと全く同じである。このPHFの対応が先にあったからこそ、現在のNON-GMOの対応が可能になった。この飼料プログラムは、1990年代初頭に生活クラブが全農に提案し、以後協同で作ってきたものである。全農の5万tの船（パナマックス）をベニヤ板で仕切り、3,000t（現

在は10万tレベルに拡大）を輸入するという、この非常識極まりない挑戦は、牛乳を作りつづける運動の一環としてあったのである。

　次に生活クラブは、牛乳を作りつづける運動として、ビン容器の問題に挑戦する。生活クラブでは、設立後の早い段階から、消費材の容器として既存の一升瓶やビール瓶などを借用してきた経過があったが、90年代初頭から独自にビンを開発し、これをリユースするシステムを構築してきた。当時はまた、ゴミ問題の議論が加熱するなかで、牛乳パックの是非をめぐる論争もくり返されていた。こういう状況であっただけに、牛乳容器をビン化することは、自然な流れではあった。とはいえ、そのための設備投資なども重くあり簡単ではなかったのだが、90年代末にビン化の決断をした。これにより牛乳はさらに象徴材としての地位をさらに確固とする。

　経過はこうであったが、重要なことはこのビン容器を製ビンメーカーと共同開発したことである。生活クラブの作ることへのこだわりはこういう容器にまで及ぶ。軽量で持ちやすいことを開発コンセプトとし、試行錯誤を重ねた結果、このビンはグッドデザイン賞を受賞した。これを50回はリユースする。紙パックではなくビンにした理由は、紙パックに比較して「地球にやさしい」という判断からだが、その方が紙臭もなく美味しい。ついでにご紹介すると、生活クラブではビン以外にも、例えばフィルム包材を無添加化するなど、容器や包材も自分たちが納得できるものの開発をめざしている。

　以上、牛乳を通して、生活クラブの消費材を作りつづける運動の一側面をご紹介した。

　このように生活クラブの牛乳は、かなり高い水準に到達できていると思う。では次なる課題は何か？　それは飼料の自給化という、一段高いレベルの課題への挑戦であるだろう。米国におけるバイオ燃料の問題を中心に、一昨年くらいから穀物の争奪が始まっている。昨年の秋以降、激しすぎた価格の高騰はやや沈静化してきているが、それでも飼料価格は高止まりの傾向にある。昨年の「食料危機」の経験で、私たちは世界に出回っている穀物が量的にわずかしかないことも知った。「食料危機」はすでに構造化しているのであり、いまはこれが一旦納まっているだけであろう。

　そのため生活クラブにおいては、この飼料自給化の課題を重視している。すで

に酪農分野においても、この課題への挑戦をはじめている。健康な牛づくりや輸入飼料依存型の脱却を目指して地域内循環を実現するため、醗酵TMRの給与体制導入を組合員を含む関係者の努力と協同で実現していくことを方針とした。現在は一部でその導入を始めた。また自給飼料の推進として、従来の稲ワラ・乾草利用に加え飼料稲WCS（千葉酪農家）・トウモロコシWCS（千葉・栃木・長野酪農家）・ソルガムWCS（栃木酪農家）の生産拡大と利活用も進めている。<u>また、今日の酪農は効率主義に傾斜しすぎているのではないかという問題意識を持っている。高泌乳の追求とそれを達成する小産子飼育体系は、果たして「健康な牛乳」を生産するのであろうか。人と牛にやさしい酪農の実現は重要な課題である。これに向けた各種の実験事業（牛種の変更、牛の生理を生かした粗飼料多給型飼育体系の検討、戻し交配等）を展開し問題提起を進めていきたい。</u>

　このように生活クラブでは、酪農においては飼料自給化への挑戦は、緒についたばかりである。しかし、生活クラブでの飼料自給化への挑戦は、これを５年前から本格化させている。山形県庄内地方で始めた「飼料用米プロジェクト」がそれである。この実践がいま各方面から大いに注目されている。これは養豚向け飼料生産の取り組みであり、酪農とは直接の関係はないのだが、これをもっとパワーアップして一般化させ、あらゆる畜種において飼料自給化への挑戦を可能にさせたい。そのため以下ではこの取り組みについてご紹介してみたい。

4．新たな挑戦―飼料用米生産―

　2009年２月９日、私たちが取り組んできた「飼料用米プロジェクト」（代表：小野寺喜一郎遊佐町長/以下プロジェクトという）は、社団法人中央畜産会が主催する平成20年度「畜産大賞」において、地域畜産振興部門の最優秀賞を受賞した。

　このプロジェクトは、遊佐町の米生産者が生産する飼料用米を、生活クラブの豚肉の提携先である㈱平田牧場の豚用の飼料とし、この豚肉を生活クラブ組合員が消費することを目的としている。この豚肉を「こめ育ち豚」と呼ぶ。遊佐町は山形県の庄内地方にあり、鳥海山の麓にある東北でも有数の米どころである。平田牧場は遊佐町の隣の酒田市に本社があり、両者は隣接する立地にある。

5年前に7.8haで始まったこの取り組みであるが、昨年は隣接する酒田市にまで飼料用米の作付けが拡大し、全体で320ha、2,000t強の収穫があった。ここで収穫された飼料用米を、粉砕して豚用の飼料に配合し、日齢121日から200日までの80日間の肥育後期に、総給餌量190kg/頭のうちの19kgを米国のトウモロコシに代えて給餌する（配合率10％）。ちなみに米を食して育った豚は肉質も向上する。

　なぜこんなことを始めたのか？　もちろん飼料自給率の向上のためであるが、米国の遺伝子組み換え作物の作付率が年々高くなり、早晩米国からの入手が困難になることの不安もあった。飼料用米は究極のNON-GMO飼料だと言える。しかし、最も大きな背景的な理由は、生産者の将来に対する不安と、減反＝米生産調整へのやりきれない思いであったと思う。主食用米消費の減少、生産過剰傾向と米価の下落、後継者不足、生産調整の強化…。こうした状況が続けば、いずれは優良農地の荒廃、持続的な生産体系の崩壊という問題に直面してしまう。こういう現実の加速化が、飼料用米生産への生産者の決断を促したのである。

　プロジェクトは生活クラブの呼びかけで始まったが、くり返すがこの最初の7.8haの生産者の決断が、その後の全てを導き、そしていま今後の日本の農業のモデル、希望として注目されるに至ったのである。町長を始め、町の行政もこれに呼応してくれていて、助成などの面で様々に配慮してくれている。米であるから特別な栽培体系を必要とせず、農機具もそのまま使えて新規投資がいらない。さらに飼料用米の生産は、大豆の連作障害を回避する水田輪作の形として有効であることもわかった。こういう前向きな条件も重なって、賛同者は年々拡大した。

　しかし飼料用米生産はコストとの闘いである。輸入飼料、とりわけ米国のトウモロコシとの価格差をどう穴埋めできるか、ということである。飼料用米の生産コストと輸入トウモロコシの価格差は、昨年の穀物高騰以前の数字と比較すると、4～5倍以上の開きがある。ちなみに平田牧場は、飼料用米を現在46円/kgで買い入れているが、米国のトウモロコシのそれは現状で言えば30円/kgほどであろうか。

　この開きを埋めるには、次の4つの問題を複合的・総合的に解決していかなければならない。それは生産サイドの課題（①と②）、消費者並びに国民合意の課題（③）、政治と財政の課題（④）に分けられる。最終的にこのコスト負担をどのようにバランスさせる関係を築くかが重要で、これらの課題は相互に関連して

① いかに手をかけないで収量を上げることができるか（超多収の実現）？
② いかに生産・流通コストを削減できるか？
③ 消費者が負担する最終末端価格をどう設定するか？
④ 政策・制度の充実と必要な財源の確保をどうするか？

　紙幅の関係で丁寧な説明はできないが、①の問題では収量の目標をプロジェクトでは10a当たり１tとしてきた。これに近い収量をあげる生産者もいるが、遊佐町では平均すると600kgにとどかない。まだまだ努力が必要であり、また超多収のための品種改良の取り組みも急務である。

　②の問題では、生産面では遊佐において、育苗経費や労力削減を目的とする「湛水直播」の実験導入と、豚尿の利活用（液肥）の促進などに取り組んでいる。特に後者は「循環」の問題として重要であるがまだ試行錯誤の段階である。

　③の問題で言えば、配合率などの現状の規格条件を前提とすれば、最終末端価格でkg当たり10円ほどの負担増でいけるかという想定である。しかしこれは平田牧場の買入価格46円/kgを前提とする。

　一方で、農家の収入構造はどれほどのレベルを想定すべきだろうか。これが持続的でかつ意欲的になれる水準として100,000円はほしいとの意見もある。しかし私たちのプロジェクトでは、その達成計画は段階的たらざるをえない。今年は、10a当たりの収量600kgという仮定で、最低80,000円とする計画である。

　このような農家の収入構造を達成するためには、④の政治と財政の課題が決定的に重要である。先に述べた４つの問題で、それらの解決の歩調がちぐはぐだと、現在の46円/kgの平田牧場の現状を固定的に考えてはいられなくなる。その結果、「こめ育ち豚」の供給価格の値上げも視野に入れざるをえない。そのためには、組合員（消費者）の理解が不可欠で、もっともっと飼料用米生産の意義が周知されなくてはならない。しかも消費量を落とすことなく。

　さて、最も重要な課題は、くり返すが④の政治と財政の問題である。猫の目農政などとも言われるが、農水省の助成に関わる事業は３年区切りのものが普通で、特に飼料用米に関わるそれは文字通り猫の目状態である。この３年という時間軸は、概ね10年後に食料自給率をいまの40％から50％にしていくという、農水省の目標との乖離がはなはだしい。生産者が10年先を最低でも見通せ、その間は政策

で支えるという姿勢を、政治は示すべきであると思う。

とにかく財源不足は否めず、出されてくる施策の使い勝手も悪い。産地確立交付金で言えば、増産に努めれば努めるほど助成単価が減少し、農家収入が減る構造にある。水田フル活用が日本農業の大いなる希望として周知されつつあるなかで、政治のいま一段の後押しがぜひとも必要である。そうしなければ掛け声倒れに終わってしまいかねない。（本稿執筆中にここに配慮した対応を農水省がするとの情報があった。事実なら飼料用米の生産になお一層の弾みがつくことになる。）

加えて、減反政策をどうするのかの議論も気になる。先ごろ「選択制」という問題が急浮上した。「選択制」とは生産調整への参加・不参加を生産者の判断に委ねるというもので、参加者には米価下落時に所得補償するのだという。これは実質的な米生産調整の廃止を意味するため、生産現場は大いに混乱した。その問題点は、「選択制」によって主食用米が過剰になってしまう懸念が強く、そうなった場合の財源が不明確で乏しい。いずれにしても計画的生産が前提にないと、稲作経営安定は不可能ではないか、ということである。

飼料用米生産の収支構造では、これ単独での農家経営の成立は期しがたい。飼料用米生産や水田フル活用は、主食用米の一定の収支構造が安定してあってこその取り組みである。

5．耕畜連携と水田フル活用への更なる挑戦

大変に意義深い飼料用米生産ではあるが、以上のように解決すべき問題も多い。こうしたなかで、なぜ生活クラブではここまでの取り組みが可能になったのか、これを最後に整理しておきたい。

①生活クラブと遊佐町との米の提携は1972年に始まり、平田牧場との豚肉の産直は1974年から始まる。この隣接する二者は、生活クラブとの提携関係も長く、生活クラブを介して相互の関係は密である。この関係があったればこそ耕畜連携を成立させやすい。これがプロジェクトを支えている第1の前提条件である

②生活クラブでは年間15万俵ほどの米を組合員が消費していて、その消費する力の3分の2（10万俵）を遊佐町に集中させている。一方、平田牧場の豚肉は、

先でも触れたが生活クラブ組合員の利用率が高く、その比率は70％強に達する。現在、平田牧場が生産する年間20万頭のうち、組合員は8万頭弱を消費している。組合員が庄内地方へ結集させているこの購買力と、その提携の基本にある「素性の確かな消費材を適正な価格で」という共同購入の理念が、プロジェクトを支えている第2の前提条件である。

　③遊佐町は町ぐるみで環境保全型農業を推進しているが、販売農家戸数1,213戸の内の500戸が生活クラブ向け米づくりのための部会（共同開発米部会）に結集している。それらの生産者が作る主食用の米は、一部に無農薬米などもあるが、一般的には農薬使用を8成分回数に押さえた農法で作られる。この標準的な米の価格は昨年の場合で16,100円/俵である。この価格は生産者には不満もあるかもしれないが、一般的にはそこそこの水準である。遊佐町で生産される米の総量は17万俵で、このうちの10万俵がこういう提携関係のもとにある。飼料用米生産の前提となるべき稲作経営安定の形が、この水準とはいえ存在する。これがプロジェクトを支えている第3の前提条件である。

　以上は、プロジェクトを可能にさせた、特に重要で必要不可欠な条件である。これらは、生活クラブと山形県庄内地方との産直提携という、ある種の「特殊性」に違いなく、プロジェクトはこの「特殊性」によって継続できた。しかし飼料用米生産をこの「特殊性」にとどめるのではなく、「一般化」「社会化」させる。これを国家的課題にしていきたい。これがプロジェクトの現段階における中間総括である。なぜならば、私たちはこの5年間の活動の蓄積を通じて、次のような飼料用米生産の意義を、実地に検証してきたからである。

① 水田フル活用による農地の有効活用と保全（計画生産を前提とする減反の解消）
② 素性の確かな自給飼料生産としての究極のNON・GMO飼料の生産
③ 循環型農業の確立と耕畜連携（家畜排せつ物の利活用）
④ 大豆連作障害の回避（新たな水田輪作の展開）
⑤ すべての家畜（豚、牛、鶏）に給与でき食味も向上
⑥ 水田機能（治水）による温暖化防止
⑦ トウモロコシ輸入代金の国内（地域経済）還流
（東京農大の信岡誠治先生の試算では約4,000～5,000億円）

⑧　日本の食料自給力の向上（食料主権の確立と食料の安全保障）

　説明は省くが、ここで確認できるように、飼料用米生産の意義は相当に奥が深く夢がある。だからこそ、これを「一般化」「社会化」させたいのである。筆者は、『月刊JA』（全中発行）の2008年11月号に、次のように書かせていただいた。

　「このような生活クラブの『自給』への挑戦は、『特殊』な団体、条件によってそれが可能になっているのであり一般化は困難、と言われ続けてきました。確かにそういう一面もあるでしょう。しかしそうであれこれは現実です。この『特殊』な要素に当たる部分を政治が穴埋めしてくれれば、これらの取り組みは一般化できるのです。」

　飼料用米生産の意義に鑑みるとき、ここで言う「政治の穴埋め」は決して無駄なことであるはずがない。間違いなく将来において得るものが大きい。「政治の穴埋め」が充実すれば、本書のテーマである酪農や他の畜産においても飼料自給化への挑戦が容易になり、真に食料自給率の向上に貢献する。

　生活クラブにおける、牛乳を作りつづける運動と事業の次なるテーマは、食料主権を確固としていくための、この飼料自給率の向上、耕畜連携の強化にある。

　（補注）

　本稿執筆後、飼料用米を巡る国の助成は大きく動いた。「バラマキ」と言われても仕方がないほどの金額が「水田フル活用」に関わる作物につくことになった。本文で述べたが、私たちの飼料用米プロジェクトでは、10ａ当たり（収量600kgと仮定）80,000円（販売収入46円/kgを含む）を下限の目標とすることでこの2月の段階では関係者で申し合わせた。しかし、この5月末までに様々な助成が手厚く講じられた結果、最高額でいえば10ａ当たり（収量同様）113,100円になる見込みである。これはこれで問題が多いと思われる。と同時に、単年度とか3年間という短期の助成制度ではなく、国には長期展望が可能な制度設計を講じていただくことを強く要望したい。

第19章

酪農教育ファーム
― 「いのちをつなぐ産業」による食といのちの実践教育 ―

小林　信一

1．酪農教育ファームとは

　酪農教育ファームは、「酪農体験を通して、食といのちの学びを支援する」ことを目的に、生産者団体である㈳中央酪農会議がイニシアティブを取って、教育関係者の協力の下に1998年7月に開始された。牧場を教育の場として開放することで、目的を達成しようとするものだが、後述のように酪農家や関係者が学校に出かける「出前牧場」方式も一部で行われている。

　スタートから2年半の研究・検討を経て、2001年1月からは、「酪農教育ファーム認証制度」が設立され、2009年3月現在全国で257の酪農場と401人のファシリテーターが認証されている。認証を得るには、2日間の研修に参加するほか、安全・衛生管理の面を含め、教育を行う牧場として適正であると評価される必要がある。

　認証牧場のほとんどは、一般の酪農家あるいは法人経営だが、公的機関の牧場（㈱家畜改良センター岩手牧場、長野牧場、茨城県畜産センターなど）、学校（日本大学生物資源科学部、筑波大学、自由学園那須農場、㈶八ヶ岳中央農業実践大学校など）、農協（全農長野県本部八ヶ岳牧場、栃木県酪農組合大笹牧場、富士開拓農協富士ミルクランド、チチヤス酪農協大野牧場など）などの牧場も含まれている。

2. 酪農教育ファームの現状

　中央酪農会議の調査によると（2003年度、159牧場回答）、1牧場当たりの年間平均受け入れ団体数43、1回当たり人数35人で、平均受け入れ人数は年間1,512人となっている。訪問団体の種類では、小学校が最も多く、次に中学校、高校などと学校教育機関が多く、全体の66％を占めているが、それ以外にも家族連れ、個人、農協、乳業メーカー、子供会、生協などの消費者団体など多様である。

　また、訪問形態では、総合的な学習の時間（20％）、職業体験（15％）などで訪問する形態が多く、総合的な学習を含め、生活科、社会科などの教科学習で訪問するケースが半数を超えている。

　さらに同年の別の調査（中央酪農会議、2003年度受け入れ/利用報告書集計結果）によれば、体験内容としては、「搾乳」（約1/4）がもっとも多く、「給餌」、「バター作り体験」、「哺乳」の順となっている。また、牧場によっては、酪農以外にうさぎなどの小動物を飼って、それとのふれあいを行ったり、たい肥を利用した作物栽培などのメニューを用意したりしている牧場もある。訪問時期は、7月、10月がピークで、11月から4月までは非常に少ない。夏休みや学期初めとなる4月、9月が落ち込むのは、学校関係の訪問が多いことによるだろう。

　具体的な例を挙げると、修学旅行などでの体験型では、まず牧場の仕事や牛の体などについての話を聞いた後、搾乳体験や子牛のブラッシングなど牛とのふれあいを行う。もし体験が半日ではなく一日コースであれば、その後、牛乳を使ったバターやアイスクリーム作りなどを体験する、といったことが基本的な流れとなる。事前や事後の学習と組み合わせることが、望ましいとされる。教科との関連で言えば、「農業や食料生産」という点では「社会科」、牛の体の仕組みは「理科」、「バター作り」などは「家庭科」、事後に感想文を課せば「国語」、牛の絵などを描けば、「図工」となる。

　また、体験型でも数日間泊り込みで行う場合もある。この宿泊型では、前述の体験型に加えて、酪農の日常的な作業である牛の餌やりや牛舎掃除（糞出し）なども体験することになる。

　さらに学校の近くに酪農場があり、繰り返し訪問できる環境にある場合などは、

年間を通した酪農体験学習が可能である。2005年度に行われた「酪農を題材とした学習実践事例」で、最優秀に選ばれた山口県周南市立和田小学校の場合は、1年生が2km離れた藤井牧場に1年間を通して数回訪問している。まず、4月の遠足に牛のスケッチを行いに初めて藤井牧場を訪問する。その後も数回の訪問を行って搾乳、給餌、ブラッシング、牛舎の清掃なども体験する。圧巻は牛の出産見学だ。牧場との連絡を密にし、「破水した」との連絡を受け、文字通りすぐに駆けつけ、子牛が立ち上がるまでの4時間もの間、熱心に観察したという。3月には牛とのお別れ会を行い、1年間の体験学習を締めくくっている。

3．わくわくモーモースクール

　近くに牧場もなく、また牧場に出かけていくことも難しい場合も、牧場が学校に来てくれる。わくわくモーモースクールは、酪農家が自分たちの乳牛を牧場から学校の校庭に運び、酪農家や乳業メーカー、その他の関係者の協力の下に、小学校を1日牧場にしてしまおうというプロジェクトである。このプロジェクトは、中央酪農会議が組織した酪農教育ファーム推進委員会が主催していたが、2005年度より各地域の指定生乳生産者団体に任されるようになっている。関東では取り組みが早く、2001年に第1回目が実施されている。各地域に実施主体が移された結果、わくわくモーモースクールは、東海、九州地方などでも行われるようになっており、2008年度では全国で7校が参加した。

　わくわくモーモースクールの具体的な流れを見ると（図1）、1年生から6年生まで、午前9時の開始から午後4時の終了まで、様々なメニューが用意されている。牛のことや、牛の餌、器具などについて酪農家から話を聞いたり、実際に使って見たりする。たとえば、ミルカーに指を入れて、実際に牛が乳を搾られる時の感触を味わったりもする。はじめは「こわごわ」といった表情の子供たちも、リズミカルに指を吸われる快感に思わず歓声を上げたりする。また、乳業メーカーの担当者から、バター、アイスクリーム、チーズなどの乳製品についての話を聞いたり、実際の製造やそれらを使ったケーキ作りなどの体験を行ったりする。

　校庭では、子牛のブラッシングや哺乳、成牛の乳搾り体験なども行われる。東京都北区の第三岩淵小学校は、第1回のわくわくモーモースクールが開催された

図1　わくわくモーモースクールの実施内容（例）

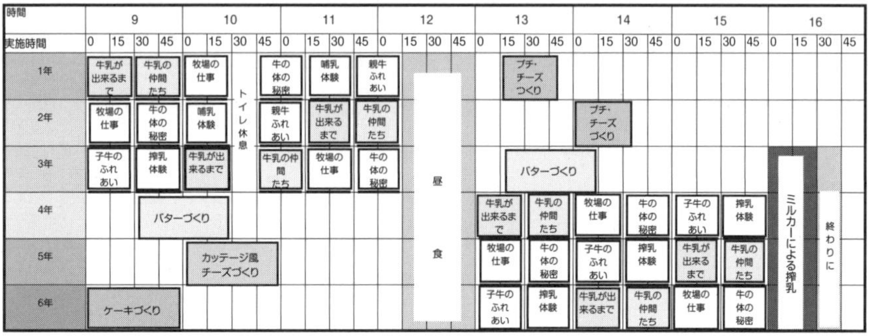

学校だが、2006年の6月に5年ぶりに開催され、6年生は1年生のときに搾乳体験をした牛との感激の再会を果たした。

移動牧場は海外でも行われてきたが、日本では1997年に千葉県酪農農業協同組合連合会が独自に4ｔ車を改造した「ちかばのまきば号」を所有し、乳牛を乗せて各地に出前授業などを行っている先駆例がある。これは「近場＝ち（か）ば＝千葉」によって、千葉の牛乳の新鮮さをアピールする目的も持ったものである。

4．酪農教育ファームの意義

酪農教育ファームは以上のように様々な形態があるが、その意義・目的は直接には牛乳・乳製品の消費拡大にある。特に、最近の牛乳消費の落ち込みや、牛乳について「太る」などの誤った知識が流布されている状況を変えたいという思いは強い。しかし、それのみではなく、前述したように酪農を素材に「食といのち」を考えるきっかけにしたいという酪農関係者の思いもある。

酪農教育ファームの場合も、食と農に関する学習、あるいはそれらを通した「いのち」の学習という意味では、他の食農教育と変わるところはない。しかし、酪農あるいは畜産の場合は、「家畜」を媒介とするという点に大きな特徴がある。この特徴は、二面性を持つ。つまり、われわれ人間に近い生き物である家畜を素材とすることで、食やいのちについて、より具体的に、あるいは根源的に学べる可能性を持つという面と、そうであるがゆえに、アプローチの仕方が難しく、ま

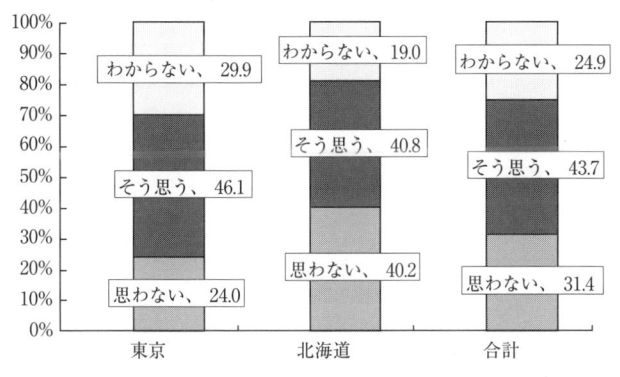

図2 「牛は子牛を生まなくても乳を出す」と思うか (n=973)

東京: わからない 29.9、そう思う 46.1、思わない 24.0
北海道: わからない 19.0、そう思う 40.8、思わない 40.2
合計: わからない 24.9、そう思う 43.7、思わない 31.4

出典：畠山、小澤、田部「牛乳、乳製品に関する小学生の意識調査」
『畜産経営研究』No.1501　日本大学畜産経営学研究室　2003年。

かり間違えば逆効果になる恐れも持つという面である。

特に近年、O157、BSE、トリインフルエンザなど家畜を媒介とする疾病の発生や、雪印食中毒事件、牛肉偽装事件など畜産物にかかわる問題、さらに畜産物の脂肪やカルシウムなどの栄養分に対する否定的な情報の氾濫など、家畜、畜産業、畜産物への風当たりは強い。トリインフルエンザの脅威が報道された頃、養鶏農家の方が自分の鶏舎の前を、手で鼻と口を覆って、足早に駆け抜ける人々の存在に、どれだけ悲しい思いを持ち、また自尊心を傷つけられたかを語っておられた。当時は、動物園でさえ「ふれあい動物コーナー」からひよこを除外したり、小学校での飼育動物をすぐに撤去するなどの措置を学校側がとらないように、獣医師会が異例のお願いをしたりといった状況もあった。動物に関する正確な知識や動物とふれあう体験の欠如が、こうした状況を生んでいると考えられる。そうした意味では、日常的には接することの少ない家畜に直に触れることで、動物との接し方を学ぶ意義は小さくない。

図2は、東京と北海道の小学校5年生を対象とした調査結果である。「牛は子牛を生まなくても乳を出す」と考えている子供が4割を超え、「わからない」を含めると実に7割以上が、牛乳は子牛を出産して初めて泌乳するという基本的、常識的なことがわかっていなかった。しかも北海道の調査対象地はわが国有数の酪農専業地帯であり、周りは牧場しか存在しないという環境にあっても、結果は

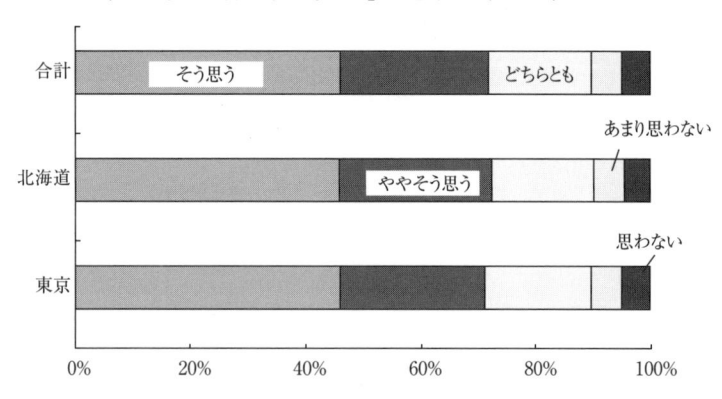

図3 「人の命と動物の命は等しい」と思うか (n=968)

（凡例：そう思う／ややそう思う／どちらとも／あまり思わない／思わない）

出典：図2と同じ。

大きくは異ならなかった。同じ調査の中で、「オス牛も乳を出す」という設問には、さすがに8割近い正答率であったが、やはり誤答が1割近かった。この例は、よく言われるように食と農の乖離が、実は農村と都市という地理的な関係のためばかりではなく、実際の知識と体験の欠如によるものであることを示していると考えられる。今、目の前にある食べ物が、どのようにして食卓に上ってきたかという道筋を、具体的にイメージできなくなっているからに他ならない。

同様の調査で、「人の命と動物の命は等しい人」と考える小学生が7割以上に達した（図3）。この設問は別の調査によると年齢別に大きく異なり、年齢層が高くなるほど「等しい」と考える割合は低くなる。これをどう解釈するかについては、様々な考え方があると思う。若者の優しさや、「命の尊さ」の考えが浸透した結果と考えることも出来よう。しかし、先の質問への回答結果と合わせて考えると、少し厳しく言えば、「いのち」への浅薄な考えの表出とすることもできるのではないか。人は、動物や植物などの命を奪ってしか生きていけない存在である。植物ではいのちを奪う、あるいはいただくという感覚を持つことは難しいが、動物はそれが実感できる。

家畜は、われわれに命を奪われるために生まれてきた存在である。このことをどう考え、あるいは教育でどう教えるのか。酪農教育ファームでも実際に子牛や母牛、あるいは搾りたてのお乳に触ってもらい、その暖かさを実感してもらっている。牛が生きていること、われわれ人間と同じ生命体であることを感じてもら

う。同時に、オス子牛は結局肉になる存在であることを、隠すことなく話す。また、母牛もお乳が充分出なくなれば、やはり肉となる運命であることを教える。このことによって、人間が他の生命体のいのちをいただいて生きていることを実感し、考える契機としてもらう。「命をつなぐ産業」である畜産だからこそ、できることだろう。

5．酪農教育ファームの課題

　酪農教育ファームは、中央酪農会議や実際の活動を担っている酪農家の組織である地域交流牧場全国連絡会の組織的な展開もあって、急速に拡大している。前述したように2009年3月現在認証牧場数は257牧場となり、年間利用者数も2007年度で70万人近い。しかし、課題も多い。酪農教育ファームを前述したように、一日体験型、宿泊型、継続訪問型の三タイプに分類したところ、82.9％とほとんどが一日体験型のみを行っており、継続訪問型を行っているのは、他のタイプも合わせて行っている牧場を合わせて17.1％に止まっている（図4）。年間受け入れ人数も、一日体験型が約3,500人と他のタイプ（それぞれ173人、238人）を圧倒しており、30万人と言われる受け入れ数のほとんどは一日体験によるものと考えられる。

　もちろん一日体験型の酪農教育ファームを否定するつもりはない。しかし、一過的である一日体験型では、どれほど深い教育効果が得られるのか疑問なしと言えない。もともと、酪農教育ファームは、やはり中央酪農会議が主導していた消費者交流牧場制度（消費者に自由に牧場を訪問してもらう）を発展的に解消して創設された制度と考えられる。消費者交流牧場にも300を超える牧場が手を上げ、スタンプラリーなどのインセンティブの下、消費者を牧場に呼び込むことに一定成功した。こうした展開を踏まえ、より一層のステップアップを目指すものとして登場したのが、酪農教育ファームであった。したがって、単なる一過的な体験に終わらせない、食といのちの教育を行うことが目的とされたわけで、そうした意味から言えば、一日体験型の酪農教育ファームは、これまでの消費者交流牧場とどう違うのか、判然としない。

　酪農教育ファームの構想は、実は中央酪農会議が主催した酪農グリーンツーリ

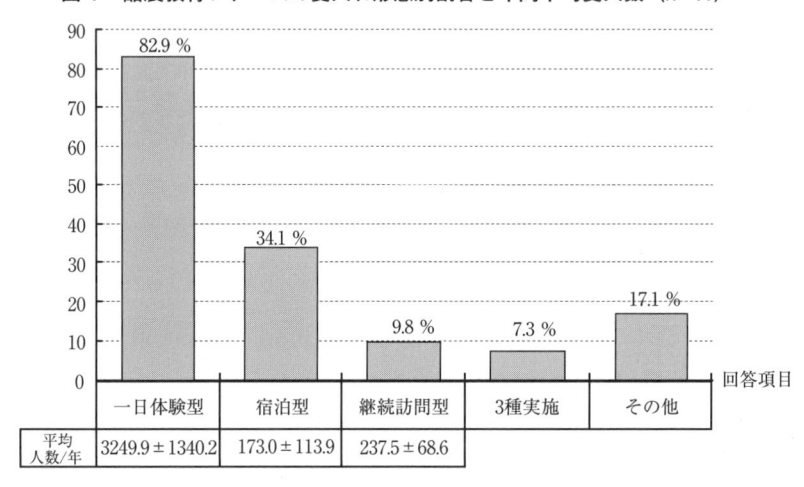

図4　酪農教育ファームの受入れ形態別割合と年間平均受入数（n=41）

回答項目	一日体験型	宿泊型	継続訪問型	3種実施	その他
割合	82.9 %	34.1 %	9.8 %	7.3 %	17.1 %
平均人数/年	3249.9 ± 1340.2	173.0 ± 113.9	237.5 ± 68.6		

出典：上野博美「東日本における酪農教育ファームに関する調査」
　　　「畜産経営研究」No.1601　日本大学畜産経営学研究室　2004年。

ズム研究委員会から生まれた。グリーンツーリズムや消費者交流を軸とした展開を模索する中で、ヨーロッパのグリーンツーリズム調査が1997年に行われ、筆者もその委員会のメンバーとして調査団に加わった。その際、フランスなどにおける酪農教育ファームを見る機会があったが、その印象は鮮烈なものだった。調査団の一員であった中央酪農会議の前田浩史事務局長（当時・総合課長）が、帰国後その思いを具体的に提案したことが出発点となっている。フランスの酪農教育ファームは、農家が自ら行うケースと、国などの公的組織が酪農教育専用の牧場を運営しているケースがある。学校教育との連携が図られ、国などからの補助制度も充実している。

　こうしたフランスのケースと比較すると、日本の場合は全体としては学校教育との連携の面が弱いように見受けられる。先の調査によっても、「教育現場との連携不足」を63％の牧場が上げており、2番目に多かった「収支があわない」の41％を大きく引き離している（図5）。主催者側も早くから学校との連携の重要性を認識しており、推進委員会にも学校関係者が委員として入り、教諭向けの研修の実施や酪農教育ファーム実践事例集の編纂など、学校関係者との連携を追及している。しかし、そうした努力にもかかわらず、それが大きなうねりとなるに

図5 酪農教育ファームの問題点

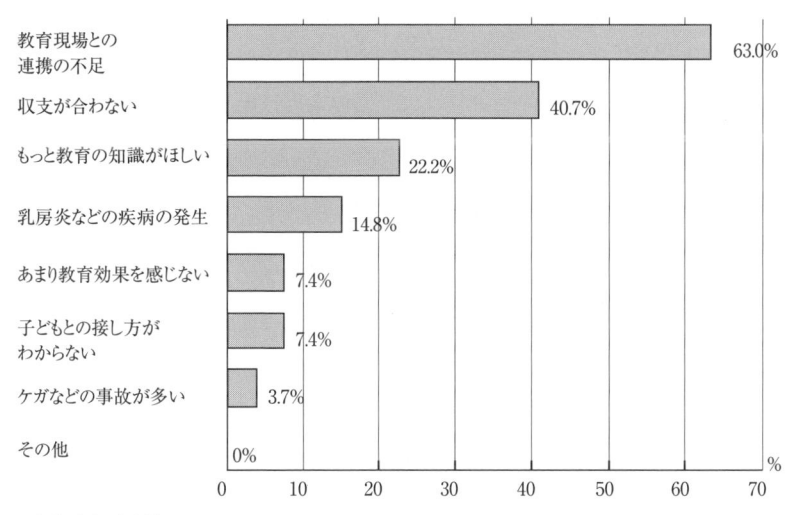

項目	%
教育現場との連携の不足	63.0%
収支が合わない	40.7%
もっと教育の知識がほしい	22.2%
乳房炎などの疾病の発生	14.8%
あまり教育効果を感じない	7.4%
子どもとの接し方がわからない	7.4%
ケガなどの事故が多い	3.7%
その他	0%

出典:図4と同じ。

は至っていない。

　小中学校の総合的な学習において、牧場を実際に利用しているのは6.6%にすぎず、学校周辺の自然(49.6％)、老人ホーム(40.9％)、公園(34.3％)、商店街(33.6％)、博物館(31.4％)などに比べ非常に低い値に止まっている(南関東の43校の小中学校からの回答による。佐藤、高林、磯「総合的な学習の時間における動物園、水族館の利用」『畜産経営研究』No.1502、日本大学畜産経営学研究室、2004年)。また、今後利用したい施設としても、18番目と下位にある。もっとも総合的な学習の時間のテーマとして多いのは、「国際理解」「環境」「地域」などで、「食農教育」は9番目と低く、酪農教育ファームだけの問題ではないようだ。

6．酪農教育ファームの今後

　学校教育における食農教育の重要性が喧伝され、栄養教諭制度も創設される一方で、総合的な学習が見直されるという環境にあって、「いかにして酪農教育ファームを正規の授業の一環として位置付けられるのか」、が最大の課題と言えよう。学校給食との連動などがもっと追求されてしかるべきではないか。

また、現在の酪農教育ファーム、特にわくわくモーモースクールでは、酪農家側が経費のほとんどを出しており、酪農家の負担が大きい。学校側が経費を負担しにくい現状があるようだが、継続するためには学校側も予算措置が講じられるようにする必要がある。その一方では、一回の実施に経費と要員が非常にかかるため、年数回が限度である現行のわくわくモーモースクールの体制を見直し、より簡便に実行できる方法を検討することにより、より多くの学校が参加できる体制にしていくことも課題だろう。

　また、フランス並みに国家による酪農教育専門牧場の設置を行うのは難しいだろうが、都道府県の畜産試験場や大学・農業高校などの付属農場などを活用する方法もあるだろう。さらに、インストラクターとして酪農家のみではなく、農学系の大学生・大学校生を活用していくことも、検討してよいだろう。これまでわくわくモーモースクールに筆者の大学の学生も手伝いという形で参加しているが、小学生から思わぬ質問を受けたりする中で、畜産への興味がさらにわき、将来畜産に係わる職に就きたいと思うようになった学生もいる。大学生の専門教育の一環として位置付けることも意味あることだろう。フランスの酪農教育ファームには大卒の専門的なインストラクターが存在する。将来的には日本でも酪農家や、乳業メーカー担当者と小学生との間を取り結ぶインタープリターとして、酪農教育の中に位置付けることも検討したらどうだろうか。

　最後に、わくわくモーモースクールをはじめとする酪農教育ファームの教育効果の測定と、動物の福祉への配慮の必要性をあげておきたい。食農教育として、酪農教育ファームが子供たちにどのような教育効果を上げているのか、あるいはあげるためにはどのようなカリキュラムを考えたら良いのかを、さらに研究する必要がある。この分野は、まだ研究としては始まったばかりである。現在筆者の研究室では、わくわくモーモースクール実施校の小学生に対するアンケートや牛の絵によって、その効果を測定する試みを始めている。

　また、使用する家畜の福祉についても充分に配慮することが、今後ますます求められるようになるだろう。長時間の生体輸送や、多人数による搾乳、炎天下の校庭に子牛を繋いでおくことなどは、動物福祉上の充分な配慮が必要とされる。フランスでは多人数の子供による搾乳は禁止されていると聞いている。現在でも校庭にテントなどを用意して、日差しが強くなった場合は日陰に子牛を入れるな

どの配慮はなされている。しかし、現在のところ、明確な家畜福祉に関するマニュアルは整備されていない。やはり、現在筆者らはわくわくモーモースクールに使用される乳牛のストレス調査を行っている。実施前と実施後の乳量やストレスホルモンの分泌状況などについて、データの積み上げを行っている。校庭の牛に対して、子供や父兄から「かわいそう」という声が上がるようなことになれば、酪農にとってはマイナスな効果となってしまうことを肝に銘ずるべきだろう。

参考文献
［１］「総合的な学習の時間における動物園、水族館の利用」『畜産経営研究調査資料』No.1502、日本大学畜産経営学研究室、2003年。
［２］「東日本における酪農教育ファームに関する調査」『畜産経営研究調査資料』No.1601、日本大学畜産経営学研究室、2004年。
［３］「児童の牛乳および牧場に対する意識の国際比較調査」『畜産経営研究調査資料』No.1704、日本大学畜産経営学研究室、2005年。
［４］「酪農教育ファームにおける調査研究」『畜産経営研究調査資料』No.1804、日本大学畜産経営学研究室、2006年。
［５］「動物介在教育に関する研究」『畜産経営研究調査資料』No.1908、日本大学畜産経営学研究室、2007年。
［６］「わくわくモーモースクールにおける調査研究」『畜産経営研究調査資料』No.1909、日本大学畜産経営学研究室、2007年。
［７］「動物介在教育に関する研究」『畜産経営研究調査資料』No.2007、日本大学畜産経営学研究室、2008年。

第20章

酪農の今後の方向

鈴木　宣弘

1．さらなる貿易自由化・規制緩和の波

　飼料・燃料価格の高騰により酪農経営が深刻な経営難に陥っているのに、乳価がなかなか上がらないのが問題なときに、さらに乳価が下がる可能性についても議論せざるを得ないのが、日本酪農の置かれた深刻な事態といえる。やや先を見ると、国際交渉の進展によっては、乳価は下がる可能性も出てくる。これからは、そういうダブルパンチにも耐えられる経営を目指さねばならない。これは将来が悲観的だということではなく、この機に将来を見据えた経営展開に取り組めば、未来は開けるという意味である。

　まず、なぜ、我が国の食料自給率が40％にまで落ち込んでいるのかを考えると、日本の食料市場の閉鎖性や農業過保護論の誤りも歴然とする。関税が高ければ、こんなに輸入は増えないし、関税が低くても農家所得を形成する国内の補助金が多ければ国内生産は増えるはずで、そうなっていないということは、どちらも十分高いとは言えないことが明白である。誤った世論形成が誘導されたことが、コスト上昇下でも消費者の支援が得にくく、すぐにバラマキ批判に陥る一つの要因と考えられるので、この点の誤りをきちんと正しておくことも重要である。

　我々の体のエネルギーの60％もが海外の食料に依存していることが我が国の農産物市場が閉鎖的だというのが間違いである何よりの証拠である。関税が高かったら、こんなに輸入食料が溢れるわけがない。我が国の農産物の平均関税は11.7％で、ほとんどの主要輸出国よりも低い（図1）。野菜の3％に象徴されるように、約9割の品目は、低関税で世界との産地間競争の中にある。

第20章 酪農の今後の方向

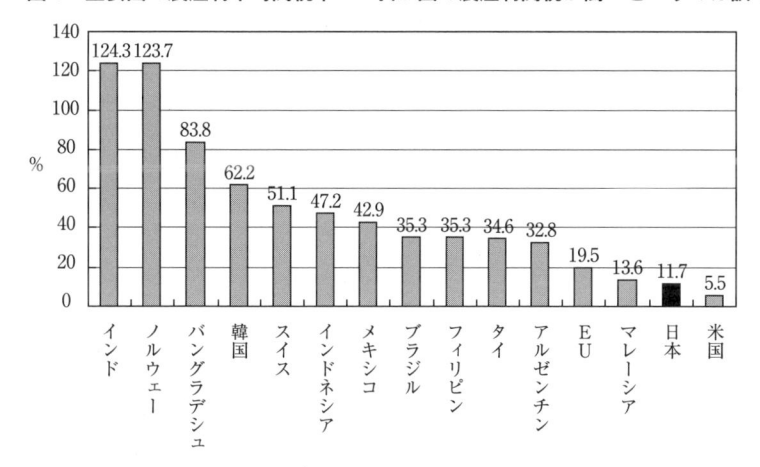

図1 主要国の農産物平均関税率──我が国の農産物関税が高いというのは誤り

国	関税率(%)
インド	124.3
ノルウェー	123.7
バングラデシュ	83.8
韓国	62.2
スイス	51.1
インドネシア	47.2
メキシコ	42.9
ブラジル	35.3
フィリピン	35.3
タイ	34.6
アルゼンチン	32.8
EU	19.5
マレーシア	13.6
日本	11.7
米国	5.5

出所：OECD「Post-Uruguay Round Tariff Regimes」(1999)
注：1）タリフライン毎の関税率を用いてUR実施期間終了時（2000年）の平均関税率（貿易量を加味していない単純平均）を算出。
2）関税割当設定品目は枠外税率を適用。この場合、従量税については、各国がWTOに報告している1996年における各品目の輸入価格を用いて、従価税に換算。
3）日本のコメのように、1996年において輸入実績がない品目については、平均関税率の算出に含まれていない。

　わずかに残された高関税のコメや乳製品等の農産物（品目数で1割）は、日本国民にとっての一番の基幹食料であり、土地条件に大きく依存する作目であるため、土地に乏しい我が国が、外国と同じ土俵で競争することが困難なため、関税を必要としているのである。

　国内保護政策についても、コメや酪農の政府価格を世界に先んじて廃止した我が国の国内保護額（6,400億円）は、今や絶対額で見てもEU（4兆円）や米国（1.8兆円）よりはるかに小さく、農業生産額に占める割合で見ても米国（7％）と同水準である（表1）。しかも、米国は酪農の保護額を実際の4割しか申告しておらず、実はもっと多額の保護を温存している。

　しかし、日本とオーストラリアとの2国間の自由貿易協定の交渉では、このような重要品目についても関税撤廃が強く迫られる可能性がある。しかも、国内では、日本の将来方向に大きな影響力をもつ経済財政諮問会議等において、貿易自由化を含め、規制緩和さえすればすべてがうまくいくという人々が、さらに声を

表1　日米欧の国内保護比較
　　　──我が国農業の国内保護額が大きいというのは誤り

	削減対象の国内保護総額	農業生産額に対する割合
日本	6,418億円	7％
米国	17,516億円	7％
EU	40,428億円	12％

資料：農林水産省HP。

大きくしてきている。

　規制緩和さえすれば、すべてがうまくいくというのは幻想である。農産物貿易も、自由化して競争にさらされれば、強い農業が育ち、食料自給率も向上するというのは、あまりに楽観的である。日本の農家一戸当たり耕地面積が1.8haなのに対してオーストラリアのそれは3,385haで、実に約2,000倍である。この現実を無視した議論は理解に苦しむ。このような努力で埋められない格差を考慮せずに、貿易自由化を進めていけば、日本の食料生産は競争力が備わる前に壊滅的な打撃を受け、自給率は限りなくゼロに近づいていくであろう。

　しかし、仮にそれでも大丈夫だというのが、規制緩和を支持する方々の次なる主張である。自由貿易協定で仲良くなれば、日本で食料を生産しなくても、オーストラリアが日本人の食料を守ってくれるというのである。これは甘すぎる。食料の輸出規制条項を削除したとしても、食料は自国を優先するのが当然であるから、不測の事態における日本への優先的な供給を約束したとしても、実質的な効力を持たないであろう。EU（欧州連合）も、あれだけの域内統合を進めながらも、まず各国での一定の自給率の維持を重視している点を見逃してはならない。ブッシュ大統領も、食料自給は国家安全保障の問題だとの強い認識を示し、日本を皮肉っているかのように、「食料自給できない国を想像できるか、それは国際的圧力と危険にさらされている国だ」と演説している。

　特に、欧米で我が国のコメに匹敵する基礎食料の供給部門といわれる酪農については、「米国政府は酪農を、ほとんど電気やガスのような公益事業として扱ってきており、外国によってその秩序が崩されるのを望まない。」（フロリダ大学K教授）といった見解にも示されているように、国民、特に若年層に不可欠な牛乳の供給が不足することは国家として許さない姿勢が米国にもみられる。このため、

米豪FTA（自由貿易協定）においても、低関税枠は設けたが、関税撤廃品目から乳製品は除外された。我が国の牛乳・乳製品の自給率は、現状でもすでに70％を割り込んでいるが、これは欧米諸国の人々の感覚では、とうてい許容できないほど低い水準と思われる。

欧米の乳製品輸出国は、酪農における国際競争力はオーストラリアとニュージーランドが突出しており、他の先進国は、国民に不可欠な牛乳・乳製品の国内生産を確保するには、オセアニアからの輸入に対する防波堤（保護措置）が欠かせない。そこで、欧米の政府は、まず乳製品に対する高関税を維持し、国内消費量の5％程度のミニマム・アクセスに輸入量を押さえ込んだ上で（しかも、ミニマム・アクセスは、本来、低関税の輸入機会の提供であって最低輸入義務ではないから、枠が結果的に未消化になっている場合が多い）、国内では政府買取価格を設定し、余剰乳製品を政府が受け入れ、乳価を下支えしている。そして、過剰乳製品は援助（＝見方変えれば全額補助、輸出価格ゼロの究極の輸出補助金）や輸出補助金で海外市場で処分されることになる。海外からの輸入を閉め出しておいて、価格支持により生じた余剰は補助金でダンピング輸出するのである。こうして本来なら輸入国のはずの国が輸出国になっているのである。競争力があるから輸出しているのではないのである。

米国では、酪農が公益事業と称される一方で、かたや、我が国では、医療と農業が、規制緩和を推進する人々の「標的」となっており、すでに、医療の崩壊現象が日本社会に重大な問題を提起し始めている。医療と農業には、人々の健康と生命に直結する公益性の高さに共通性があり、そうした財・サービスの供給が滞るリスクをないがしろにしてよいのであろうか。農業が衰退し、医師もいなくなれば、地域社会は崩壊するが、要するに、無理をして、そのような所に住まずに、みんな都市部に集まれば、それこそ効率はいい、ということなのだろうか。

我々の例示的な試算では、コメ関税が撤廃され、我が国稲作が崩壊すると、日本の農地で循環可能な限界量に対する食料由来の窒素の環境全体への排出量の比率は、現状の1.9倍から2.7倍まで悪化し、コメに関するバーチャル・ウォーター（仮想水）の輸入は22倍になり、水の豊富な日本で大量の水を節約し、すでに水不足の深刻な輸出国の環境負荷を高める非効率を生む。コメに関するフード・マイレージの増加による環境負荷（CO_2の排出）も10倍になる。酪農においても類似の

試算が可能である。

　食料貿易の自由化は、一部の輸出産業の短期的利益や安い食料で消費者が得る利益（狭義の経済効率）だけで判断するのではなく、土地賦存条件の格差は埋められないという認識を踏まえ、極端な食料自給率の低下による国家安全保障の問題、地域社会の崩壊、窒素過剰による国土環境や人々の健康への悪影響等、長期的に失うものの大きさを総合的に勘案して、持続可能な将来の日本国の姿を構想しつつ、バランスのとれた適切な水準を見いだすべきである。

2. 窒素収支の改善

　消費者の支持を得るには、我が国の窒素過剰問題からも酪農のあり方を見直す必要がある。日本の農地が適正に循環できる窒素の限界は124万 t なのに、すでに、その2倍近い238万 t の食料由来の窒素が環境に排出されている（表2）。そのうち80万 t が畜産からであり（飼料の80％は輸入に頼っているから、1.2億人の人間の屎尿からの約64万 t の窒素と同じくらいの窒素が輸入の家畜飼料かもたらされていることになる）、一番の主役である。

　過剰な窒素は、大気中に排出されて酸性雨や地球温暖化の原因となるほか、硝酸態窒素の形で地下水に蓄積されるか、野菜や牧草に過剰に吸い上げられる。水については、欧米並みの10mg/lという基準値が1999年に導入されたが、2005年段階で、全国の井戸の約7％が基準値を超えている。また、日本の野菜には基準値がないが、平均値で、ほうれんそう3,560ppm、サラダ菜5,360ppm、春菊4,410ppm、ターツァイ5,670ppm等の硝酸態窒素濃度の野菜が流通しており、EUが流通を禁じる基準値として設定している約2,500ppmを超えている。

　硝酸態窒素の多い水や野菜は、幼児の酸欠症や消化器系ガンの発症リスクの高まりといった形で人間の健康に深刻な影響を及ぼす可能性が指摘されている。糖尿病、アトピーとの因果関係も疑われている。乳児の酸欠症は、欧米では、30年以上前からブルーベビー事件として大問題になった。我が国では、ほうれんそうの生の裏ごし等を離乳食として与える時期が遅いから心配ないとされてきたが、実は、日本でも、死亡事故には至らなかったが、硝酸態窒素濃度の高い井戸水を沸かして溶いた粉ミルクで乳児が重度の酸欠症状に陥った例が1996年に報告され

第20章 酪農の今後の方向　237

表2　我が国の食料に関連する窒素需給の変遷

			1982	1997
日本のフードシステムへの窒素流入	輸入食・飼料	千トン	847	1,212
	国内生産食・飼料	千トン	633	510
	流入計	千トン	1,480	1,722
日本のフードシステムからの窒素流出	輸出	千トン	27	9
日本の環境への窒素供給	輸入食・飼料	千トン	10	33
	国内生産食・飼料	千トン	40	41
	食生活	千トン	579	643
	加工業	千トン	130	154
	畜産業	千トン	712	802
	穀類保管	千トン	3	3
	小計	千トン	1,474	1,676
	化学肥料	千トン	683	494
	作物残さ	千トン	226	209
	窒素供給計（A）	千トン	2,383	2,379
日本農地の窒素の適正受入限界量	農地面積	千ha	5,426	4,949
	ha当たり受入限界	kg/ha	250	250
	総受入限界量（B）	千トン	1,356.5	1,237.3
窒素総供給/農地受入限界比率	A/B	％	175.7	192.3

資料：織田健次郎「我が国の食料供給システムにおける1980年代以降の窒素収支の変遷」農業環境技術研究所『農業環境研究成果情報』、2004年に基づき、鈴木宣弘作成。

ている。乳児の突然死の何割かは、実はこれではなかったかとも疑われ始めている。また、硝酸態窒素が過剰な牧草により乳牛が酸欠症（ポックリ病）で死亡する事故は、年平均100頭程度という統計もある。

　世界保健機関（WHO）に基づく窒素の一日許容摂取量（ADI）に対する日本人の実際の摂取比率は、幼児では2.2倍、小中学生で6割超過、成人で33％超過というように、かなりの窒素摂取過多傾向が明らかになっている。

　窒素は、ひとたび水に入り込むと、取り除くのは莫大なお金をかけても技術的に困難だという点が大きな問題なのである。下水道処理というのは、猛毒のアンモニアを硝酸態窒素に変換し、その大半は環境に放出されており、けっして硝酸態窒素を取り除いているわけではないのである。

　このような数値を直視すると、草地依存型、資源循環型の酪農を推進することが、我が国の窒素需給を改善し、健全な国土環境を取り戻し、国民の健康を維持するために、酪農経営者にとっていかに喫緊の課題かということがよくわかる。

それは狭義の効率性に基づく増産一辺倒路線を考え直すことにもなり、消費の回復と生産抑制の両面から需給を改善する。海外の飼料価格高騰にも影響されない経営を確立していくことにもつながる。

　窒素過剰の改善のためには、酪農が環境を汚しているのだから、牛乳・乳製品を輸入して、日本に酪農はいらないという論理ではなくて、酪農が資源循環的に営まれることこそが、日本の窒素需給を改善するという方向で国民に説明できるようにしなければならない。いまこそ酪農経営が環境や資源循環に果たす役割の自覚を強め、環境にも牛にも人にも優しい経営を追求する契機とすべきである。酪農の営みは、健全な国土環境と国民の健康を守るという大きなミッション（社会的使命）を有していることを改めて再認識する必要がある。

3．本物の品質

　酪農・乳業経営には、本来の風味があり栄養価の保持された「本物」の牛乳を提供する基本的使命をまず果たした上で、経営効率を問題にするという発想が必要である。そもそも、日本の消費者が味の違いで還元乳と普通牛乳が区別できないのは、日本では、120度ないし130度2秒の超高温殺菌乳が大半を占めているからである。普通牛乳であっても、（失礼ながら）あまり味覚が敏感とは思われないアメリカ人が「cooked taste」といって顔をしかめる風味の失われた牛乳を日本人は飲んでいるから、還元乳との味に差を感じないのである。アメリカやイギリスでは、72度15秒ないし65度30分の殺菌が大半である。2秒の経営効率に慣れてしまった現在、また、消費者がむしろ「cooked taste」に慣れて本当の牛乳の風味を好まないという側面から、いまさら、業界全体が72度15秒ないし65度30分に流れることは不可能という見解も多い。しかし、消費者の味覚をそうしてしまったのも業界である。しかも、非常に重要なことは、「刺身をゆでて食べる」ような風味の失われた飲み方の問題だけでなく、超高温殺菌によって、①ビタミン類が最大20％失われる、②有用な微生物が死滅する、③タンパク質の変性によりカルシウムが吸収されにくくなる、等の栄養面の問題が指摘されていることである。定説にはなっていなくとも、可能性のある指摘については、消費者の健康を第一に、もう一度、この国の牛乳のあり方を考え直してみる姿勢が必要ではない

かと思われる。味以前の問題として、健康に一番よい形で牛乳を提供していないのなら、食にかかわる人間として失格という意識が必要である。

つまり、経営効率を優先することは大事だが、それが環境や牛の健康や、そして最終的には人の健康に悪影響を及ぼすというなら、これは根本的に考え直さなくてはならないのではなかろうか。環境に負荷を与え、牛（動物）を酷使し、それが結局人の健康も蝕むならば、それで儲かって何になるか、ということになろう。極端にいうと殺人者と変わらない。業界としても、かりに目先の業界の利益にはなっても、全員で「泥船」に乗って沈んでいくようなものである。

まず、人の生き方として、モラルとして、環境、動物福祉、人への安全性への配慮をきちんとした上で、経営効率での競争が行われるのが理想であろう。そういう形にするには、食品を極端な価格競争に巻き込まないことが大事である。消費者の購買行動が問題だという見解もあるが、環境、動物福祉、人への安全性への配慮をきちんとした「本物」でないと買わない消費者になってもらうよう十分な情報開示と啓蒙を行うことが不可欠であろう。

要するに、経営の成立・存続と牛の健康が矛盾するような社会ではなく、牛を大切にし、健康な牛になってもらわなければ、経営も成り立たないような社会が望まれる。実は、これは、もはやユートピア的な机上の空論ではない。現実に、着実に世の中はその方向に向かいつつあることを認識すべきであろう。

4．消費者との絆を強化する個の創意工夫と組織力

したがって、我々が目指すべきは、環境にも牛（動物）にも人にも優しい草地依存型・地域資源循環型の酪農経営に徹して、消費者に自然・安全・本物の牛乳・乳製品を届けるという食にかかわる人間の基本的な使命に立ち返ることである。それによって、まず、地域の、そして日本の消費者ともっと密接に結びつくことが第一であろう。そのことが、かりに国際化による安い乳価との競争の時代となっても、国産牛乳・乳製品を差別化して生き残る道を提供し、アジアに販路を見出すことにもつながる。

大規模化や経済効率の追求を否定するつもりは、まったくないが、それが、環境にも牛（動物）にも人にも優しく、消費者に自然・安全・本物の牛乳・乳製品

を届けるという本来の使命を果たしつつ進められなければ、これからは生き残れないであろう、つまり、本当の意味での経済効率を追求したことにはならない、ということである。

　EUの事情は、差別化の可能性を検討する意味でも参考になる。例えば、イギリス酪農とイタリア（特に南部）の酪農には大きな生産性格差があるが、EUの市場統合にもかかわらず、各国の多様な酪農は生き残っている。数年前のことであるが、ナポリの牛乳は1ℓ約200円で日本より高かった。これは、イタリアのスローフード運動に象徴されるように、少々高くても、本物のおいしさに目がない人々が、地元の味を誇りにし、消費者・流通業者と生産者が一体となって、自分たちの地元の食文化を守る機運が生まれているからである。こういう関係を生み出さなくてはならない。

　スイスでは、EUとのFTA（自由貿易協定）を控え、ドイツや英国の食料品との競争には、割高でも、ナチュラル、オーガニック、アニマル・ウェルフェア（動物愛護）、バイオダイバーシティ（生物多様性）等に徹底して取り組めば、国民が支えてくれると確信している。卵の例だが、スイスの卵は一個60～80円もするが、20円の輸入物に負けていない。ケージ飼いが禁止され、野原で伸び伸び育った鶏の価値を評価する国民が、ケージ飼いの輸入卵は安くても「本物」ではないという気持ちで支えている。また、「これを買うことで農家の皆さんの生活が支えられ、それによって自分たちの生活が支えられているのだから当たり前でしょ」と小学生の女の子が答えたという意識の高さにも驚く。

　例えば、我が国でも、6頭程度の少頭数で、濃厚飼料は使わず、13産（15歳）まで天寿を全うするよう育て、生乳はすべて自家で加工し、低温殺菌乳の宅配、ホテルとの契約、チーズ（7種類）とヨーグルト、お菓子の売店とネット販売で生計を立てている酪農家もある。さらには、代用乳は与えずに母乳で育て、牛が19歳で老衰で死ぬまで牛との生活を楽しみ、その生き方に共鳴した消費者が支えとなっている経営もある。また、50頭前後の搾乳牛の販売生乳を指定団体から全量買い戻す形で自家加工し、生乳販売額の10倍以上の4億円を超える売上げと100人もの雇用を創出し、地域に貢献している経営もある。

　北海道で進められている国産チーズ振興も、価格で同等な輸入代替を念頭におくと、プール乳価の低下を食い止めるのはなかなか困難であり、場合によっては、

増設したチーズ工場に生乳が十分回らず、都府県の飲用向け圧力が強まる可能性もある。したがって、価格で同等な輸入代替を念頭においたチーズ増産ではなく、いま北海道の各地で盛んになっているような小規模ながら独自ブランドで、高いが確かに自然で本物のおいしさだから買うという消費者と結びついて、輸入代替乳価よりも高い乳価水準を実現できるような形での国産チーズ振興を図ることが、本来の意味で酪農家にメリットのある国産チーズ振興につながると思われる。

　国産の牛乳・乳製品への消費者の支持と信頼が強固になるためには、生産者は、薄っぺらな小手先の販売戦略ではなく、この人がつくるものなら大切に食べたいと消費者を自然に惹き付けるような、根本的なところで、生命の維持に不可欠な食料を、その生産過程も含めて、最良の形で消費者に届けるというミッション（社会的使命）に誠意を持って取り組み、消費者がこれをしっかり受け止めて支えてくれるシステムのさらなる強化が必要である。そうなれば、信頼する者が困ったときは自然に支え合える。コスト高になったときは、高い値段でも支え、価格に反映できなくても、財政から多様な価値への対価として支援することへのコンセンサスも生まれよう。まさに、それぞれの段階で、人としての「生き方」そのものが問われている。日本では、欧米に比べて消費者と生産者の一体感が薄いとの印象は拭えない。日本酪農の崩壊を食い止めるには、生産者と消費者との「絆」強化が急務である。

　また、個別の販売ルートの確立だけでは、価格交渉力の点で弱いし、頭数が多いと、すべての生乳や畜産物を個別のブランド品のみで販売しきれるか、という問題もある。世界では、小売の市場支配力に対抗するため、猛烈な勢いで生処サイドの巨大化が進んでいる。ミルク・マーケティング・ボードの強制解体で生産者組織が細分化され、「買いたたき」に遭って乳価が暴落したイギリスは一つの教訓である。つまり、組織力の強化と個別の「私の顧客づくり」とを最高の形で組み合わせていくことが求められる。拮抗力の形成なくしては、小売の市場支配力には対抗できない。しかし、「私の顧客づくり」なくして、海外との競争に負けない「国産プレミアム」の維持・拡大は難しくなる。

　なお、消費者アンケートを行うと、一般的に、高くても国産農畜産物を買うと答える消費者がほぼ90％に達するのに、自給率はなぜ40％なのか、ということがしばしば問題にされるが、その要因の一つは、消費者の実際の購買行動とのギャ

ップであり、これに対処するには、具体的な行動に結びつくインセンティブ（誘因）を高める努力も必要である。例えば、フード・マイレージの重要性から、この国産の豚肉を買うと200gのCO_2が削減できると表示されていても、それだけでは、安い方に手が出てしまう。そこで、生協の関係者が検討しているのが、ポイント制にしてメリットを還元するシステムである。具体的には、国産を買うことで節約されたCO_2を生協の連合体でまとめて排出権取引で販売し、その収益を消費者に還元するというアイデアである。韓国では、食料だけでなく、企業や家庭で一定の算定ソフトに基づいて削減できたCO_2量に応じて1ポイント＝50円程度の率で、公共交通機関の利用券を配布するような制度を導入しているという。さらには、フード・マイレージはもう古い、という見方もある。例えば、地場産であっても、施設園芸で大量の重油を燃やして生産したキュウリは、南米のチリから輸送したキュウリよりもCO_2排出量が多いかもしれないということである。イギリスでは、ポテトチップスの袋に、ジャガイモの生産から加工、輸送を経て店頭に並ぶまでの全過程を合計したCO_2排出量を記載するメーカーがある。スイス最大の生協（Migro）では、CO_2 Championという取組みで、いくつかの商品に2008年から同様の表示を始めている。これらは義務化されてはいないが、このLCA（ライフ・サイクル・アセスメント）に基づくカーボン・フットプリントの考え方は重要である。農林水産省でも、CO_2の「見える化」という表示の取組みを始めた。それらは、低投入、地産地消、旬産旬消が環境にもっとも優しいことを数値化して納得していく試みである。消費者との絆を強化するためにも、我が国の酪農についても、このような視点も強化されるべきであろう。

日本酪農の持続的発展のための提言

平成21年3月

社団法人全国酪農協会

提言に当たって

社団法人全国酪農協会
会長　上野千里

　本会では、昭和54年3月にわが国酪農の方向を探るべく、酪農基本対策委員会を設置し、生産から流通までの諸問題について緊急提言を発するとともに、翌55年には時代を先取りする形で、広域需給調整機構の確立や、チーズ国産化推進等の提言を行ってまいりました。

　時代は昭和から平成に入り、「ウルグアイ・ラウンド」や「ドーハ・ラウンド」に代表されるように、まさにグローバルな展開となり消費者嗜好の変化による牛乳消費の減少も見られる中で、生乳生産も減産、増産と翻弄される情勢が続いている現状にあります。

　そこで本会では、全国酪農協会など4団体で構成する「酪農研究会」並びに同研究会の中に有識者による専門部会を設置し、平成20年3月からおよそ1年をかけて、数次にわたる真剣な論議を重ねてまいりました。その狙いは、近年の世界的なエタノール生産や新興国における穀物需要の増加、投機資金の流入などによる配合飼料価格の高騰に対応し、将来を見据えた自給飼料対策を考えようとするものでありました。

　その論議は常に意欲的であり、前向きで、しかも精力的に現場の実情を見つめた真剣なものでありました。

　その結果として、現時点の諸問題をも踏まえた幅広い提言となりましたが、その実現に向けては、さらに検討を必要とするもので十分とはいえず、より掘り下げた議論がなされる必要があると考えます。願わくば本提言に対し建設的なご批判をいただくとともに、政策ベースに反映させ、酪農生産者にさらに力強い勇気と希望を与えていただくことをお願い申し上げる次第であります。

答申に当たって

酪農研究会専門部会座長
日本大学生物資源科学部教授 小林信一

　酪農研究会専門部会は、全国酪農協会など4団体で構成する酪農研究会より日本酪農の今後のあり方に関しての諮問を受け、平成20年3月より12回の委員会と4回の現地調査、さらに関係者との意見交換を行い、本年3月に最終答申を本研究会に答申しました。

　答申作成に当たっては、

1. 日本の社会、農業における酪農の存在意義の検証に繋がること
2. 日本酪農の持続的発展に繋がる方向の検討
3. 具体的な提案に繋がる内容

の3点を基本的な方向とし、検討を重ねてきました。

　わが国の酪農経営は、2年に及んだ減産型生産調整に引き続き、飼料価格などの高騰によるコスト高に見舞われ、多くの酪農家がやむなく経営を中止する事態に追い込まれています。異例と言える期中2回の加工原料乳補給金単価引き上げや、飲用乳価の引き上げも実現しましたが、牛乳消費の減退が続く中、4月以降の酪農情勢も酪農家にとって有利なものとは言えません。

　また、WTO農業交渉の決着如何によっては、さらに厳しいものになる可能性も強まっております。こうした状況を切り開くには、「酪農がわが国にとってなくてはならない存在である」ことを基礎とした政策的な支援や国民的なバックアップが不可欠ですが、そのためには生産者自らが一致団結して、ことにあたる必要があると考えます。本提言がそのための「一石を投じた」ことになることを期待しております。

日本酪農の持続的発展のための提言

㈳全国酪農協会酪農研究会専門部会最終答申
平成21年3月26日

１．生産者団体として取り組むべき課題

提言１．酪農家の戸数減少の中で、生産者の力がこれ以上弱まることなく、むしろ強めるために、地域から全国までの全ての段階において、生産者の力の結集が図れる生産者団体組織作りに向け、組織統合などに立場を超えて取り組むこと。

提言２．酪農生・処・販各段階のバランスのとれた持続的な発展に不可欠な生産者の価格交渉力を増すために、乳製品の加工処理能力を生産者自らが持てるように、とも補償制度など生産者の協同の取り組みを強化すると共に、生産者団体系乳業メーカーの強化のための取組を行うこと。その際には、生産者団体が責任を持ってイニシアティブを持つよう努めること。

提言３．生産者団体は、農地、特に遊休農地の畜産的利用（粗飼料生産・放牧）の社会的役割・重要性を認識し、その促進に組織をあげて取り組むこと。また、農地の畜産的利用が経営的にも合理性を持つように、
　　　ア．農業機械への過剰投資や労働力不足への対応としてコントラクターや地域内の未利用資源の活用を含めた自給飼料型TMRセンター

　　　　の育成を行うこと。
　　　イ．アの設立に当たり、農業委員会、地域水田農業協議会などに働きかけて、耕作放棄地や不作付け地などの遊休農地を含めた農地の集積を図ること。

提言4．担い手の確保・育成のため、後継者確保対策に取り組むとともに、酪農への新規参入システムの確立と、酪農経営の継続に寄与している酪農ヘルパー制度の存続・発展に向け組織をあげて取組むこと。

提言5．酪農経営の経営改善を図るため、生産者団体が酪農家に対する経営・技術支援を専門的に行い得る組織を持つとともに、組織編成と運営のコーディネーターとなって、多様な経営支援組織による組織の枠を超えた連携が行える体制作りに取り組むこと。

提言6．牛乳消費の拡大に向けて、生処販一体となった取組を行うこと。その際、各団体や企業が個別に広報宣伝活動に取り組むのではなく、統一した戦略に基づいて行うことで、生産者からの拠出金が効率的かつ有効に活用できるように、関係団体・企業に働きかけること。

提言7．消費者からの信頼を得るために、食農教育としての酪農教育ファーム活動に対する取組と、消費者との継続的な交流・意見交換を行うこと。

2．行政への要請事項として取り組むべき課題

提言1．酪農が我が国に存在することの社会的な意義に鑑み、酪農家が中長期的に経営の見通しが立てられる経営安定制度を、現行不足払い制度の見直しの上で、確立すること。

提言2．農地の保全管理と利活用のために、水田を含めた農地の畜産的利用を政策的に進めること。その際、現在の中山間地域等直接支払いにおける

地目別助成金格差や、水田経営所得安定対策において飼料作物が対象となっていないことなどが、水田における畜産的利用の普及拡大を阻害している点を踏まえ、飼料用イネや飼料用米を含めた飼料作物生産を食用米や麦・大豆と同列の重要品目と位置付けた政策の展開を行うこと。そのために、農地・水・環境保全向上対策や飼料生産促進政策など多くの関連施策を、農地の善良な管理を前提とした直接支払方式に一元化することも考慮すること。

提言3．牛乳消費拡大や自給飼料多給、放牧推進などの観点から、乳脂肪率などの取引基準の見直し、乳牛の改良を行い、自給粗飼料依存型酪農経営普及のバックアップを行うこと。

提言4．需給調整機能強化に繋がる加工処理能力向上のための、とも補償制度の拡充や、乳業再編の推進への継続的な支援を求めること。

目次
はじめに
Ⅰ．酪農の食、環境、教育などに果たす役割の重要性
Ⅱ．酪農を持続的に発展させるための方策
　１．酪農経営の持続的発展のための取組
　　１）中長期的な経営見通しの立つ経営安定制度の必要性
　　２）自給飼料生産の促進（経営の安定化と地域の農地管理）のための措置
　　３）担い手の確保・育成のための取組
　　４）酪農経営の経営改善を図るための取組
　２．消費者からの信頼を得るための取組
　　１）食農教育
　　２）継続的な消費者との交流・意見交換
　３．以上の取組を実現するための生産者団体の組織力強化
　　　―生産・処理一体化―

はじめに

　本専門部会は、平成20年3月より日本酪農の持続的発展のために必要な事項に関して、9回の委員会と4回の現地調査、さらに関係者との意見交換を行い、10月に中間答申を提出した。その後、さらに3回の委員会と関係者との討議などによる検討を加えてきたが、ここに最終答申を提出する。酪農の持続的な発展に向け、酪農関係者の一体となった取組を期待したい。

　わが国の酪農経営は、未曾有の危機に直面している。2年に及んだ減産型生産調整に引き続く、平成19年来の飼料価格など生産資材の高騰によるコスト高により、異例の期中2回の加工原料乳補給金単価引き上げや、飲用乳価の20年4月、21年3月の引き上げにもかかわらず、酪農経営は疲弊し経営中止農家が相次いでいる。また、WTO農業交渉の帰結は予想しがたいが、酪農経営にとって厳しいものになる可能性も強まっている。こうした状況において、わが国酪農の持続的な発展にとって不可欠な取組を以下に取りまとめる。

I. 酪農の食、環境、教育などに果たす役割の重要性

　まず我々は、わが国の酪農が以下のような重要な役割を果たしていること、そして、今後ともその役割をさらに発展させることの重要性を確認する必要がある。

① 重要な食料、特にタンパクやカルシウムの供給源である。近年、乳タンパクは、抗高血圧症、免疫調節、抗菌、抗血栓、抗ウイルス、抗腫瘍、抗酸化作用、鉄吸収などの第三次機能についても注目を集めている。

② 地域経済を支える重要な産業であり、また、関連産業を含め多くの雇用を生み出している。

③ 飼料生産や放牧による水田など農地の有効活用、遊休農地の解消、またエコフィードの活用による食品廃棄物の利活用を通して、地域の農地や環境の守り手である。

④ 酪農教育ファームなどによって「食農教育」「命の教育」を行っている。等

今日のように酪農経営にとって厳しい状況が継続するならば、酪農生産の衰退によって、こうした重要な役割を果たすことができなくなる可能性がある。そのことは、わが国の農業農村や国土保全などに多大な支障が生ずることを意味する。

II．酪農を持続的に発展させるための方策

平成19年以降の生産資材の高騰などによる経営的な困難を脱するためには、乳価の値上げや緊急経営安定対策が短期的には重要であるが、将来に希望の持てる酪農とするためには、中長期的な視野に立った以下の取組が必要とされる。

その際には、次のような観点に立つことが肝要である。つまり、昨今の減産型生産調整に続く飼料価格高騰はすべての地域の酪農経営を悪化させているが、特に都府県においては酪農家戸数の急減と生乳生産の減少が深刻化している。その結果、北海道の生乳生産シェアは増加傾向にあり、全国の5割を超える方向にある。さらに北海道においても、酪農専業地帯である道東地区が生乳の8割を生産しており、わが国全体の4割近くを占める。都府県酪農の衰退は、北海道酪農の発展にとっても望ましいものではなく、全国的にバランスのとれた、また地域ごとに特徴を持った多様な酪農経営の維持・発展が必要である。

1．酪農経営の持続的発展のための取組

1）中長期的な経営見通しの立つ経営安定制度の必要性

酪農経営の安定的な発展のために、現在採られている主な施策として、①加工原料乳生産者補給金制度（不足払い法）による加工原料乳地帯の再生産確保、②9ブロック化された指定生乳生産者団体による一元集荷・多元販売体制の強化、③承認工場制度に基づく無税の飼料穀物輸入制度と価格高騰に対処した飼料価格安定基金制度がある。これに緊急的な各種経営安定対策や、生産者団体による自主的な生産調整対策などによって補強するシステムとなっている。しかし、平成19年来の酪農危機はこうした酪農経営のセーフティネットの限界を明らかにした。特に新不足払い制度の制度的な問題点は、今後の酪農の持続的な発展にとっての弱い環となるだろう。

加工原料乳生産者補給金制度は平成12年に改定されたが、その狙いは、「市場実勢を反映した適正な価格形成を実現すること」とされている。その一方で、従来の不足払い法の主要な目的であった加工原料乳地帯の再生産を確保するための生産者の所得保障という側面は後退した。つまり、これまでの不足払い法下では、加工原料乳の保証乳価によって、生産者は生産費をカバーすることができたが、新法では生産者交付金が支払われることになったとはいえ、それによって**確実に生産費をカバーできる乳価水準になるかは、制度的に担保されていない**。一昨年来の事態は、当初予想した状況と大きく異なっている。飼料費の高騰によって生産費が上昇したにもかかわらず、生産費を十分にカバーできる乳価の上昇はスムーズには実現できなかった。これは、牛乳を中心とした消費停滞も一因だろうが、生・処・販をめぐる力関係が、生産者乳価に抑制的に働いていることも指摘できよう。こうした事態に対応するには、

① 牛乳消費の拡大に向けた生処販一体となった取組、
② 生産者の取引交渉力を向上させるための組織的再編などの取組、および
③ 酪農生産の持続的な発展のための政策的なセーフティネットが必要とされている。

旧不足払い法において生産者補給金単価は、保証価格と乳業メーカーの買い取り価格（支払可能価格）である基準取引価格との差額として決定されてきた。しかし、現行「不足払い法」では、旧不足払い法の最終年で、上記のように決定された平成12年度の補給金単価を、その後の生産費の変動によって修正することで決めるという方式を採っており、当初こそ、補給金単価の水準は同程度であったが、旧不足払い法の「生産費をカバーする乳価」という制度理念を引き継ぐものではない。新不足払い制度は、本来「不足払い」法と呼ぶこと自体が誤解を生む、まったく異なったものとなっている。そのため、今回のような生産費の高騰という事態には、対応することができなかった。

その際には以下の諸点が考慮されるべきだろう。

① 酪農家が中長期的に経営の見通しが立てられる経営安定対策であること。
② そのためには、価格の変動のみではなく、生産費の変動も考慮に入れた生産

者の所得安定対策であること。

　また、制度設計の際に、昨今の内外情勢の以下のような変化を考慮にいれる必要がある。
　　ア．北海道の生乳生産シェアが高まり、加工原料乳の割合が５割を割る事態が常態化することを見据え、加工原料乳価ではなく、飲用乳価あるいは飲用乳とのプール乳価を対象とした価格を対象とすることも検討する。
　　イ．WTO農業交渉の結果は予想しがたいが、高関税による乳製品の国境措置が困難になる
　ことも危惧される事態になっており、仮にそうした状況になっても、国内生産が持続的に発展できる制度であること。

　こうした経営所得安定対策は、例えば麦・大豆では、その実際の補填水準や補填対象範囲の是非について評価が分かれるものの、内外価格差は「ゲタ」部分で補填し、価格変動に対しては「ナラシ」によって安定化を図るという思想によって制度設計されている。また、肉用牛肥育経営については、肉用牛肥育経営安定対策事業（マルキン制度）によって平均的な労働所得は保障するという制度になっている。この制度の問題点は、物財費を割り込むまでの経営悪化には対応できないことである。こうしたケースでは、いわゆる補完マルキン制度によって、物財費の赤字分の６割を補填する仕組みが作られているが、補填割合が低いことや、マルキンを含めこの制度が不足払い法のような法に基づいたものではなく、関連対策の一環として行われていることなどがあげられる。
　酪農経営では、旧不足払い法下で現実化していた生産者所得保障制度が大きく後退したことが、今日の酪農経営の苦境の一因となっていることを踏まえ、他の農業部門を参考にした新たな経営所得安定対策の導入が不可欠であり、その創設に向かって、組織をあげた討議を行う必要がある。

2）自給飼料生産の促進（経営の安定化と地域の農地管理）のための措置
　農作物の収益性低下や農業者の老齢化、野生鳥獣害の増加等により、近年、遊

休農地は増加の一途をたどっている。耕作放棄地に田畑の不作付地を加えた遊休農地面積は約60万ha（平成17年）で、耕地面積の1割以上に達している。営農条件の困難な中山間地域では5割を超える地域も少なくない。遊休農地の増加は、農山村の衰退をもたらすのみならず、食料自給力の低下や都市の環境悪化に繋がる日本全体の問題である。

一方、酪農家1戸当たり飼料作物作付面積は、全国平均で昭和46年の2.0haから平成18年には24.7haへと30年間で10倍以上になった。地域別では北海道が1戸当たり55.0haと圧倒的だが、都府県でも6.0haと水稲農家に比べれば農地集積は進んでいる。今後、遊休農地の急増が危惧される状況下で、農地の管理主体としての畜産農家、特に酪農家への期待が高い。

農地の畜産的利用としては、従来から行われてきたトウモロコシや牧草などの飼料作物生産の他、近年では中山間地域を中心とする耕作放棄地放牧や、水田での飼料イネ（WCS）、飼料用米の栽培、あるいは飼料イネの立毛状態での放牧利用など、多様な形態が先進地域において実施されるようになっている。100万haにおよぶ食用イネの生産調整が必要とされる中で、食料安保や国土保全のために、将来に亘って農地を維持していくには、水田を含めた農地の畜産的利用が重要な柱となってくるだろう。特に、全国の遊休農地の9割以上が都府県に集中し、6割が田であるという現状では、都府県における水田の畜産的利用が特に重要である。

一方、個別酪農家にとって飼料生産は、良質な粗飼料の供給や堆肥など糞尿の活用を通して、コスト削減や経営の安定性を高めることが指摘されている。しかし、現実には常に飼料生産が経営的な合理性を持つばかりとは言えない。これは、購入飼料価格が相対的に安価であるためばかりではなく、借地などで拡大できる農地が狭小・分散しているといった圃場条件や、飼料生産のための農業機械への投資が莫大であること、労働力が不足、あるいは高齢化して飼料生産への対応が難しいといった問題のために、現今のように購入飼料価格が暴騰しても、自給飼料生産の拡大をすぐに行うことが困難な要因となっている。

さらに、農業政策が水田を中心とした農地の畜産的利用を促進するようになっていないことも一因である。

以上のような点を踏まえ、自給飼料生産拡大のために、以下の点を提案したい。

① 生産者団体は、農地、特に遊休農地の畜産的な利用（粗飼料生産・放牧）の社会的役割・重要性を認識し、その促進に組織をあげて取り組むこと。
② 飼料生産を行うか否かは、あくまでも個別経営の経営判断に任せるべきだが、農地の畜産的利用が経営的にも合理性を持つように、

ア．農業機械への過剰投資や労働力不足への対応としてコントラクターや地域内の未利用資源の活用を含めた自給飼料型TMRセンターの育成を行うこと。

イ．アの設立に当たり、耕作放棄地や不作付地などの遊休農地を含めた農地の集積を図

ること。

ウ．中山間地域等直接支払いにおける地目別助成金格差や、水田経営所得安定対策において飼料作物が対象となっていないことなどが、水田における畜産的利用の普及拡大を阻害している点を踏まえ、農地・水・環境保全向上対策や飼料生産促進政策など多くの関連施策を、農地の善良な管理を前提とした直接支払方式に一元化すること。

エ．放牧に適した乳牛の改良や、乳脂肪率などの乳質取引基準の見直しを行い、放牧など自給粗飼料依存型酪農経営普及のバックアップをすること。

3）担い手の確保・育成のための取組

　酪農部門は、高齢化が進み後継者不足が深刻になっている農業部門の中では、若い担い手が確保されている農家（経営主が49歳以下か、50歳以上で後継者が確保されている農家）割合が6割近くに達している。しかし、近年の収益性悪化の中で、若い担い手のいる酪農家も経営を中止したり、後継者が継承を断念したりといった事態が見られる。後継者確保には、まず酪農経営の収益性、安定性の回復が不可欠であるが、担い手確保対策も重要な課題である。

　今後とも酪農経営の中心的な存在である家族経営の持続的発展ためには、後継者の育成対策が重要であるが、同時に酪農部門の外部からも就農希望者が円滑に参入できるシステム作りも不可欠である。北海道では北海道農業開発公社による「リース牧場」制度が四半世紀の歴史をもち、すでに300人を超える新規参入酪農

家を生み出している。都府県においても、そうした制度の定着が望まれる。また、「日本型経営継承システム検討委員会答申」にあるように、学校教育段階から新規就農までの一連の新規就農のためのシステム—日本型農業階梯—の整備が喫緊の課題である。その点では、酪農ヘルパーは、酪農家の休日確保という以外に、新規就農へのステップとして重要な役割を果たしつつある。例えば、平成20年度に北海道のリース牧場制度を利用して新規参入を果たした10名中ヘルパー経験者は半数にのぼっている。また、「日本型経営継承システム検討委員会」答申を受けて実現した離農希望酪農家と新規就農希望者との間を結ぶマッチングシステムによって、平成19年度に都府県においてもヘルパー経験者の新規就農が実現しており、こうしたシステムを根付かせるために、組織を挙げた取組が必要である。特に、優秀なヘルパー員を確保・養成するために、ヘルパー員の雇用条件の整備が新規就農などの将来のキャリアアップの道の整備とともに不可欠であり、そのためには農協などが職員としてヘルパーを処遇するなどが望まれる。

　酪農戸数の減少と酪農経営の収益性の悪化の中で、酪農ヘルパー利用総日数は平成17年をピークに減少に転じており、ヘルパー組合の経営にも影響が及ぶことが危惧される。ヘルパーの傷病時互助制度は、従来であれば長期入院などで経営を断念せざるを得ない場合でも、経営継続が可能となる制度で、高齢化しつつある酪農経営にとって、今後ますます重要な制度である。しかし、利用が事前に予想できないため、ヘルパー員の確保が人員的にも財政的にもヘルパー組合の負担となっている。ヘルパー組織の維持は、ヘルパー組合等の組織合併や職域拡大などによる自助努力も求められるが、担い手確保による酪農経営の持続的な発展に不可欠な支援組織であることから、今後とも政策的な支援の継続が必要とされる。

4）酪農経営の経営改善を図るための取組
　昨今の厳しい経営環境下では、酪農経営の改善のために、周産期を中心とする繁殖管理や良質粗飼料の生産、飼料費や減価償却費の圧縮、借入金の見直しなど、多様な経営・技術的課題の解決が求められている。こうした経営・技術両面にわたる課題解決において、外部機関によるコンサルタント機能がますます重要になってきている。この面では全国農協中央会によるJA全国専門畜産経営診断士制度や全酪連による酪農家経営管理支援システムなどがあるが、農協や酪農協によ

る一層の体制整備が期待される。農業団体自らが優れた経営技術支援体制を持つデンマークなど諸外国の事例を踏まえ、酪農家に対する経営・技術支援を専門的に行い得る組織の確立と、専門的な知識と能力を持った人材の育成が必要となっている。

さらに、農業改良普及センター、県畜産協会、家畜改良事業団（乳牛群検定）、試験場、大学、NOSAI家畜診療所、飼料メーカー、乳業メーカー、税理士、開業獣医師など数多く存在する酪農経営支援組織が組織の枠を超えた連携を行い、体制を整備して、個別経営の改善方策の立案と実行をその中で進めてゆくことが必要である。そのためには、各組織の機能分担を明確化した上で、農協・酪農協が組織編成と運営のコーディネーターとして活躍することが望まれる。

こうした経営支援体制の整備は、何よりも酪農経営の改善が目的であるが、同時に生産者団体にとっては、酪農経営の現状をすばやく把握することによって、的確な対策や政策要望につなげることが可能となるという面もある。

2．消費者からの信頼を得るための取組

1）食農教育

酪農には、子供や消費者が酪農体験を通して「食といのち」を学ぶことを支援する機能がある。平成20年度現在、全国270 牧場が酪農教育ファームとしての認証を取得し、ファシリテーターの資格を取得した酪農家や関係者も401人に達している。これらの認証牧場で平成19年には約69 万人もが酪農体験学習を行っている。また、酪農家や支援者が乳牛を連れて直接小学校などに出向く「わくわくモーモースクール」も各地域で実施されるようになっており、子どもや家族に対する牛乳・乳製品の消費拡大活動を超えた「食といのちを学ぶ」教育活動の一環として受け入れられる様になっている。今後も、こうした機能の重要性を確認し、認証牧場の拡大やわくわくモーモースクールの全国的な展開など、酪農教育ファーム活動に対する組織をあげた取組を継続していく必要がある。

2）継続的な消費者との交流・意見交換

今後の酪農の持続的な発展を考える上で、わが国酪農に対する消費者の支持・支援は不可欠なこととしてある。上記の酪農教育ファームを始めとして、消費者

との継続的な交流や意見交換を行うことは、酪農の現状を理解してもらうためばかりでなく、今後のわが国酪農の方向性を考える上でも、大きな拠り所になるであろう。現に今回の酪農危機に際し、組合員からの拠出金によるカンパを酪農家に対して行った生協もある。今後、生産者団体と消費者グループなどとの継続的な意見交流の中で、酪農教育ファームの普及発展を図ったり、中山間地域を中心とする遊休農地の活用を共同して取り組んだり、等に発展することが期待される。

3．以上の取組を実現するための生産者団体の組織力強化—生産・処理一体化—

平成12年に行われた酪農改革によって、都府県指定生乳生産者団体の8ブロック化が実施され、ブロック内プール乳価や集送乳ルートの合理化、酪農組合組織の合併などが一定程度進んだ。指定団体の広域化の目的は、生乳の広域流通に対応した集送乳合理化や、団体運営の効率化を通した手数料等経費の軽減などの他に、取引主体としての体制整備を通じた価格形成力を発揮することがある。しかし、この点については、昨今の状況を見ると、十分にその機能が発揮されるようになったとは言いがたい。鈴木宣弘東大教授らの試算によると、乳業メーカー対スーパーの取引交渉力の優位度は、ほぼ0対1で、スーパーがメーカーに対して圧倒的な優位性を持ち、酪農協対メーカーでは、0.1対0.9から0.5対0.5で、メーカーが酪農協に対して優位であるという[注]。

世界ではスーパーなど小売業の巨大なバイイングパワーに対抗するため、乳業メーカーの再編が進行しており、米国では乳業第1位のSuiza Foodsと第2位のDean Foodsの合併が行われた。また酪農組合系会社においても、例えばスウェーデンとデンマークの国境を越えた酪農協同組合の統合など、大規模な再編が実施されている。わが国においては酪農家戸数がピークの20分の1になったにもかかわらず、組織的な結集は十分とは言えない状況が、ますます酪農家の取引交渉力をそぐ結果となっている。こうした現状を打破するには、地域から全国までの全ての段階において、生産者の力が十分結集できるような強固な組織作りが求められている。

さらに生産者が巨大な商業資本に対抗するには、生産者組織の単なる組織統合だけでは不十分であり、生産者系組織による需給調整機能を持つための加工処理能力の飛躍的な向上をバックにする必要がある。我が国においても、日本ミルク

コミュニティと雪印乳業との合併が決定したことから期待が高まっているが、この合併が生産者にとっても意義あるものとするための取組を行う必要がある。また、21年3月の飲用乳価10円の値上げは、生産者にとってこれまでのコスト割れの状況を打開し、経営改善を図るチャンスではあるが、経済情勢の悪化の下、今後①農協系プラントなど中小乳業メーカーを中心に、乳価値上げ分を飲用牛乳価格に転嫁できず、経営的に困難に陥るメーカーが出現すること、②牛乳消費のさらなる減退から、生産者乳価引き下げ圧力が強まる、などが今春以降起こる可能性が高い。こうした点も考慮し、生産者の取引交渉力を高めるために、欧米の酪農組合会社の統合などを参考にしつつ、①全国段階を含めた生産者団体の統合、②需給調整機能強化に繋がる加工処理能力向上のためのとも補償制度の拡充など生産者の取組と生産者系プラントの統合と生・処両段階の結合、を検討することが必要であると考える。

以上

(注) J. Kinoshita, N. Suzuki, and H. M. Kaiser, "The Degree of Vertical and Horizontal Competition Among Dairy Cooperatives, Processors and Retailers in Japanese Milk Markets," Journal of the Faculty of Agriculture Kyushu University, 51(1), February 2006, pp.157-163.

酪農研究会のこれまでの開催経過と主な検討項目について

(社) 全国酪農協会

Ⅰ. 酪農研究会の研究方向

〈基本的な方向〉

(1) 日本の社会、農業における酪農の存在意義の検証につながる内容
(2) 日本酪農の持続的発展に繋がる方向の検討
(3) 具体的な提案に繋がる内容

〈具体的な検討事項〉

(1) 喫緊の課題である飼料問題の現状と打開の方向を探る
　① 輸入飼料穀物の見通し（生産と需要の動向、特にバイオエタノール、中国の需給動向）
　② 国産飼料穀物の可能性（特に飼料米、エコフィードなど代替未利用資源）
　③ 粗飼料生産の現状と将来方向（特に稲発酵粗飼料など水田における飼料生産）
　④ 放牧の現状と可能性
(2) 上記の課題を解決するための条件の検討
　① 政策的な課題（輸入政策、飼料基金、価格支持制度、品目横断政策、中山間地域直接支払い、農地制度など）
　② その他

Ⅱ．これまでの開催経過

・第1回酪農研究会（合同会議）並びに第1回酪農研究会専門部会
　平成20年3月6日（木）・午前10時～12時於：全国酪農協会会議室
　　テーマ「平成20年度畜産物価格・関連対策の概要について」
　　　　斎藤東彦委員（全国酪農協会常勤理事）
　　テーマ「平成20年度食料・農業・農村政策審議会畜産部会での議論について」
　　　　阿部亮専門委員（前日本大学生物資源科学部教授）

・第2回酪農研究会専門部会
　平成20年3月25日（火）・午前10時～12時於：全国酪農協会会議室
　　テーマ「飼料高下の酪農経営において考えられねばならないこと」
　　　　阿部亮専門委員（前日本大学生物資源科学部教授）

・第3回酪農研究会専門部会
　第1部
　平成20年4月12日（土）・午前9時30分～11時30分於：中央畜産会会議室
　　テーマ「飼料イネおよび耕作放棄地放牧について」
　　　　千田雅之専門委員（中央農業総合研究センター上席研究員）
　第2部（畜産経営経済研究会例会と合同開催）
　平成20年4月12日（土）・午後1時30分～5時於：中央畜産会会議室
　　テーマ「世界市場における飼料穀物の需給」
　　　　大賀圭治氏（日本大学生物資源科学部教授）
　　テーマ「乳製品の国際需給とわが国の酪農」
　　　　並木健二氏（前雪印乳業㈱酪農総合研究所）

- 第4回酪農研究会専門部会

  第1部

  平成20年5月16日（金）・午後2時～5時於：全国酪農協会会議室

  テーマ「生活クラブ生協の酪農・畜産とのかかわり」

  　　　田辺樹実専門委員（生活クラブ生協連合会開発部部長）

  第2部（畜産経営経済研究会例会と合同開催）

  平成20年5月16日（金）午後6時30分～8時30分於：中央畜産会会議室

  テーマ「酪農経営の改善方向」

  　　　森剛一氏（税理士・農業経営コンサルタント）

- 第1回現地検討会（関東東海北陸農業試験研究推進会議経営部会に参加）

  ◎シンポジウム

  平成20年6月5日（木）・午後1時～5時　於：農林水産技術会議事務局筑波事務所

  共同利用施設会議室

  基調講演「水田の畜産利用の課題と地域農業再編の可能性」

  　　　小林信一専門部会・座長（日本大学生物資源科学部教授）

  ◎現地視察

  平成20年6月6日（金）・午前9時～12時　於：茨城県結城市・宮崎協業、常総市・耕畜連携

  テーマ「飼料イネ導入による麦・大豆作の改善」

  　　　「放牧と飼料イネを組み合わせた農地管理と周年放牧モデル」

  参加者：千田雅之専門委員（中央農業総合研究センター上席研究員）

  　　　　阿部亮専門委員（前日本大学生物資源科学部教授）

- 第2回現地検討会（酪農研究会合同熊本調査）

  平成20年6月18日（水）～19日（木）於：熊本県菊池市・菊池地域農協、株式会社アドバンス

  テーマ「自給飼料型TMRセンターについて」

　　　　参加者：阿部亮専門委員（前日本大学生物資源科学部教授）
　　　　　　　　千田雅之専門委員（中央農業総合研究センター上席研究員）
　　　　　　　　神山安雄専門委員（前全国農業会議所・農政ジャーナリスト）
　　　　　　　　小林信一専門部会・座長（日本大学生物資源科学部教授）
　　　　　　　　赤堀和彦氏（生活クラブ生協連合会開発部畜産課長）

・第5回酪農研究会専門部会
　　第1部
　　平成20年6月20日（金）・午後2時～5時於：全国酪農協会会議室
　　テーマ「水田政策と自給飼料生産」
　　　　　　神山安雄専門委員（前全国農業会議所・農政ジャーナリスト）
　　第2部（畜産経営経済研究会例会と合同開催）
　　平成20年6月20日（金）・午後6時30分～8時30分於：中央畜産会会議室
　　テーマ「飼料穀物の世界市場動向」
　　　　　　落合成年氏（全農畜産生産部海外事業課長）

・第2回酪農研究会（合同会議）並びに第6回酪農研究会専門部会
　　平成20年7月1日（火）・午前10時～午後1時　於：全国酪農協会会議室
　　テーマ「酪農政策の課題と方向」
　　　　　　鈴木宣弘氏（東京大学大学院農学生命科学研究科教授）

・第7回酪農研究会専門部会
　　平成20年8月4日（月）・午後1時30分～6時於：全国酪農協会会議室
　　テーマ「飼料稲の育種の現状と将来」
　　　　　　根本博氏（農業・食品産業技術総合研究機構作物研究所低コスト稲育種研究チーム長）

・第3回現地検討会
　　平成20年8月7日（木）～8日（金）於：山形県酒田市・平田牧場、庄内みどり

農協他
　テーマ「飼料米について」
　　　　参加者：小林信一専門部会・座長（日本大学生物資源科学部教授）
　　　　　　　　神山安雄専門委員（前全国農業会議所・農政ジャーナリスト）
　　　　　　　　田辺樹実専門委員（生活クラブ生協連合会開発部部長）

・第4回現地検討会
　平成20年8月25日（月）～26日（火）於：北海道釧路市・阿寒農協、TMRセンター他
　参加者：小林信一専門部会・座長（日本大学生物資源科学部教授）

・全国酪農協会三役・経営委員会並びに第8回酪農研究会専門部会
　平成20年9月8日（月）・午前10時～午後1時　於：全国酪農協会会議室
　答申取りまとめのための討議　※上野千里会長、金川幹司副会長が参加。

・第3回酪農研究会（合同会議）並びに第9回酪農研究会専門部会
　平成20年10月17日（金）・午後2時～5時於：全国酪農協会会議室
　中間答申案の討議と決議

・平成20年度酪農基本対策委員会、内田欽耕牧場視察
　平成20年11月7日（金）～8日（土）　於：栃木県那須町・ホテルエピナール那須、内田欽耕牧場
　テーマ「酪農研究会報告・中間提言について」
　　　　小林信一専門部会・座長（日本大学生物資源科学部教授）
　テーマ「最近の酪農をめぐる問題について」
　　　　迫田潔氏（農林水産省畜産部乳製品調整官）
　基本対策委員会にて、「日本酪農の持続的発展のための提言」を全国酪農協会酪農研究会専門部会中間答申として公表。
　その後、3月の最終答申に向け引き続き検討を行ない、内容は全国酪農協会三役に一任することが決定された。

・酪農研究会乳価制度に関する懇談会
  平成20年12月24日（水）・午前12時～午後2時　於：「宝」東京国際フォーラム店

・第10回酪農研究会専門部会
  平成21年1月16日（金）・午前10時～午後1時　於：全国酪農業協会会議室
    テーマ「乳価形成と酪農・乳業の組織問題」
        矢坂雅充専門委員（東京大学大学院経済学研究科准教授）

・第11回酪農研究会専門部会
  平成21年2月5日（木）・午後6時～8時於：全国酪農協会会議室
    テーマ「自給飼料政策について」
        谷口信和氏（東京大学大学院農学生命科学研究科教授）

・第12回酪農研究会専門部会
  平成21年3月16日（月）・午後6時～8時於：全国酪農協会会議室
    最終答申取りまとめのための討議

・全国酪農協会役員会
  平成21年3月26日（木）・午後2時～3時於：熱海市
    小林信一専門部会・座長が最終答申案の内容を説明、役員会で了承された。

酪農研究会委員・専門委員・事務局名簿

㈳全国酪農協会

（順不同・敬称略）

1．研究会委員

上野　千里（会長・全国酪農協会会長）

金川　幹司（委員・全国酪農協会副会長）

阿佐美昭一（同　・全国酪農協会副会長）

佐々木　勲（同　・全国酪農協会理事）

今関　輝章（同　・全国酪農協会常務理事）

斎藤　東彦（同　・全国酪農協会酪農指導室長）

坂本　壽文（同　・全国酪農業協同組合連合会専務理事）

藤村　忠彦（同　・日本ホルスタイン登録協会専務理事）

小林　信一（同　・日本大学生物資源科学部教授）

斎藤　博（同　・日本酪農政治連盟幹事長）

2．専門部会委員

小林　信一（座長・日本大学生物資源科学部教授）

阿部　亮（前日本大学教授）

神山　安雄（前全国農業会議所・農政ジャーナリスト）

田辺　樹実（生活クラブ生協連合会開発部長）

千田　雅之（中央農業総合研究センター上席研究員）

矢坂　雅充（東京大学大学院経済学研究科准教授）

3．事務局

三国　貢（全国酪農協会・指導部長）

笛田　健一（日本酪農政治連盟事務局長）

円谷　俊夫（全国酪農業協同組合連合会・指導企画部長）

栗田　純（日本ホルスタイン登録協会・調査部長）

あとがき

　酪農研究会の立ち上げについては、平成19年2月に当時、全国酪農業協同組合連合会の専務理事であった林茂昭氏との懇談の折に、日本酪農の持続的な発展のために、今何かを考えておくべき時期ではとの提唱により理事会に諮り全国酪農協会内に設置されました。具体的には翌年の3月に第1回目の会合を開催し、実質的な検討をスタートさせました。この引き金になったのが、平成19年末からの飼料価格や原油価格の高騰が酪農経営を直撃し、未曾有の酪農危機に陥り、各地で酪農家の脱落が相次ぐ事態となったことが大きな要因であります。

　当初は、飼料高騰に対処して、自給飼料対策を研究会の主要なテーマに取り上げ、そのためには専門的知識を有する方に専門部会の委員として参画いただき、とりまとめをお願いするほうが賢明と判断し、日本大学の小林信一教授にご相談申し上げたところ、快くお引き受けいただきました。

　酪農研究会の設置と委員の委嘱については、広く団体の意見も参考にすることで、友好団体である全国酪農業協同組合連合会、(社)日本ホルスタイン登録協会ならびに日本酪農政治連盟の常勤役員の方にも参画していただき、専門部会との合同会議において貴重な意見をいただきました。

　専門部会の先生方には、それぞれ多忙な役職にありながらも貴重な時間を割いていただき、時には夜遅くまで討議をいただく等、大変なご協力により提言にこぎつけることができました。ここに、紙面を借りて厚く御礼申し上げる次第です。

　今日、立ち上げ当初に比べ、飼料、燃料等も多少の落ち着きが見られるようになり、乳価の値上げや政府の手厚い対策もありましたが、平成17年度以降の収支の悪化に苦しんでいる酪農経営はこれからがいよいよ正念場を迎えることになります。

　この提言が多くの場で議論の一部となり、その結果として少しでも酪農経営に有意義なものとなるよう、心から願っております。

(社)全国酪農協会

常務理事　今関輝章

執筆者紹介

小林 信一　編者・第1章・第5章・第6章・第8章・第16章・第19章
（こばやし　しんいち）　日本大学生物資源科学部教授

阿部 亮　第1章・第14章・第17章
（あべ　あきら）　畜産・飼料調査所主宰

千田 雅之　第1章・第11章
（せんだ　まさゆき）　独立行政法人農業・食品産業技術総合研究機構中央農業総合研究センター上席研究員

鈴木 宣弘　第2章・第4章・第7章・第20章
（すずき　のぶひろ）　東京大学大学院農学生命科学研究科教授

平児 慎太郎　第3章
（ひらこ　しんたろう）　名城大学農学部助教

谷口 信和　第9章
（たにぐち　のぶかず）　東京大学大学院農学生命科学研究科教授

神山 安雄　第10章
（かみやま　やすお）　人間と環境の研究会代表（ジャーナリスト）

森 剛一　第12章
（もり　たけかず）　税理士・農業経営コンサルタント

福田 晋　第13章
（ふくだ　すすむ）　九州大学大学院農学研究院教授

森高 正博　第13章
（もりたか　まさひろ）　九州産業大学商学部准教授

淡路 和則　第15章
（あわじ　かずのり）　名古屋大学大学院生命農学研究科准教授

山内 季之　第15章
（やまうち　としゆき）　日本型畜産研究会会長

加藤 好一　第18章
（かとう　こういち）　生活クラブ生協連合会会長

日本酪農への提言

2009年8月14日　第1版第1刷発行

　　編著者　小林信一
　　発行者　鶴見治彦
　　発行所　筑波書房
　　　　　　東京都新宿区神楽坂2-19 銀鈴会館
　　　　　　〒162-0825
　　　　　　電話03（3267）8599
　　　　　　郵便振替00150-3-39715
　　　　　　http://www.tsukuba-shobo.co.jp
　　定価はカバーに表示してあります

印刷／製本　平河工業社
©Shinichi Kobayashi 2009 Printed in Japan
ISBN978-4-8119-0351-4 C3061